黑龙江省
抚远县
耕地地力评价

张培育　主编

中国农业出版社
北　京

内 容 提 要

　　本书是对黑龙江省抚远县耕地地力调查与评价成果的集中反映。在充分应用耕地信息大数据智能互联技术与多维空间要素信息综合处理技术并应用模糊数学方法进行成果评价的基础上，首次对抚远县耕地资源历史、现状及问题进行了分析和探讨。它不仅客观地反映了抚远县土壤资源的类型、面积、分布、理化性状、养分状况和影响农业生产持续发展的障碍性因素，揭示了土壤质量的时空变化规律，而且详细介绍了测土配方施肥大数据的采集和管理、空间数据库的建立、属性数据库的建立、数据提取、数据质量控制、县域耕地资源管理信息系统的建立与应用等方法和程序。此外，还确定了参评因素的权重，并通过利用模糊数学模型，结合层次分析法，计算了抚远县耕地地力综合指数。这些不仅为今后如何改良利用土壤、定向培育土壤、提高土壤综合肥力提供了路径、措施和科学依据；而且也为今后建立更为客观、全面的黑龙江省耕地地力定量评价体系，实现耕地资源大数据信息采集分析评价互联网络智能化管理提供参考。

　　全书共7章。第一章：自然与农业生产概况；第二章：耕地立地条件与土壤概述；第三章：耕地地力评价技术路线；第四章：耕地地力评价；第五章：耕地土壤属性；第六章：耕地区域配方施肥；第七章：耕地利用改良分区。书末附6个附录，供参考。

　　本书理论与实践相结合、学术与科普融为一体，是黑龙江省农林牧业、国土资源、水利、环保等大农业领域各级领导干部、科技工作者、大中专院校教师和农民群众掌握及应用土壤科学技术的良师益友，是指导农业生产必备的工具书。

编写人员名单

总 策 划：辛洪生

主　　编：张培育

副 主 编：姜　欣　华淑英

编写人员：周庆民　代东明　尹立新　付之艳

序

农业是国民经济的基础；耕地是农业生产的基础，也是社会稳定的基础。中共黑龙江省委、省政府高度重视耕地保护工作，并做了重要部署。为适应新时期农业发展的需要、促进农业结构战略性调整、促进农业增效和农民增收，针对当前耕地土壤现状确定科学的土壤评价体系，摸清耕地的基础地力并分析预测其变化趋势，从而提出耕地利用与改良的措施和路径，为政府决策和农业生产提供依据，乃当务之急。

2009年，抚远县结合测土配方施肥项目实施，及时开展了耕地地力调查与评价工作。在黑龙江省土壤肥料管理站、黑龙江省农业科学院、东北农业大学、中国科学院东北地理所、黑龙江大学、哈尔滨万图信息技术开发有限公司及抚远县农业科技人员的共同努力下，2012年抚远县耕地地力调查与评价工作顺利完成，并通过了农业部组织的专家验收。通过耕地地力调查与评价的工作，摸清了抚远县耕地地力状况，查清了影响当地农业生产持续发展的主要制约因素，建立了抚远县土壤属性、空间数据库和耕地地力评价体系，提出了抚远县耕地资源合理配置及耕地适宜种植、科学施肥及中低产田改造的路径和措施，初步构建了耕地资源信息管理系统。这些成果为全面提高农业生产水平，实现耕地质量计算机动态监控管理，适时提供辖区内各个耕地基础管理单元土、水、肥、气、热状况及调节措施提供了基础数据平台和管理依据。同时，也为各级政府制定农业发展规划、调整农业产业结构、保证粮食生产安全以及促进农业现代化建设提供了最基础的科学评价体系和最直接的理论、方法依据，也为今后全面开展耕地地力普查工作，实施耕地综合生产能力建设，发展旱作节水农业、测土配方施肥及其他农业新技术的普及工作提供了技术支撑。

《黑龙江省抚远县耕地地力评价》一书，集理论基础性、技术指导性和实际应用性为一体，系统介绍了耕地资源评价的方法与内容，应用大量的调查分析资料，分析研究了抚远县耕地资源的利用现状及存在问题，提出了合理利用的对策和建议。该书既是一本值得推荐的实用技术读物，又是抚远县各级农业工作者必备的一本工具书。该书的出版，将对抚远县耕地的保护与利用、分区施肥指导、耕地资源合理配置、农业结构调整及提高农业综合生产能力起到积极的推动和指导作用。

2016 年 1 月

　　土壤是天、地、生物链环中的重要一环，是最大的生态系统之一，其生成和发育受自然因素和人类活动的综合影响。它的变化会影响人类的生存、生活和生产各个领域。而耕地是土地的精华，是人们获取粮食及其他农产品不可替代的生产资料，是支撑农业可持续发展的基础。

　　我国人多地少，人地矛盾突出，人均耕地面积不足 1.4 亩，不足世界平均水平的 40%。粮食问题始终是国家十分关注的重要问题。解决 13 亿中国人的吃饭问题，使广大人民群众由温饱型向更高生活水准迈进，那就要进一步增加粮食产量，提高农产品质量，改善耕地质量，建立优质粮生产基地以及无公害农产品生产基地，不断促进农业增产增收。充分了解和认知农作物赖以生长发育的耕地，了解耕地的地力状况及其质量状况，科学合理利用耕地，提高土地单位面积的产出，获得更高的经济效益和更好的生态效益，已经成为当务之急。

　　近年来，为了维护和提高耕地质量，农业部开展了测土配方施肥和耕地地力调查。2006 年以来，连续下发的八大文件逐步明确了耕地地力评价工作的重要性、目标任务，即耕地地力评价工作是一项十分重要和必须全面完成的工作内容。全面推进测土配方施肥工作，逐步建立我国科学施肥体系；全面开展耕地地力评价，逐步建立我国耕地质量预警体系。耕地作为农业的重要基础部分，其地力、质量与水平直接关系到农业生产发展的快慢和质量。对耕地地力的调查与质量的评价其意义深远而重大。为了切实加强耕地质量保护，贯彻落实《基本农田保护条例》，农业部以全国农业技术推广服务中心编著的《耕地地力调查与质量评价》一书为理论基础，决定在开展测土配方施肥的基础上，组织开展耕地地力调查与质量评价工作。

黑龙江省是农业大省，是国家重要的商品粮基地，肩负着我国农产品有效供给的重要使命。因此，不断强化黑龙江省商品粮基地建设，是一项关系我国 21 世纪经济可持续发展的战略性工程。在耕地质量调查和分等定级的基础上，能够更好地保护耕地资源，尤其是保护基本农田，是黑龙江省商品粮基地建设的关键。在确定中低产田的类型和数量基础上，对中低产农田进行改造，因地制宜地加强农田水利建设等基础设施建设，提高耕地质量，为新型农业发展提供良好的平台，保证农业可持续发展。

大豆是抚远县主要的粮食作物。近年来，全市在种植业结构调整过程中，把发展高油、高蛋白大豆作为重要内容，同时加大特色经济作物和饲草饲料作物的生产规模，努力发展特色农业、绿色农业。作物种植面积 163 333 公顷。其中，大豆 115 333 公顷、水稻 38 000 公顷、玉米 1 300 公顷、经济作物及杂粮 7 400 公顷、蔬菜 1 300 公顷。特别是经过改革开放以后近 30 年来的努力奋斗，抚远县农业取得了长足的发展。但与此同时，农村经济管理体制、耕作制度、作物品种、种植结构、产量水平、肥料用量与品种及农药使用等诸多方面的巨大变化，致使抚远县农业耕地基础薄弱、资源短缺、生产条件差、地力水平下降，给改善耕地肥力及质量造成了极大的压力和负面影响。

根据农业部的要求，结合抚远县实际情况，我们开展了耕地地力调查与质量评价工作。为切实抓好这项工作，在黑龙江省土壤肥料管理站全力支持下，建立了高效、务实的组织机构和技术机构，县农业技术推广中心调动县、乡（镇）专业技术人员 20 余人，从 2010 年 4 月开始，到 2010 年 11 月，历时 8 个月，高质量地完成了农业部项目所规定的各项任务。

调查工作遍布抚远县 9 个乡（镇）69 个行政村。共采集测试耕地土壤样本 1 500 个，对土壤的 pH、全量和速效养分等进行了检测；完成了采样点基本情况和农业生产情况调查；
其中有1500个采样点数据作为耕地地力评价的样点数据。编
绘了黑龙江省抚远县耕地地力等级图，土壤全量养分分布图，
土壤速效养分分布图，水稻适宜性评价图，大豆适宜性评价
图等数字化成果图件；建立了"黑龙江省抚远县耕地质量管
理信息系统"；并编写了抚远县耕地质量调查和评价报告。实
现了一套数据库、一个系统、系列电子图件、表格等。并对
全县各类土壤变化成因做了进一步深入调查和研究。本次调
查，我们投入了大量的人力、物力和财力，获得了较为翔实
的土壤资料，丰富了抚远县耕地数据资源，明确了抚远县耕
地质量。

　　本次调查科研人员的专业水平和技术手段都高于第二次
土壤普查，取得的成果水平较高。给今后开展测土配方施肥、
调整作物结构、防治土壤立体污染，从源头上根治耕地退化，
发展农村循环经济，提供了可靠的科学依据。特别是为抚远
县农业农村经济快速发展提供强有力的科技支撑，对实现农
业可持续发展具有深远的现实意义和历史意义。

　　本次调查，得到了黑龙江省土壤肥料管理站及部分兄弟
市、县等相关单位有关专家的大力支持和协助，对我们完成
这项工作任务起到了积极的推动作用。在此对各位专家、同
行的支持与帮助表示感谢。

　　由于此项工作要求技术性强，时间紧迫，特别是农业应
用地理信息系统尚处于起步阶段，势必经验不足；加之时间
仓促，不足之处在所难免，敬请有关专家及读者批评指正。

编　者

2016年1月

目 录

序
前言

第一章　自然与农业生产概况 ………………………………………… 1

第一节　基本情况 ………………………………………………… 1
一、地理位置与行政区 ………………………………………… 1
二、历史沿革 …………………………………………………… 2
三、资源特征 …………………………………………………… 2
第二节　自然与农村经济概况 …………………………………… 3
一、土地资源概况 ……………………………………………… 3
二、自然气候与水文地质条件 ………………………………… 4
三、农村经济概况 ……………………………………………… 6
第三节　农业生产概况 …………………………………………… 6
一、农业发展历史 ……………………………………………… 6
二、农业发展现状 ……………………………………………… 10

第二章　耕地立地条件与土壤概述 …………………………………… 12

第一节　耕地立地条件 …………………………………………… 12
一、气候条件 …………………………………………………… 12
二、成土母质 …………………………………………………… 15
三、地形 ………………………………………………………… 16
四、生物条件 …………………………………………………… 17
第二节　成土过程 ………………………………………………… 18
一、腐殖化过程 ………………………………………………… 18
二、暗棕壤化过程 ……………………………………………… 18
三、白浆化过程 ………………………………………………… 19
四、草甸化过程 ………………………………………………… 19
五、潜育化过程 ………………………………………………… 19
六、泥炭化过程 ………………………………………………… 20
七、耕作熟化过程 ……………………………………………… 20
第三节　土壤分类与土壤分布 …………………………………… 20
一、土壤分类的目的 …………………………………………… 20

二、土壤分布 ··· 24

第四节　土壤类型 ··· 27

一、暗棕壤 ··· 27

二、白浆土 ··· 31

三、草甸土 ··· 36

四、沼泽土和泥炭土 ··· 45

第五节　农业基础设施建设 ··· 50

一、营造农田防护林 ··· 50

二、兴修水利工程 ··· 50

第三章　耕地地力评价技术路线 ··· 52

第一节　耕地地力评价主要技术流程概述 ··· 52

一、耕地地力评价技术流程主要内容 ··· 52

二、耕地地力评价重点技术内容 ··· 53

第二节　数据准备及数据库建立 ··· 55

一、资料准备 ··· 55

二、数据质量控制要求 ··· 56

三、空间数据库的建立 ··· 58

四、属性数据库的建立 ··· 59

五、空间数据库与属性数据库连接 ··· 60

六、采样布点的原则 ··· 61

七、采样布点方法 ··· 61

八、调查内容 ··· 62

第三节　样品分析及质量控制 ··· 63

一、分析项目与方法确定 ··· 63

二、分析测试质量 ··· 63

第四节　质量评价依据及方法 ··· 64

一、评价依据 ··· 64

二、制定评价指标 ··· 65

三、评价指标——德尔菲法模型及隶属函数 ··· 65

四、建立评价指标隶属函数的方法 ··· 73

五、层次分析法确定权重 ··· 77

六、评价单元划分原则 ··· 79

七、地力评价等级计算 ··· 79

八、归入农业部地力等级指标划分标准 ··· 80

第五节　耕地资源管理信息系统建立 ··· 81

一、属性数据库的建立 ··· 82

二、空间数据库的建立 ··· 82

第六节　资料汇总与图件编制 ··· 83

一、资料汇总 ··· 83

二、图件编制 ··· 83

第四章　耕地地力评价 ……………………………………………………………… 84

　第一节　一级地 ………………………………………………………………… 86

　　一、有机质 …………………………………………………………………… 88

　　二、全氮 ……………………………………………………………………… 88

　　三、碱解氮 …………………………………………………………………… 88

　　四、有效磷 …………………………………………………………………… 89

　　五、速效钾 …………………………………………………………………… 89

　　六、pH ………………………………………………………………………… 89

　　七、耕层厚度 ………………………………………………………………… 89

　　八、成土母质 ………………………………………………………………… 89

　　九、土壤质地 ………………………………………………………………… 89

　第二节　二级地 ………………………………………………………………… 89

　　一、有机质 …………………………………………………………………… 92

　　二、全氮 ……………………………………………………………………… 92

　　三、碱解氮 …………………………………………………………………… 92

　　四、有效磷 …………………………………………………………………… 92

　　五、速效钾 …………………………………………………………………… 92

　　六、pH ………………………………………………………………………… 92

　　七、耕层厚度 ………………………………………………………………… 93

　　八、成土母质 ………………………………………………………………… 93

　　九、土壤质地 ………………………………………………………………… 93

　第三节　三级地 ………………………………………………………………… 93

　　一、有机质 …………………………………………………………………… 95

　　二、全氮 ……………………………………………………………………… 95

　　三、碱解氮 …………………………………………………………………… 96

　　四、有效磷 …………………………………………………………………… 96

　　五、速效钾 …………………………………………………………………… 96

　　六、pH ………………………………………………………………………… 96

　　七、耕地厚度 ………………………………………………………………… 96

　　八、成土母质 ………………………………………………………………… 96

　　九、土壤质地 ………………………………………………………………… 97

　第四节　四级地 ………………………………………………………………… 97

　　一、有机质 …………………………………………………………………… 99

　　二、全氮 ……………………………………………………………………… 99

　　三、碱解氮 …………………………………………………………………… 99

　　四、有效磷 …………………………………………………………………… 100

　　五、速效钾 …………………………………………………………………… 100

　　六、pH ………………………………………………………………………… 100

　　七、耕层厚度 ………………………………………………………………… 100

　　八、成土母质 ………………………………………………………………… 100

　　九、土壤质地 ………………………………………………………………… 100

第五章　耕地土壤属性 ································· 101

　第一节　有机质及大量元素 ····················· 101

　　一、土壤有机质 ······························· 102

　　二、土壤全氮 ································· 104

　　三、土壤全磷 ································· 105

　　四、土壤全钾 ································· 106

　第二节　土壤大量元素速效养分 ················· 107

　　一、土壤有效磷 ······························· 107

　　二、土壤速效钾 ······························· 108

　　三、土壤碱解氮 ······························· 109

　第三节　土壤微量元素 ························· 110

　　一、有效锌 ································· 110

　　二、土壤有效铜 ······························· 111

　　三、土壤有效铁 ······························· 111

　　四、土壤有效锰 ······························· 112

　第四节　土壤 pH 与土壤容重 ··················· 112

　　一、土壤 pH ································· 112

　　二、土壤容重 ································· 113

第六章　耕地区域配方施肥 ····················· 114

　第一节　施肥区划分 ························· 114

　　一、高产田施肥区 ······························· 114

　　二、中产田施肥区 ······························· 114

　　三、低产田施肥区 ······························· 115

　　四、水稻田施肥区 ······························· 115

　第二节　施肥分区与测土施肥单元的关联 ········· 116

　第三节　施肥分区 ························· 116

　　一、分区施肥属性查询 ······················· 116

　　二、施肥单元关联施肥分区代码 ··············· 117

　　三、施肥分区特点概述 ······················· 117

　　四、施肥配方实例 ························· 120

第七章　耕地利用改良分区 ····················· 123

　第一节　分区的原则和依据 ····················· 123

　　一、分区原则 ································· 123

　　二、分区命名土区 ······························· 123

　第二节　分区概述 ························· 123

　　一、低山丘陵林农区（Ⅰ）····················· 123

　　二、冲积低平原农牧区（Ⅱ）··················· 124

　　三、沿江农牧渔区（Ⅲ）····················· 126

附录 ·· 128

附录1 抚远县耕地地力评价及作物种植适宜性评价报告 ·················· 128

附录2 抚远县耕地地力评价与土壤改良利用报告 ··························· 142

附录3 抚远县耕地地力评价与平衡施肥专题报告 ··························· 155

附录4 抚远县耕地地力评价与种植业布局专题报告 ······················ 171

附录5 抚远县耕地地力评价工作报告 ·· 180

附录6 抚远县村级养分统计表 ··· 188

第一章 自然与农业生产概况

第一节 基本情况

一、地理位置与行政区

抚远县地处黑龙江、乌苏里江交汇的三角地带。地理坐标为北纬 $47°25'30''\sim48°27'40''$，东经 $133°40'08''\sim135°5'20''$，是我国最东部的县级行政单位，也是我国最早见到太阳的地方。全县总面积 6 262.48 平方千米。东、北两面与俄罗斯隔黑龙江、乌苏里江相望，南邻饶河，西接同江。全县边境线长 275 千米。抚远县是国家一类客货口岸，县政府所在地抚远镇距俄罗斯远东第一大城市——哈巴罗夫斯克市航道仅 65 千米。乌苏镇距离俄西伯利亚大铁路在远东地区最大编组站卡杂科维茨沃 2.50 千米。在黑龙江省及佳木斯市对外开放的总体格局中，占有十分重要的战略地位。

抚远县辖 5 乡 4 镇 68 个行政村，1 个县属国有农场，1 个县属国有渔场，3 个省属国有农场，102 个屯。总土地面积 626 248 公顷。其中，县属耕地面积 163 333.45 公顷，草原 111 105 公顷。总人口 126 000 人。其中，城镇居民 43 566 人，农业人口 8.24 万人，人口密度每平方千米 213.60 人。见表 1-1。

表 1-1 抚远县各乡（镇）村名统计

乡（镇）	村 名
寒葱沟镇	红旗村委会、红星村委会、红卫村委会、红峰村委会、新兴村委会、东岗村委会、农富村委会、良种场村委会
浓桥镇	长征村委会、建国村委会、建设村委会、建胜村委会、建兴村委会、东方红村委会、新海村委会、新江村委会、新远村委会
抚远镇	河西村委会、红光村委会、石头卧子村委会、亮子村委会
抓吉镇*	朝阳村委会、万里村委会、永胜村委会、永丰村委会、东胜村委会、东兴村委会、八盖村委会、赫哲族村委会、北岗村委会、东河村委会、别拉洪村委会
鸭南乡	镇西村委会、鸭南村委会、富兴村委会、新胜村委会、四排村委会、平原村委会
浓江乡	生德库村委会、创业村委会、双胜村委会、浓江村委会
通江乡	小河子村委会、东红村委会、东风村委会、东发村委会、团结村委会、东辉村委会、东安村委会
别拉洪乡	民丰村委会、民富村委会、利国村委会、利华村委会、利兴村委会、利民村委会、利强村委会
海青乡	永安村委会、永发村委会、永富村委会、海旺村委会、海林村委会、海宏村委会、海兴村委会、海滨村委会、海源村委会、海青村委会、亮子里村委会、四合村委会
合 计	68个

* 抓吉镇 2013 年 1 月更名为乌苏镇。

抚远县是工、商、游、运、服合作范围广，农、林、牧、副、渔开发潜力大，发展外向型经济地缘优势和资源优势得天独厚的宝地。并形成了外向型蔬菜、绿色稻米、绿色畜禽品、名优特鱼4个产业链，取得了丰硕的成果。抚远县还是当今世界没有污染的乌苏里江绿色食品之乡、鱼米之乡。

二、历史沿革

宣统元年（1909年）在伊加嘎地方设绥远州，隶属临江府管辖。民国二年（1913年）改绥远州为绥远县，划归吉林省依兰道所辖；民国十八年（1929年）绥远县更名为抚远县，直隶吉林省为三等县；康德元年（1934年）实行地方行政机构改革，划东北为十四省，抚远县划归新设的三江省所辖。民国三十四年（1945年）东北光复后，1947年6月公布东北新省区方案，改东北为九省，将伪三江、东安两省合并为合江省，抚远县为合江省管辖。中华人民共和国成立后，恢复东北三省，本县又归属于黑龙江省所辖。

抚远与国际间通商历史悠久。据史料记载，早在1904年，抚远就有商号同俄国人进行贸易。1992年5月8日，多年沉默的抚远被国务院批准为客货一类口岸。在口岸半年闲的情况下，8年累计过客30多万人次，过货30万吨，贸易总额突破1亿美元，在全省众多口岸中名列前茅。该口岸贸易形势，引起党和国家领导人的高度重视，1999年7月，时任国务院副总理钱其琛亲临乌苏镇进行实地考察。

1999年11月23日，国务院批准开通了抚远口岸抓吉镇至俄罗斯卡杂科维茨沃的国际客货运输通道。至此，抚远实现了"一个口岸、两条通道"，为抚远对外贸易增添了新的生机。抚远拥有275千米的中俄界江黄金水道，从1992年7月12日重新恢复间断百年的江海联运以来，黑龙江省船只可以从松花江、乌苏里江驶入黑龙江，由全省唯一的天然深水良港——抚远港出境，经俄罗斯一直驶向鞑靼海峡到日本海的酒田港。这条"东方水上丝绸之路"的开通，不仅使黑龙江省的船只可以直接出江入海，而且为抚远增添了无限商机。向东流动的黑龙江把抚远同内地、东北亚各国及地区（俄罗斯、日本、朝鲜、韩国、中国香港等）连接起来，这种地缘优势使抚远县在东北亚的经济圈内成为理所当然的经济贸易和技术合作的中心枢纽。

三、资源特征

抚远县土地辽阔肥沃、空气清新、水质纯净、资源丰富，总面积为6 262.48平方千米；县属面积3 059.60平方千米，其中耕地面积163 333.45公顷，人均占有耕地1.3公顷，是全国人均占有耕地面积较多的县份之一。县内草原地势平坦、开阔，潜在肥力较高，所以牧草生长非常丰茂，面积为13 000公顷，为当地发展畜牧业提供了理想的放牧天堂；现有水域面积40 262公顷，供水产捕捞、养殖的水面极为广阔，江、河、湖、泡中约有21科72种鱼类，年产量可达800～1 000吨。

抚远县自然资源丰富，发展生产潜力很大，适宜农、林、副、牧、渔各业的发展。主要种植的农作物有大豆、水稻、玉米和薯类。为了抗御旱、涝等自然灾害，抚远县也兴建了一些农田水利设施，现有站、井、渠、水库 4 个系统及两项防洪工程。黑龙江防洪堤 80 千米，完成土方量 600 多万立方米；乌苏里江已建成乌苏镇护岸 43 千米，完成土石方量约 300 多万立方米。电配抽水站 2 处，装机容量：柴油机 10 台，每台 240 马力*；电动机 8 台，每台 210 千瓦。

第二节 自然与农村经济概况

一、土地资源概况

抚远县土地总面积 626 248 公顷，其中县属面积 305 960 公顷。按照国土资源局最新统计数字，各类土地面积及构成见表 1-2、图 1-1。

表 1-2 抚远县各类土地面积及构成

序号	土地利用类型	县属面积（公顷）	占县属总面积（%）
1	耕地	163 333	53.38
2	园地	0	0
3	林地	65 333	21.35
4	牧草地	13 000	4.25
5	居工用地	1 264	0.42
6	交通用地	2 600	0.85
7	水域	40 262	13.16
8	未利用地	20 168	6.59
	合计	305 960	100.00

抚远县土地自然类型齐全，利用程度较高（利用率 94.90%），垦殖率达到 53.38%。但存在宏观调控和微观管理不到位、供给与需求失衡、"四荒"面积较大、中低产田面积较大（占县属耕地面积的 60.23%）等问题。在后备土地资源开发、中低产田改造、土地整理、城镇国有存量土地、农村居民点存量土地等方面还有一定的潜力可挖。

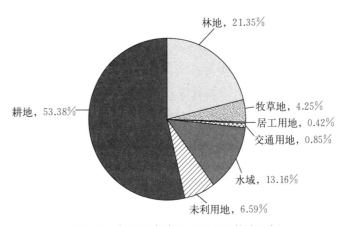

图 1-1 抚远县各类土地面积及构成比例

---

* 马力为非法定计量单位。1 马力＝735.499 瓦。

二、自然气候与水文地质条件

(一) 气候条件

抚远县属中温带湿润大陆性季风气候,四季分明。冬长冷,夏短热。雨水充沛,光照充足,适宜各种作物生长。

1. 日照和太阳辐射 历年平均日照总量为 2 860.4 小时,日照率 59%。5~9 月日照时数为 1 303 小时,太阳辐射率总量为 118.50 千卡/平方厘米,全年日照时数以春、夏、秋三季最多,冬季最少(表 1-3、表 1-4)。

表 1-3 1958—2004 年各月日照平均数

月份	1	2	3	4	5	6	7	8	9	10	11	12	年总量
日照时数(小时)	201.70	211.80	252.80	260.80	271.70	288.40	274.50	274.10	248.40	221.50	184.50	170.20	2 860.4
日照率(%)	64	66	65	59	58	55	51	54	64	61	60	58	年平均日照率 59

表 1-4 太阳总辐射平均月总量与日总量

月份	1	2	3	4	5	6	7	8	9	10	11	12	年总量
月总量(千卡/平方厘米)	5.70	7.00	10.60	12.50	14.30	14.00	13.10	12.50	11.30	7.80	5.40	4.60	118.80
日总量(卡/平方厘米)	180.80	250	341.90	416.70	461.30	466.70	419.40	403.20	376.70	251.60	180	135.20	

2. 气温 年平均气温 2.20 ℃,极端最高气温 36.60 ℃,极端最低气温—42 ℃,活动积温在 2 050~2 688 ℃,历年平均活动积温为 2 249.20 ℃。7 月平均气温最高,为 24.20 ℃,1 月平均气温最低,为—19.30 ℃;极端最高气温为 38.40 ℃,极端最低气温为—38.20 ℃。无霜期 115~130 天,初霜期 9 月下旬,终霜期 5 月上旬,解冻期 4 月上中旬,冻结期 11 月中旬。初霜出现最早时期为 9 月 4 日(1995 年),终霜出现最晚日期为 10 月 13 日(2006 年)(表 1-5)。

表 1-5 1958—2007 年各月平均气温

月份	1	2	3	4	5	6	7	8	9	10	11	12	全年平均
温度(℃)	—20.30	—14.40	—6.50	5.60	12.70	16.10	20.20	21.70	13.90	5.30	—6.10	—17.60	2.20

3. 降水 1997—2000 年,年平均降水量为 632.60 毫米,最大降水量达 965.10 毫米(1991 年),最少降水量为 473.70 毫米(1995 年)(表 1-6)。年均蒸发量为 1 100~1 300

毫米（1970—2000 年），3 月、4 月蒸发量较大，1 月、12 月蒸发量较小，全年蒸发量是降水量的 2.20 倍。

表 1-6　1977—2000 年降水量分布

年份	1977	1978	1979	1980	1981	1982	1983	1984	1995	1986	1987	1988
降水量（毫米）	616.80	517.40	489.70	576.50	949.20	520.40	710.10	780.40	677.70	475.10	772.90	586.70
年份	1989	1990	1991	1992	1993	1994	1995	1996	1997	1998	1999	2000
降水量（毫米）	585.50	759.80	965.10	582.10	530.30	738.00	473.70	552.20	639.50	500.10	669.80	514.40

由于季风影响，降水主要集中在 6 月、7 月、8 月，降水量为 345.40 毫米，占全年降水量的 66%，4～9 月降水量为 389.50 毫米，占全年降水量的 90%，雨热同季，适宜作物生长。1988—2007 年各月平均降水量见表 1-7。

表 1-7　1988—2007 年各月平均降水量

月份	1	2	3	4	5	6	7	8	9	10	11	12	年均
降水量（毫米）	3.30	4.50	3.50	24.40	46.50	91.70	146.70	107.00	19.60	11.50	1.70	3.90	464.30

4. 风　全年大于或等于六级大风平均 16 次，最多年份 32 次（1986 年），最少年份 10 次（1978 年）。4 月、5 月两个月大风次数约占全年 55.60% 以上（表 1-8）。

表 1-8　历年各月平均大风次数

月份	1	2	3	4	5	6	7	8	9	10	11	12	年均
风次（六级）	0.50	0.40	2.50	4.70	4.20	0.70	0.30	0.30	0.40	0.60	0.80	0.60	160

（二）水文地质条件

1. 地表水资源　抚远县拥有 275 千米的中俄界江黄金水道，黑龙江和乌苏里江流经抚远县。此外，在抚远境内黑龙江干流上主要有浓江河、鸭绿河、抚远水道、西河、醉江河等 27 条大小支流。乌苏里江干流上有别拉洪河、抓吉河、蒿通亮子河、胖头亮子河、腰亮子河、李松有河等大小支流 31 条。县内有大小湖、泡、沟、塘、库等 76 个，水源充沛，分布广泛。

2. 地下水资源　抚远县地势低平、水系发达、江河纵横，泡沼星罗棋布，地下水埋层浅、储量大，水资源极为丰富。地下一般表层水 10 米左右；第二层水 15 米，含水厚度 13～15 米，为浅水开发层；第三层水 90～120 米，含水厚度 20～30 米，为深水开发层；第四层水为 180～220 米，含水层厚。地下水温 4～7 ℃。pH 为 5.30～6.80，呈微酸性。总硬度 0.67～4.16（德国度），符合国家规定的饮用水标准和农业灌溉要求。

3. 水资源总量　水资源即地表水和地下水，总量为 1.75 亿立方米，人均水资源占有量 17 155 立方米，高于全省人均 2 180 立方米和全国人均 2 640 立方米的水平。

（三）地貌特征

抚远县地貌结构复杂，各种地形具备，大体上是四山、一岗、三平、二低，称为"四山一水四分田，半分芦苇半草原"的自然景貌。境内有山地、丘陵、平原、沼泽、河川 5 种地形。山地面积 527 平方千米，占总面积的 8.42%；丘陵面积 380 平方千米，占总面积的 6.07%；沼泽、河川地 1 377 平方千米，占总面积的 21.99%。

三、农村经济概况

抚远是典型的农业县。2008 年统计局统计结果，全县总人口 12.60 万人。其中，城镇居民 43 566 人，占总人口的 34.60%；农业人口 8.24 万人，占总人口的 65.40%。农村劳动力 4.87 万人，占农业人口的 59.10%。2008 年，抚远县地区生产总值实现 26.90 亿元，其中地方财政收入实现 10 008 万元，城镇居民人均可支配收入实现 8 216 元。农业总产值 129 399 万元，其中，农业产值 99 309 万元，占农业总产值的 76.75%；林业产值 395 万元，占农业总产值 0.31%；牧业产值 15 600 万元，占农业总产值的 12.06%；渔业产值 13 374 万元，占农业总值的 10.34%；农村人均纯收入 3 513 元（表 1-9）。

表 1-9　2008 年抚远农业总产值

	地区生产总值	农业总产值	农业产值	林业产值	牧业产值	渔业产值
产值（万元）	269 000	129 399	99 309	1 116	15 600	13 374
占地区生产总值（%）	100	48.10	36.92	0.41	5.80	4.97
占农业总产值（%）		100	76.75	0.86	12.06	10.33

2008 年，抚远县国民生产总值可实现 26.90 亿元，实现粮豆总产量 3 亿千克。农田水利、农机等农业基础设施得到逐步改善。优质高效农业、绿色农业、有机农业和畜牧业快速发展，农业产业化经营水平明显提高。抚远县科技进步对经济的贡献率 46%，科技成果转化率 61%，农业推广先进实用技术 40 余项，引进大豆、水稻、玉米、杂粮等优良品种 30 余个，良种普及率达到 100%。全面推进科技入户工程，现已实现了乡镇有科技园区，村屯有科技示范户，家家有科技明白人。农业、畜牧业的科技服务体系基本健全，实行技术跟踪服务。2007 年，全县农业机械总保有量达到 13 875 台（套），总动力为 24.10 万千瓦。其中，大中型农业机械保有量达到 4 112 台（套），总动力达 9.60 万千瓦，小型机械保有量达到 9 763 万台（套），总动力达 11.10 万千瓦，综合机械化程度达 85% 以上。

第三节　农业生产概况

一、农业发展历史

抚远县历史悠久。据县志记载，周为肃慎部，唐属河北道里水都督府，辽属东京道女真五国部，金属上京连澜路，元属辽阳行省水达达路，明属奴儿干都司，清属三姓副都统辖区，宣统元年（1909 年）清政府设绥远洲，民国二年（1913 年）改绥远县，民国十八年（1929 年）改为抚远县，隶属绥远省，日伪统治时期划为三江省；1945 年 8 月后归合江省管辖；中华人民共和国成立后并于松江省，1954 年并入黑龙江省至今。抚远县地处边远，中华人民共和国成立初期，人口稀少，经济落后，全县只有 1 967 人，耕地面积 482 公顷；20 世纪 50 年代国家重点开发北大荒，先后大批开拓者到此垦荒办场、屯垦戍边。20 世纪 70 年代以来，县委、县政府积极认真贯彻落实中央对三江平原作为重点开发，建设商品粮基地的指示精神，随着三江平原商品粮基地建设，加快了开荒建点速度。农业人口增加到 2.80 万人，耕地面积达 22 565 公顷，等于中华人民共和国成立初期耕地面积的 46.80 倍。尤其是中央 1 号文件下达后，农村的农业生产承包责任制逐步落实、完善，调动了广大农民的积极性，由昔日落后的"北大荒"已建设成为农产品自给有余、商品率较高的县份。抚远县农业生产以粮豆作物为主，辅以蔬菜、经济作物等。1978 年，粮豆作物面积为 22 305 公顷，占总播种面积的 97.70％；1990 年，粮豆面积为 36 742 公顷，占总播种面积的 93％。以后一直稳定在总播种面积的 93％～95％。20 世纪 90 年代末，蔬菜及其他经济作物面积有所上升，但粮豆面积仍然稳定在 90％以上（图 1 - 2）。

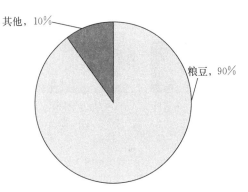

图 1 - 2 粮豆和其他作物种植比例图

抚远县粮豆作物有大豆、水稻、玉米、小麦、小豆、绿豆、芸豆等 10 余种。20 世纪 60～70 年代，以大豆、小麦、玉米三大作物为主，占粮豆作物总播种面积的 100％；20 世纪 70 年代以来，为把资源优势转化为粮食产品的优势，玉米、水稻面积逐年增加，形成了大豆、小麦、玉米、水稻四大作物，至 1987 年，四大作物面积占农作物总播种面积的 95％。在四大作物中水稻、玉米面积呈增加趋势，以后趋于稳定，而大豆面积呈减少趋势。进入 20 世纪 90 年代，大豆下降近 10％左右，但是仍占 85％以上，水稻稳定在 3％左右，蔬菜、杂粮播种面积有所上升，达到 2.50％，而小麦则退出了粮食作物的队伍，形成了目前的大豆、水稻、玉米三大作物。20 世纪 90 年代末至今，农作物种植结构有所调整，但大豆仍是抚远县第一大作物（2005 年播种面积 10.70 万顷，占农作物总播种面积的 94.40％）（图 1 - 3）。

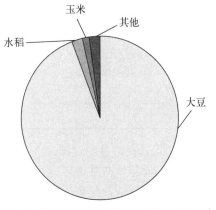

图 1 - 3 20 世纪 90 年代新三大作物种植比例

大豆是抚远县主要的粮食作物。近年来，抚远县在种植业结构调整过程中，把发展高油、高蛋白大豆作为重要内容。同时，加大特色经济作物和饲草饲料作物的生产规模，努力发展特色农业、绿色农业。2010 年，抚远县作物种植面积达到 16.33 万公顷。其中，大豆 11.53 万公顷，水稻 3.80 万公顷，玉米 0.13 万公顷，经济作物及杂粮 0.73 万公顷，蔬菜 0.13 万公顷［各乡（镇）水、旱田面积分布见表 1-10、图 1-4］。

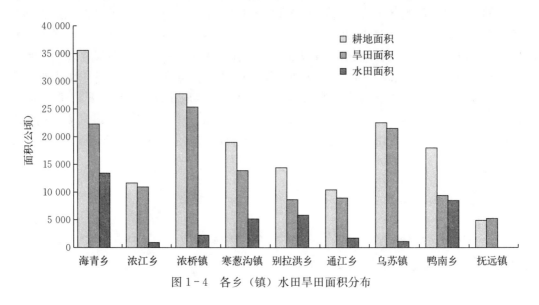

图 1-4　各乡（镇）水田旱田面积分布

表 1-10　抚远县各乡（镇）水田、旱地面积分布统计

乡（镇）名称	耕地面积（公顷）	占全县总面积（%）	水田（公顷）	占总耕地面积（%）	旱地（公顷）	占总耕地面积（%）
海青乡	35 394.72	5.65	13 300.39	8.14	22 094.33	13.53
浓江乡	11 579.83	1.85	706.67	0.44	10 873.16	6.66
浓桥镇	27 593.38	4.40	2 244.63	1.37	25 348.75	15.52
寒葱沟镇	18 842.20	3.01	5 070.39	3.10	13 771.81	8.43
别拉洪乡	14 313.33	2.28	5 670.37	3.47	8 642.96	5.29
通江乡	10 365.04	1.66	1 508.33	0.92	8 856.71	5.42
抓吉镇	22 426.69	3.58	1 058.63	0.65	21 368.06	13.08
鸭南乡	17 824.90	2.85	8 391.08	5.14	9 433.82	5.78
抚远镇	4 993.36	0.80	0	0	4 993.36	3.06
合计	163 333.45	26.08	37 950.49	23.23	125 382.96	76.77

　　2008 年，抚远县通过国家 3.30 万公顷绿色食品大豆环评。2009 年，通过国家 10 万公顷无公害食品生产基地环评。抚远县金碧农业有限责任公司和东极绿色米业有限公司两家企业是抚远县重点扶持的绿色食品龙头企业，将代表抚远特色的金碧原牌绿色大豆和乌苏镇牌绿色大米创响国际品牌。特别是经过改革开放后 30 多年来的努力奋斗，抚远县农业取得了长足的发展。但与此同时，农村经济管理体制、耕作制度、作物品种、种植结构、产量水平、肥料用量与品种及农药使用等诸多方面的巨大变化，也使抚远县农业耕地

基础薄弱、资源短缺、生产条件差，地力水平下降，给改善耕地地力及提高质量造成了极大的压力和负面影响（图 1-5、图 1-6）。

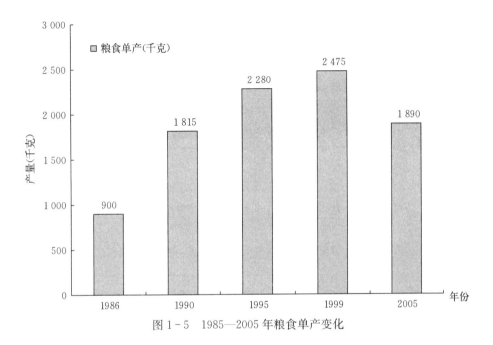

图 1-5 1985—2005 年粮食单产变化

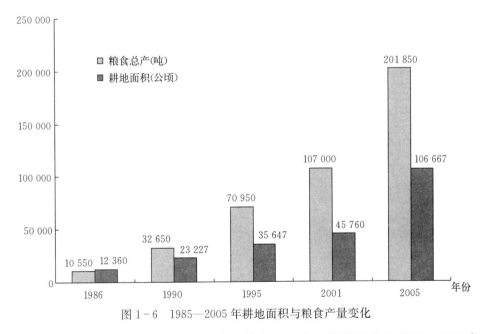

图 1-6 1985—2005 年耕地面积与粮食产量变化

在种植业发展的同时，抚远县的牧业、林业、渔业也得到了长足发展。2008 年，全县生猪发展到 6.85 万头，黄牛发展到 5.52 万头，肉羊发展到 4.71 万头，家禽发展到 26.30 万只，畜牧业总产值达到 1.56 亿元，是 1949 年的 20 倍。

二、农业发展现状

(一) 农业生产水平

据抚远县农业统计资料, 2008 年, 抚远县农业总产值 129 399 万元, 农村人均产值 1.57 万元。其中, 种植业产值 99 309 万元, 占农业总产值的 76.75%。农作物总播种面积 13.47 万公顷, 粮豆总产 309 300 吨。其中, 大豆 11.60 万公顷, 总产 196 500 吨; 水稻 1.37 万公顷, 总产 82 800 吨 (表 1-11)。

表 1-11 2008 年抚远农作物播种面积及产量

农作物	播种面积 (万公顷)	占比例 (%)	总产量 (吨)	占比例 (%)	产量 (千克/公顷)
大豆	11.60	86.12	196 500	63.53	1 694
水稻	1.37	10.17	82 800	26.77	6 043
薯类	0.50	3.71	30 000	9.70	6 000
总计	13.47	100.00	309 300	100.00	—

抚远县农业发展较快, 与农业科技成果推广应用密不可分。

1. 化肥的应用, 大大提高了单产 目前, 抚远县的磷酸二铵、尿素、硫酸钾及各种复混肥每年使用 3.22 万吨, 平均每公顷 0.24 吨。与 20 世纪 70 年代相比, 施用化肥平均可增产粮食 50% 以上。

2. 作物新品种的应用, 大大提高了单产 尤其是水稻、大豆新品种及玉米杂交种。与 70 年代比, 新品种的更换平均可提高粮食产量 25%～40%。

3. 农机具的应用提高了劳动效率和质量 抚远县 100% 的旱田实现了机耕地, 水田全部实现机整地。

4. 植保措施的应用, 保证了农作物稳产、高产 20 世纪 80 年代末至今, 抚远县农作物没有遭受严重的病、虫、草、鼠危害。

5. 栽培措施的改进, 提高了单产 水田全部实现旱育苗、合理密植、配方施肥, 100% 大棚育苗, 其中 20% 的地块应用了大棚钵盘育苗、抛摆秧技术。旱田基本实现因地选种、施肥、科学间作等技术。

6. 农田基础设施得到改善 20 世纪 80 年代末至今, 抚远仅发生过 2 次大的洪涝灾害, 90% 旱田没有受到较大的影响。

(二) 目前农业生产存在的主要问题

1. 单位产出低 抚远县地处三江平原东部, 有比较丰富的农业生产资源, 但中低产田占 60.23%, 粮豆公顷产量只有 2 368.50 千克 (2008 年), 还有相当大的潜力可挖。

2. 农业生态有失衡趋势 据调查, 20 世纪 80 年代后, 化肥用量不断增加, 单产、总产大幅度提高。同时, 农作物种类单一、品种单一, 不能合理轮作, 也是导致土壤养分失衡的另一重要因素。另外, 农药、化肥的大量应用, 不同程度地造成了农业生产环境的污染。

3. 良种少 目前，粮豆没有革新性品种，产量、质量在国际市场上都没有竞争力。

4. 农田基础设施薄弱 排涝抗旱能力差，风蚀、水蚀也比较严重。

5. 机械化水平低 抚远县70马力以上大型农机具只有4 112台（套），高质量农田作业和土地整理面积很小，秸秆还田每年只有3万公顷左右。

6. 农业整体应对市场能力差 农产品数量、质量、信息以及市场组织能力等方面都比较落后。

7. 农技服务能力低 农业科技力量、服务手段以及管理都满足不了生产的需要。

8. 农民科技素质、法律意识和市场意识有待提高和加强。

第二章　耕地立地条件与土壤概述

第一节　耕地立地条件

抚远县土壤的发生发展与环境条件是紧密相连的。复杂的土壤类型，是在当地特定的成土条件下，经过一定的成土过程而形成的。自从人类开始在土壤上从事生产和生活，就对土壤的形成与发展产生了深刻影响。

一、气候条件

抚远县位于黑龙江省东北边陲，纬度较高。属于高温带湿润半湿润大陆性季风气候。其特点是冬长严寒，夏短炎热，降水充沛，光照充足。但由于境内的江河湖泊多，离鄂霍次克海域近，温度年较差比内地小，有热时不酷热，寒时不酷寒之说，具有海洋性气候特征。温度四季变化显著，冻结期长，降水集中在夏季，春、秋季分布均匀。

（一）气温与土温

1. 气温　年平均气温 2.20 ℃，最冷是 1 月，平均气温−20.60 ℃，极端最低气温−37.40 ℃。最热是 7 月，平均气温 22 ℃，极端最高气温 36 ℃。累年各月平均气温见表 2 - 1。

表 2 - 1　累年各月平均气温

单位：℃

月份	1	2	3	4	5	6	7	8	9	10	11	12	年平均
数值	−20.60	−16.70	−6.80	4.80	12.30	18.30	22.00	19.90	13.90	4.50	−7.30	−17.70	2.20

从表 2 - 1 可知，全年有 5 个月平均温度在零度以下，有 7 个月在零度以上。在一年内，气温夏高冬低呈正弦曲线变化，各月平均气温 7 月以前逐月上升，8 月以后逐月下降。

全年≥10 ℃活动积温为 2 050～2 688 ℃，历年平均活动积温为 2 449.20 ℃，能满足一年一季农作物生长。

无霜期平均为 135 天，最长 151 天，最短 127 天；初霜最早在 9 月 20 日，最晚在 10 月 15 日；终霜最早在 4 月 20 日，最晚在 5 月 17 日。

年平均日照时数为 2 551.70 小时，最多年日照时数为 2 291.20 小时，最少年日照时数为 1 858.90 小时。

2. 土温　全年土壤结冻期在 210 天左右，积雪期在 150 天左右，土壤最大冻深 212 厘米（1969 年）。低洼地沼泽区因受水分影响，冻土层在 1 米左右，但冰冻迟，解冻晚。一般在 5～6 月才能解冻。5 月上旬土壤温度才能通过 10℃（表 2 - 2）。

表 2-2　抚远县土壤平均温度调查

单位：℃

土深 （厘米）	5月10日	6月10日	7月10日	8月10	9月10日
0	11.80	17.60	21.30	29.80	18.40
5	7.60	16.10	21.00	25.50	17.70
10	6.60	15.00	21.00	24.30	17.40
15	6.00	14.20	20.80	23.60	17.30
20	5.50	13.30	20.40	22.90	17.30

（二）降水与蒸发

1. 降水　抚远县历年平均降水量603.80毫米，降水量季节分配不均。春季降水平均117.70毫米，夏季降水集中，平均降水量318.20毫米，这个时间正是高温季节，对各种作物生长极为不利。另外，春末夏初是作物需要大量水分的时期，而雨量尚感不足，小麦易形成"卡脖旱"。降水量见表2-3。

表 2-3　历年各月平均降水量

单位：毫米

月份	1	2	3	4	5	6	7	8	9	10	11	12	全年
数值	7.30	8.30	15.50	38.70	63.50	66.80	131.90	119.50	76.60	45.80	15.90	14.00	603.80

2. 蒸发　抚远县历年平均蒸发量为1 257.10毫米，是历年平均降水量的2倍多，一年之中蒸发量随气温的变化而变化。12月和1月蒸发量最低，2月随气温上升而增加，主要集中在5月、6月、7月，蒸发量占全年的47.70%。8月又逐渐减少（表2-4）。

表 2-4　降水量与蒸发量对照

单位：毫米

观察月份		5	6	7	8	9
降水量	最小值	16.70	15.20	23.90	34.40	21.70
	最大值	141.10	129.30	306.80	270.00	121.70
	平均值	63.50	66.80	131.90	119.50	76.60
蒸发量	最小值	150.00	122.00	161.20	104.30	99.80
	最大值	234.20	262.30	290.50	211.10	190.10
	平均值	193.70	195.80	203.30	166.20	132.60

3. 风　抚远县处于西风带，各季盛行西风。风向的季节性变化明显。冬季位于蒙古高压东部边缘，盛行西风或西北风；夏季由于大陆低压和太平洋高压对峙，多偏南风及东南风，受鄂霍次克海高压影响，有时偏东气流；春、秋二季风向多变，多偏西南、西风。地形对风的影响较大，抚远县受黑龙江河谷走向影响，冬季也偏西南风。

年平均风速为3.60米/秒。全年六级风以上的日数达40~50天，多出现在春、秋两季，最大风力可达十级。

近 30 年来，抚远县平均风速和大风日数有明显增加，由于森林破坏，开垦后的裸露土壤连年耕翻，又经冬春冻融，结构疏松，春季干燥多大风，风蚀危害比较严重。

（三）地表水与地下水

1. 地表水　抚远县主要河流有黑龙江及其支流浓江、鸭绿河；乌苏里江及其支流别拉洪河等；湖泊有大力加湖。

（1）黑龙江：发源于大兴安岭，全长 4 300 千米，在本县流长 80.90 千米，河道弯曲度大，平均比降 1/5 000～1/19 000 米。

（2）乌苏里江：发源于西赫特山，全长 890 千米，在我国境内有 1/3。本县流长 106.20 千米，河床宽 1 000～2 000 米，比降 1/16 400～1/48 000 米。

（3）浓江河：发源于三江平原中部沼泽地。在本县流长 90 千米，比降 1/8 000～1/12 000 米，河床宽 17～100 米，最大回水长 17～30 千米。

（4）鸭绿河：发源于沼泽地，在本县流长 50 千米，河宽 50 米，比降 1/3 000～1/10 000 米。

（5）别拉洪河：发源于完达山北麓的沼泽地中，全长 210 千米，河床宽 100～500 米。水深 1～4 米，比降 1/7 500～1/12 000 米。

抚远县地势低平，切割能力弱，因而河道稀疏，河网密度小。除黑龙江和乌苏里江外，流经或发源于抚远县的一些中、小型河流均具有平原沼泽性河流的特点。这些特点是河底纵比降小，多在 1/10 000 左右，河槽弯曲系数大，枯水河槽狭窄，河漫滩宽广。由此，河流泄量小，排水不畅，容易泛滥。每年汛期，主要河流还受黑龙江、乌苏里江洪水顶托，回水距离一般 20～30 千米，最长可达 70 千米（表 2-5）。由于洪水顶托，抬高了这些河流的承泄水位，使两岸低平地排水更为困难，促进了沼泽的形成和发展。

表 2-5　各河流顶托回水长度

河流名称	汇入河流	回水长度（千米）
乌苏里江	黑龙江	70
浓江河	黑龙江	30
别拉洪河	乌苏里江	18

浓江河、别拉洪河上游无明显河槽，仅是一条宽浅的线形洼地；中游河道十分弯曲，并有茂密的沼泽植被阻滞，流速极缓；下游有明显的河槽，河道坡降稍大，枯水河槽狭窄。别拉洪河中游段是由许多平的、连续的积水洼地组成，只有在大水时才串连成河，平水期流速仅 0.10～0.17 米/秒。别拉洪红旗桥，五十年一遇洪水位为 56.09 米，五年一遇洪水位为 55.85 米，仅相差 24 厘米。从河流的年水位过程线看，虽很平缓，但自春汛涨水后，几乎一直处于高水位阶段，直到 11 月才缓缓消失。

其他 57 条小河流，属于别拉洪河、浓江河、鸭绿河三大河的支流，其水位随大河流水位变化而变化。平原地带多为常年流水，山地河流受阵雨影响，雨量集中水流大；雨量舒缓水流小，甚至有干沟，沟槽明显。

2. 地下水　抚远县地下水类型及特征因不同的地质地貌条件而异,山区主要为古生界至中生界基岩裂隙水;广阔平原区为第四系更新统、全新统含水组。边缘含水层浅薄,中部含水层逐渐深厚并略有起伏,具有储水盆地构造特征。中原边缘的第四系含水层厚度多为 10～20 米,过渡带为 50～150 米,瓦其卡一带厚度达 230～270 米。各含水层组之间无隔水层,为连续的含水体,透水性好,富水性强,地下水蕴藏丰富。由于储水盆地构造由西南微微向东北倾浅,因此,区域地下水流向也为东北向排于黑龙江和乌苏里江。靠江边地段的四合、海青、团结、小河子、生德库、南岗等地为潜水区。地下水丰富。潜水层 4～9 米,地下水位 1～3 米。最大的含水层有 20～30 米,含水层以沙、砾石层为主,局部地方有亚黏土,涌水量为 0.71～0.88 千克/秒。远离江边阶地以上的高漫岗地带,如北岗、浓江、浓桥、亮子里等地,地下水位一般为 5～10 米。别拉洪乡等较高地带的地下水位为 10～25 米,最大含水层 10 米左右,涌水量为 0.10～0.33 千克/秒。地下水位较高,藏量比较丰富。

抚远县地下水平均水温在 4～7 ℃,最低 3～4 ℃,最高在 10 ℃左右,平原区水温在 5 ℃左右。

3. 天然水质特点　抚远县大多数地方天然水属于碳酸-钠型水,部分属于重碳酸-钙型水。河水属于重碳酸-钙型水,河流高漫滩地的井水也属于重碳酸-钙钠型水;沼泽水属于重碳酸、氯-钠钙型水,井水多为重碳酸-钠型水。

各地矿化度变化为 36～202 毫克/升。矿化度小于 1 000 毫克/升,全县天然水均为淡水。硬度为 0.67～4.16(德国度),仅有通江乡井水硬度为 4.76(德国度)。全县天然水均属软水。pH 为 5.30～6.80。仅乌苏镇东井水超过 7.30,偏碱性。

地下水类型由西向东变化规律为重碳酸-钙型水至重碳酸-钠钙型水和重碳酸-硫酸型水,重碳酸氯化钙或钠钙,钙镁型水。除高低漫滩水质较差外,其余水质良好,无色、无味、透明、矿化、硬度、主要离子含量都较低,适合生活和工业用水,灌溉系数大于 18。符合农业灌溉要求。

二、成土母质

本区经过漫长的地质年代,地质构造运动频繁,母岩复杂,成土母质性质差异明显。在抚远县山区分布着古生界海西期的花岗岩,泥盆系的安山玢岩类、石灰岩,侏罗系的砂岩类,白垩系的安山岩类。这些岩类形成山地、丘陵地,成为山麓坡面的基岩。第三系上新统的玄武岩是形成山前台地的母岩。

(一) 地层

抚远县地质构造上属中生代同江内陆断陷的次级单位抚远凹陷的地带,由入侵岩到新生界有 8 个组的地层单元构成。在黑龙江和乌苏里江沿岸为第四系全新统河床冲积层,由亚黏土沙、沙砾石组成,在寒葱沟乡西北和海青;西部为全新统和更新统冲穗湖积的亚黏土、淤泥质亚黏土、细沙、沙砾,在浓桥镇南部多为上更统顾乡屯组的亚黏土、粉细沙、砾石组成,浓桥乡附近多为入侵岩,侏罗系下统向阳组的硅质岩、含砾凝灰砂岩,凝灰质粉砂、岩层凝灰岩组成,在抚远县山区为燕山期早期未分的黑云母、花岗岩、二云母花岗岩组成。抚远县地层除低山丘陵残丘有入侵岩外，绝大多数被新生代、第四系地层所覆盖，组成物质基本是第四纪冲积物。

（二）母质

母质是形成土壤的物质基础，在气候和生物的作用下，母质自表层逐渐转变成土壤。从土壤层次看，构成抚远县的成土母质主要是第四纪的松散冲积沉积物，属冰水沉积类型，以冲积、坡积等再沉积的棕黄色壤质黏土为主。具体有以下几种类型：

1. 残积母质 残积母质是指残留原地未经搬运的风化物。分布在北部低山丘陵地带。属于酸性母岩，主要有花岗岩、片麻岩、页岩等，分布面积小，是山地土壤中最重要的一类母质。pH 为 6.00～6.50，盐基饱和度 40%左右，矿物质组成以二氧化硅为主，占 55%～70%，三氧化物占 20%～30%，氧化钙、氧化镁的含量很小，小于 5%。土壤呈酸性或微酸性反应。其特点是风化物的层次薄，表层质地较细，往下渐粗，且过渡到岩石层。由于地势较高，矿质元素及水分都易淋失，故此在这种母质上发育的土壤多属暗棕壤，养分及水分较少，肥力不高。

2. 坡积母质 坡积物是指山坡上部的岩石风化物在重力及雨水的联合作用下，搬运到山坡下部而成的堆积物。这种母质多分布于山坡下部。其特点是层次厚，粗细粒同时混存，无分选性，通气透水性较好，因之承受上面流来的养分、水分以及较细的土粒，故此这种母质在抚远县多发育岗地白浆土和草甸白浆土。

3. 冲积母质 是在黑龙江、乌苏里江泛滥作用下而形成的。江水在流动过程中夹带泥沙，到下游流速减缓而沉积，这样的沉积物称为冲积物。抚远县分布很广，面积大，所有江河两岸中下端都有这种母质分布。其特点是剖面下有粗细不同、层次分明的沉积层，黏沙相间，同一种质地均一，是由于泛滥沉积水的分选作用形成，离江越远，质地越细，越近颗粒越大，沙粒磨圆程度很高，大部分没有棱角。此类母质随腐殖质的积累和草甸化成土过程的进行，大量的二氧化硅呈白色粉末形式析出，是抚远县低地潜育白浆土和草甸土类发育主要母质类型。

4. 河湖相沉积物 此类母质多分布于县境内南部的低平洼地，地表大部分为黏土，上层厚 15～30 米，属轻黏土，物理黏粒可为 55%～70%，黏粒为 35%～40%，这种黏重的母质几乎不透水，使上部土层潜育过程普遍存在。pH 为 5.50～6.00。盐基饱和度为 75%～85%，含有多量的胶体矿物，以无定形水铝石英为主，其余的有水云母，含水针铁矿，多水高岭石，稍显晶形的蒙脱石和石英等。这种母质多形成沼泽化草甸土和沼泽土类。

三、地 形

地形是形成土壤的重要因素。地形影响到水分和热量的再分配，影响到物质元素的转移。一般说来，地形越低，土壤水分越大，土温越低，养分元素越丰富。土壤分布随地形变化而呈现出规律性。抚远县地质构造上属中生代同江内陆断陷的次级单位——抚远凹陷的中部，第四纪以来，一直在间歇性沉降，下沉幅度更大，形成我国低冲积平原。广大面积为河流的一级阶地（抚远南为较高的冰水台地），海拔在 40～66 米。最低的抚远三角洲，海拔 34 米。地面大平、小不平，起伏不大，一般相对高程 10 米左右。北部的低山丘陵屹立在黑龙江沿岸，只有少数孤山、残丘散立于平原之中，打破了单一平原的地貌景观。地势为北高东北低，总趋势向由西南向东北缓缓倾斜，坡降较小，为 1/8 000～1/10 000，大片低洼处积水形成沼泽。沉积物表层普遍分布有 2～17 米厚的亚黏土，下为细沙、沙砾和中粗沙，中夹黏性土，薄层间夹亚黏土透镜体，总厚度 100～300 米。

由于地质新构造运动的不均匀性和间歇性下沉，相间形成了低山丘陵和平原残丘、山前低漫岗、低平原和江河泛滥地 4 个地貌单元。

1. 低山丘陵区　属于完达山余脉延伸部分，面积为 13 130.73 公顷，占县属面积的 4.29%。东部以海拔 279.10 米的二角山为最高，西部伊力嘎山（抚远山）海拔 266.50 米。相对高度为 70～200 米，组成物有花岗岩、闪长岩、玄武岩、砾岩、千枚岩等，土壤发育为暗棕壤，岗地白浆土，适宜发展林业和多种经营。

2. 中部低漫岗区　面积 49 152.07 公顷，占县属面积 16.06%。主要分布在低山边缘。地面自北向西南缓缓倾斜，坡面较长，海拔高度为 60～80 米，相对高差 10～20 米，组成物上部为 10～30 米的亚黏土夹砾石，下层为基岩，土壤发育主要是白浆土。是抚远县农业集约生产区。

3. 冲积低平原区　境内面积 91 867.33 公顷，占县属面积的 30.03%，海拔为 42～50 米，坡降 1/10 000 区内主要发育草甸土、沼泽土或少量泥炭土。

4. 江河泛滥地区　主要分布在黑龙江和乌苏里江的岸边高低漫滩和抚远三角洲，面积 151 809.87 公顷，占县属面积 49.62%，海拔高度为 34～42 米，坡降 1/10 000，物质组成，表土 0.50～3.00 米为亚黏土或亚沙土，下部为 100～250 米的细沙、中粗沙和沙砾面等，主要发育泛滥地草甸土，是抚远县主要牧业基地之一。

四、生物条件

生物在土壤形成诸因素中起主导作用。生物是土壤中氮素的唯一来源，生物使土壤富含有机质，植物的选择吸收使养分在地表富集。在不同植物影响下，形成不同的土壤属性，从而有不同的土壤类型，不同的土壤反过来又影响植物的生长。土壤与植物间呈现出明显的规律性。

由于受自然条件的制约，抚远县植被种类和分布呈现出不同的植物群落。在不同植物影响下形成的土壤有不同的属性，从而又有不同的土壤类型。大体可分为：森林植被、草甸植被和沼泽植被 3 种类型。

1. 森林植被　主要分布在境内低山残丘等地，主要树种有白桦、柞树、山杨、黄波椤、紫椴、春榆、水曲柳等，构成杂木天然次生林，土壤为不同类型的暗棕壤。一般来说，杨桦林地形坡度较缓，土质黏重冷浆，草甸化过程较盛；而柞树耐干旱萌蘖力强，土质热潮。

2. 草甸植被　主要分布在高河漫滩、阶地和山前倾斜平原上，主要有丛桦、小叶樟、芦苇、毛水苏、沼柳，广布野豌豆、水蒿等植物群落。草本层覆盖度 80%～90%，厚度 50～80 厘米。土壤为不同的潜育化程度的白浆土、草甸土及草甸沼泽土类。

3. 沼泽植被　主要分布在低平原上的蝶形洼地的边缘。代表植物有乌拉草、三棱草、水木贼、驴蹄草、湿薹草、薹草、水冬瓜赤杨等构成了毛果薹草群和毛果薹草、乌拉草群丛。土壤为沼泽化草甸土和各种类型的沼泽土及泥炭土，由于植被在其自然条件配合下，决定着成土过程的方向和特点，所以在各种类型植被下发育的土壤类型，特别是肥力特点有着明显的差异。

植被类型对成土的重要作用同样表现在自然植被演变与成土过程相应变化的关系上。当森林遭到破坏，疏林草甸和草甸植被随之侵入，促进草甸沼泽化过程的发展，不断增厚腐殖质与泥炭腐殖质层。该层的出现又增加了水分的保蓄量，使土壤水分含量处于过强状态，还原作用得以进行，使土壤向白浆化、沼泽化方向发展。反之，在沼泽植被下，湿生和半湿生灌木逐步侵入，抑制草甸沼泽的发展，白桦、山杨等相继出现，草甸与灌木又被森林所代替，土壤随着生物排水过程的增强又逐步向暗棕壤化方向发育。植被这种周而复始的更迭，促进土壤发展演化，说明植被演替是土壤发育的主要动力。

第二节　成土过程

土壤的形成过程是决定各类土壤生成发展的重要基础。但是，成土条件的复杂性，决定了土壤形成过程总体中的内容、性质及其表现形式也是多种多样的。因此，根据土壤形成中的物质能量的交换、转化、累积过程的特点，将抚远县土壤的成土过程划分出以下几种：

一、腐殖化过程

土壤形成中的腐殖化过程，是指在各种植被作用下，在土体中、特别是土体表层进行的腐殖质积累过程，它是土壤形成中最为普遍的一个成土过程。由于植被类型、覆盖度以及有机质的分解情况不同，腐殖质积累的特点也各不相同。腐殖化过程的结果，使土体发生分化，往往在土体上部形成一个暗灰色的腐殖质层。它是与抚远县特殊的冷湿条件密切相关的，由于气候冷湿，丰富的绿色植物残体除极少部分被微生物分解外，大部分植物残体以腐殖质的形式积累在土壤中，其积累数量多寡，视有机质的来源和分解速率而定，前者取决于植被类型及其生长量，后者取决于水、热条件。一般森林生物累积量小于草甸植被，而且森林下仅有枯枝落叶覆盖于地表，相对热量足，通气好，分解多，残留少，故森林土壤腐殖质累积量少，层次薄。草甸植被则相反，除部分腐根植物外，其地表地下部分均当年生长当年死亡，在土壤表面与土体之内年复一年累积大量有机质。同时，抚远县秋季草被死亡后，冬季寒冷漫长，微生物活动微弱，植物残体分解缓慢，也有利于土壤腐殖质的积累。在沼泽地段，常年或季节性积水，湿生植被繁茂生长，大量有机质在嫌气条件下不能完全分解，多以泥炭形式积累，形成更加深厚的有机质层。

二、暗棕壤化过程

土壤形成的暗棕壤化过程是暗棕壤土类的主要成土过程。此过程发生在抚远县北部的低山丘陵区，由于本区具有明显的大陆性季风气候，夏季温暖多雨，地表植被繁茂，覆盖着枯枝落叶，且通气良好常为真菌和好气细菌分解转化，形成腐殖质和进行矿化作用，土壤中的部分有机质（包括部分腐殖质）被彻底分解，释放出钙、镁、钠、钾等灰分元素，由于阔叶林释放的灰分元素较多，因而使形成的腐殖质酸不断地凝聚在土中，土壤反应呈微酸性。由于土壤的透水、通气性较好，土壤中氧化还原作用交替进行，并且氧化作用大于还原作用，使得土壤中保存了大量的氧化物和氢氧化物（如 $Fe_2O_3 \cdot NH_2O$）。同时，在夏季多雨、化学风化强烈，产生了较多的次生矿物，并放出盐基。次生黏土矿物以高岭土、绿高岭土和水针铁矿为主，后两者都是含铁矿物，由此造成了土壤剖面的颜色呈暗棕色或棕黄色。另外，由于土壤中淋溶作用强烈，使土中一价、二价盐基向下淋溶，三价铁、铝则很少，移动有积聚趋势，土壤黏粒部分也随下渗水流向下移动。因此，土壤下层显得黏重。

三、白浆化过程

白浆化过程是指在 20 厘米左右的黑土层下面有一个灰白色的白浆层。此白浆层的形成过程就称为白浆化过程，这是以潜育漂洗过程为主的一种独特的成土过程。在湿润气候条件下，土壤质地黏重，内外排水不良，雨水大量集中时，上层土壤灌水，处于周期性的潜育状态，这时土壤中还原过程占优势，导致铁、锰等有色矿物（特别是铁）还原成低价的游离态，被不断漂洗与重新分配，或在干湿交替过程中就地重新聚集形成结核，或以有机结合态向下移动淀积。久而久之，这种周期性干湿变替以及氧化还原过程多次往复，终于在腐殖质层下使土壤脱色而形成一个颜色灰白、黏粒、铁锰、有机质、矿物养分贫瘠的白浆层和其下相应富集的淀积层。淀积层的形成进一步加强了土体的滞水作用，使亚铁离子不但可取代复合体中的盐基，而且随着亚铁的氧化，氢离子便可逐渐腐蚀黏土矿物，促进 SiO_2，特别是 Al_2O_3 的移动，使白浆层逐步粉沙化，并且由微酸性变到酸性，剖面的黏粒分布与矿物成分也发生了变化，出现明显的双层性剖面。

显然，由于抚远县季节性冻层深厚，融化时间长，冻融作用造成地表过湿，底层透水困难，进一步加深了白浆化过程的发育。

四、草甸化过程

发生在平地和低地上喜湿植物（大叶樟、小叶樟、柳丛等）下形成的草甸土的过程。受降水和地下水的影响，土壤长期处于过湿状态，在干旱时水分大量蒸发，土壤处于暂时干燥状态，但时间较短，在这种经常干湿交替的条件下，使草甸化发展。在水分过多时铁处于还原状态，可溶于水，随水上下移动；在干时又被氧化固定起来。这种长期干湿交替，在土壤剖面上形成特殊的物质——铁锰结核和锈色斑纹层，是草甸化过程的重要特征。

五、潜育化过程

潜育化过程是在长期积水的条件下缺乏氧气，有机质分解需要依靠三价铁、锰还原取得氧气，这样就形成了还原现象。此外，嫌气微生物活动时产生的 CH_4、H_2S、CO_2 等成分，作用于土壤中，铁被还原形成亚铁盐类。这些被还原的铁、锰，变为灰蓝色或浅蓝色，俗称其为狼屎泥。部分氧化亚铁沿毛管上升，在上层被氧化形成锈斑。因此，在野外根据锈斑出现的部位可判断土壤沼泽化的程度，潜育化是沼泽土的主要特征。

六、泥炭化过程

在长期积水条件下，土壤经常处于嫌气状态，茂密的沼泽植被生成的有机体，在土壤中得不到充分分解，逐年累积形成深厚的、不同分解程度的泥炭层。厚度超过 50 厘米为泥炭土，不足 50 厘米则为泥炭沼泽土。

七、耕作熟化过程

上述成土过程是抚远县各类自然土壤形成的基础。然而，土壤不仅是一个历史自然体，更重要的是一种生产资料。一旦耕垦以后，无论哪一类土壤均根据各种作物的需要，在人为措施作用下朝着定向培育土壤肥力与提高作物产量的方向发展，这就是土壤的熟化过程。实践表明，抚远县土壤熟化大体可分为两个阶段：一为改造熟化。运用农田基本建设和土壤改良等措施，改变不利的农业生产条件，改良土壤的低洼因素，保持和提高土壤肥力。二为培肥熟化。在改造熟化阶段，基本上是调节不良性状，利用土壤潜在肥力，养分消耗大于补偿。少则几年，多则 10 余年后，随着肥力降低与作物单产不断提高，养分必然供不应求，需要培肥，提高土壤供肥能力，培育保水保肥的高产土壤。

总之，耕作熟化过程是人为改良利用土壤的过程，随着耕种熟化度的增加，各自然土类间的差异性缩小，共同性增多，人工培育高肥土壤的作用明显。

第三节　土壤分类与土壤分布

一、土壤分类的目的

土壤分类的目的，就是根据不同土壤的主要成土条件、成土过程和土壤属性，以及它们之间的内在联系和差异，把自然界的土壤进行系统的排列，为合理利用培肥改良土壤，以及因地制宜地进行科学种田提供依据。

抚远县由于自然条件复杂，土壤资源丰富，为商品粮基地建设创造了极为有利的土壤条件。为综合发展农、林、牧、副、渔业，因土制宜地利用、改良、培肥土壤，全面规划，加速现代化农业建设，需要充分地摸清抚远县的土壤底细，必须对繁多的土壤类型进行归纳整理，根据《黑龙江省土壤分类暂行草案》规定的原则和佳木斯市土壤分类系统，通过评土、比土进行土壤分类，从而科学的反映出全县土壤在发生学上和地理分布上的规律性，揭示出土壤属性、生产性能及改良利用途径，为农业生产服务。

(一) 土壤分类原则与依据

根据《黑龙江省土壤分类暂行草案》规定的要求，土壤分类系统的分级仍采用五级分类制，即土类、亚类、土属、土种、变种（略）。其中，土类和亚类属高级分类单元，主要反映土壤形成过程的主导方向和发育阶段。土属和土种属基层（或低级）分类单元，主要反映土壤形成过程中土壤属性和发育程度量上的差异。各级分类单元划分的原则和依据如下：

1. 土类 是土壤分类的基本单元。它是在一定的生物、气候、水文、耕种条件下形成的，是土壤形成的重要阶段；土类具有独特的成土过程和剖面形态，土类与土类之间有质的差别，如暗棕壤代表温带湿润地区针阔混交林下发育的地带性土壤，而草甸土、沼泽土和泥炭土都属于非地带性的水成土壤。从水分条件看，沼泽土是在地表积水并受地下水浸润的土壤，从水分条件在成土过程中的作用程度来说，草甸土可称半水成土壤。

2. 亚类 亚类是土类的辅助单元，也是土类之间的过渡类型。同一土类各亚类之间成土过程的主导方向基本一致，只是反映发育分段的差异。而过渡类型的亚类，除主要成土过程外，还有地域性附加成土过程，它是两者作用的产物；同一土类的各个亚类的剖面形态与性质大致相同，而不同土类的各亚类间也有质的差异。如沼泽化草甸土与草甸沼泽土，就是分属于草甸土和沼泽土 2 个亚类。

3. 土属 在发生学上有承上启下作用的分类单元，位于亚类与土种之间。主要根据母质、侵蚀、水文等地方性因素划分，土属应明确地反映出土壤的主要问题和改良途径。白浆土土属是根据地形划分的，泥炭土土属是按植物组成和泥炭的厚度来划分的。

4. 土种 土种是基层分类单元，具有鲜明的生产特性。土种是长期发育与人为因素利用的产物，同一土种的土壤肥力水平及采取的改良措施基本一致。如白浆土根据腐殖质层厚度划分为厚层、中层、薄层 3 个土种，它们具有不同发育程度和不同的熟化程度，并需要不同的改良措施。

(二) 土壤命名法

按《黑龙江省土壤分类草案》规定，采用连续命名法。就是用一个短句把几个分类单元都概括进去，把土壤形成过程、主要特征与属性等都反映出来，容易看清它在土壤分类系统中的位置以及在发生学的联系与规律性，便于确定利用方向和确定改良培肥措施。如，白浆土命名主法如下：

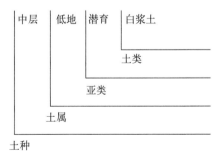

(三) 抚远县土壤分类系统

根据上述分类原则、依据和标准，抚远县土壤共分 5 个土类，12 个亚类，12 个土属，12 个土种。抚远县土壤分类系统见表 2-6，抚远县土壤类型及面积见表 2-7。

表2-6 抚远县土壤分类系统（第二次土壤普查）

土类	亚类	土属	土种 名称	土种 划分依据	主要成土条件	成土过程	剖面主要形态特征	土体构型	代表剖面
暗棕壤 I	暗棕壤 I₁	暗棕壤砾石底 I₁-1	薄层砾石底暗棕壤 I₁-101 中层砾石底暗棕壤 I₁-102	按腐殖质层厚度划分、A₁<10厘米 A₁10~20厘米	山地、低山、残丘、平原岗包、母质为岩石或半风化物	腐殖积累过程、氧化还原过程、轻度黏化过程	基本分3层，表层为暗灰色或黑色腐殖层，第二层为棕色或褐色半风化的淀积层、母质为岩石半风化物。土体中夹有大量石块	A_0A_1 AB C	058 001
	白浆化暗棕壤 I₂	砾石底白浆化暗棕壤 I₂-1			山地下部、低山、残丘、母质为岩石或半风化物	腐殖化过程、白浆化过程、氧化还原过程	基本分4层，表层为暗灰色腐殖层、第二层有不典型的白浆层淀积层，铁锰胶膜较多、核状结构、具有一定数量的石砾、石块	A_0A_1 A_wB B C	368 289
白浆土 II	暗棕壤化白浆土 II₁	岗地白浆土 II₁-1	中层岗地白浆土 II₁-102	按腐殖质层厚度划分、A₁10~20厘米	岗地、岗坡地杂木林及草类沙土、母质	腐殖质过程、白浆化过程	基本分3层，表层为暗灰色或暗黑色腐殖层，AW层白色，B层为核块状、有棕褐色胶膜，全剖面面无锈斑	A_1 耕地 A_p A_wA_w BB CC	044 301
	白浆化暗棕壤 II₂	平地草甸白浆土 II₂-1	中层平地草甸白浆土 II₂-101	按腐殖质层厚度划分、A₁10~20厘米	分布在平地，生长灌木杂草	腐殖化过程、白浆化过程、草甸化过程	类似白浆土，表层为灰白色，AW层为白色、B层为核状结构、有棕褐色胶膜，母质层可见到锈斑	A 耕地 A_p A_wA_w BB CC	352 112
	潜育白浆土 II₃	低地潜育白浆土 II₃-1	中层低地潜育白浆土 II₃-101	按腐殖质层厚度划分、A₁10~20厘米	分布在低平地自然状况生长小叶樟、薹草	腐殖化过程、白浆化过程、潜育化过程	类似白浆土，表层有半泥炭化草根层。AW层有棕锈斑和淡灰色潜育斑。B层为核块状结构，表面有棕褐色胶膜	A_1 耕地 A_p $A_{wg}A_w$ BB CC	610 472 158 489 346

（续）

土类	亚类	土属	土种名称	土种划分依据	主要成土条件	成土过程	剖面主要形态特征	土体构型	代表剖面
草甸土 III	草甸土 III_1	平地草甸土 III_{1-1}	薄层平地草甸土 III_{1-101}	按腐殖质层厚度划分，A_1<25厘米	低平地，草甸植被，母质为冲积物沙质	腐殖质过程、草甸化过程	基本分2层，黑土层和锈色斑层	A_1 / C	371
	白浆化草甸土 III_2	平地白浆化草甸土 III_{2-1}	薄层平地白浆化草甸土 III_{2-101}	按腐殖质层厚度划分，A_1<25厘米	低平地，草甸植被，母质为冲积物沉积沙质	腐殖化过程、草甸化过程、白浆化过程	基本分3层，黑土层和不明显白浆层及锈色斑层，AW层有铁锰结核	A_1 / A_{wg} / B / C	291 660
	沼泽化草甸土 III_3	平地沼泽化草甸土 III_{3-1}	薄层平地沼泽化草甸土 III_{3-101}	A_1<25厘米 A_1 25~40厘米	低洼地，低河漫滩，喜湿地植被，冲积或冲积沉积母质	腐殖化过程、潜育化过程、草甸化过程	有较薄草根层，土体中有锈色斑和潜育斑，母质可见到潜育层	A_s / B_g / C_g	202 653 652 284
	泛滥地草甸土 III_4	平地泛滥地草甸土 III_{4-1}	薄层平地泛滥地草甸土 III_{4-101}	A_1<25厘米 A_1 25~40厘米	低平地，河谷泛滥地	冲积物沉积过程、草甸化过程	有较薄草根层或很薄黑土层，土体中有冲积层次沉积层状，并有锈色彩斑纹层	A_1 / AB / Cg	276
沼泽土 IV	草甸沼泽土 IV_1	洼地草甸沼泽土 IV_{1-1}	薄层洼地、草甸沼泽土 IV_{1-101}	按黑土层厚度划分，A 10~30厘米	低洼地，小叶樟等喜湿植物，地表长期过湿，季节性积水	沼泽化过程、草甸化过程	无泥炭层。腐殖质层也很不明显，有潜育层	A_1 / G	270
	生草沼泽土 IV_2	洼地生草沼泽土 IV_{2-1}	洼地生草中潜低地草甸沼泽土 IV_{2-101}	按泥炭层厚度划分，A 10~30厘米	低洼地，三棱草等喜湿植物，地表长期过湿，季节性积水	沼泽化过程	只有很薄草根层，腐殖质层也很不明显，有潜育层	A_s / B_g / G	648 654
泥炭土 V	草类泥炭土 V_1	芦苇草类泥炭土 V_{1-1}	薄层芦苇草类泥炭炭土 V_{1-101}	按泥炭层厚度划分，A 50~100厘米	低洼地，生长喜湿植物，三棱草	泥炭化过程、潜育化过程	基本分2层，上有深厚泥炭层，下为潜育层	A_1 / AG	041 651

表 2-7　抚远土壤类型及面积

序号	土类名称	亚类数量（个）	土属数量（个）	土种数量（个）	县属面积（公顷）	占县属面积（%）
1	暗棕壤	2	2	2	3 754.80	1.23
2	白浆土	3	3	3	150 065.53	49.04
3	草甸土	4	4	4	130 786.47	42.75
4	沼泽土	2	2	2	16 450.13	5.38
5	泥炭土	1	1	1	4 903.07	1.60
合计	5 个	12	12	12	305 960	100.00

二、土壤分布

抚远县地处黑龙江省东北边陲，属于中温带半湿润气候区，纬度较高，但差异不明显，在同一气候条件下，土壤受自然因素（地形、母质、生物）和人为的影响，有着不同的发育方向。不同的地势高度、不同的水热条件和植被，土壤类型的分布也不同。其中，小面积的地带性土壤——暗棕壤集中分布在北部的低山丘陵；在开阔的平原和低平原则形成抚远县面积最大的白浆土；在低洼地区形成一定面积的沼泽土。尽管在同一地带内存在着几种成因和属性不同的土壤，但它们之间的分布与境内大的地貌构造和成土母质的类型差异基本一致，呈现出明显的地域分布的规律特点。这些多种多样的土壤分布规律相互影响，不仅构成了抚远县土壤分布的独特格局，而且为全县农、林、牧业的全面发展创造了极为有利的条件。

现就抚远县四大地貌类型的土壤分布和地域性土壤的变化阐述如下：

（一）北部低山丘陵区土壤分布

低山丘陵指境内北部的伊力嘎山（抚远山）和东部的二角山，构成了北部的低山丘陵地貌，是暗棕壤集中分布区。该区地势较高，气候温暖湿润，森林植被茂密，生长针阔叶混交天然次生林，覆盖度超过 90%，表土腐殖质积累明显，是抚远县林业生产的主要基地。岗地白浆土呈环状分布于暗棕壤下部，该区面积有 13 130.73 公顷，占县属总面积的 4.29%，分布着 2 个土类、4 个亚类、4 个土属。其中，暗棕壤面积 3 725.46 公顷，占全县暗棕壤土类面积的 99.22%；岗地白浆土 7 503.28 公顷，占白浆土面积的 5%。还分布着小面积的平地草甸白浆土（图 2-1）。

低山丘陵土壤成土母质主要是风化残积物，由于地势变缓，逐渐向下过渡，母质的物质组成多为亚黏土夹碎石和砾石，淋溶作用增强，因而发育着白浆土。

（二）中部低漫岗区土壤分布

该区位于抚远县中部，为低山向低平原过渡地带，母质为冲积物，由于相对高度不大，墟度平堤，水土流失有所出现，是抚远县低地潜育白浆土集中分布区，耕地零散不连片，耕荒地相间分布。该区面积 49 152.07 公顷，占县属面积 16.06%，分布着 2 个土类，3 个亚类，3 个土属，3 个土种。其中，低地潜育白浆土 48 055.53 公顷，占该区土壤面积

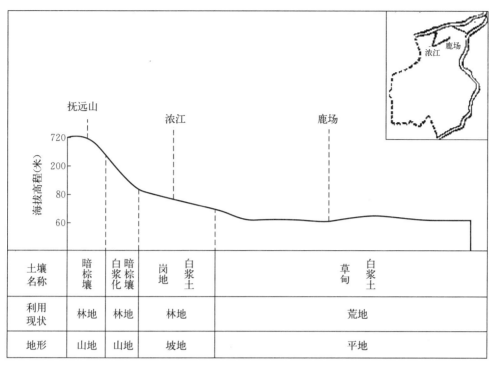

图2-1 低山丘陵区土壤分布断面图

97.8%。只有在建国村周围分布着零星小面积的白浆化草甸土和草甸白浆土（图2-2）。

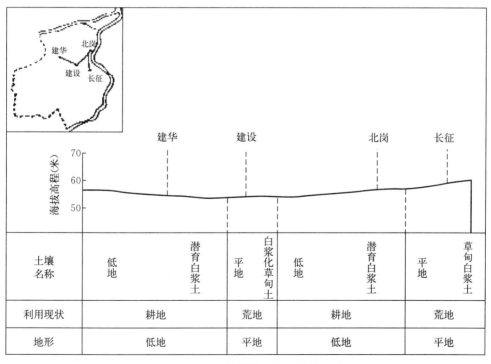

图2-2 中部低慢坡土壤分布断面图

(三) 冲积低平原区土壤分布

在抚远县西南部和东南部，有大面积低平地，海拔高度为42～50米，母质为冲积和沉积物。透水性弱，排水不畅，长年积水或过湿，植被多为喜湿性植物。土壤多为低地潜育白浆土，其次是白浆化草甸土和洼地生草沼泽土。该区面积91 867.33公顷，占县属面积的30.03%，分布着3个土类，3个亚类，3个土属，3个土种。其中，低地潜育白浆土面积为67 048.53公顷，占该区土壤面积的72.98%；白浆化草甸土面积为15 105公顷，占该区土壤面积的16.44%，主要分布在海青乡周围。洼地生草沼泽土和洼地草甸沼泽土，分布在寒葱沟和永安、四合村附近，面积8 043公顷，占该区土壤面积8.76%，地下水位高，地表经常处于过湿状态，沼泽草甸植被生长茂密，在沼泽化作用下，形成了沼泽土；平地草甸土则集中分布在亮子里村和海旺村周围，地形略高于两侧，母质为冲积物，面积为1 670.80公顷，占该区土壤面积1.82%（图2-3）。

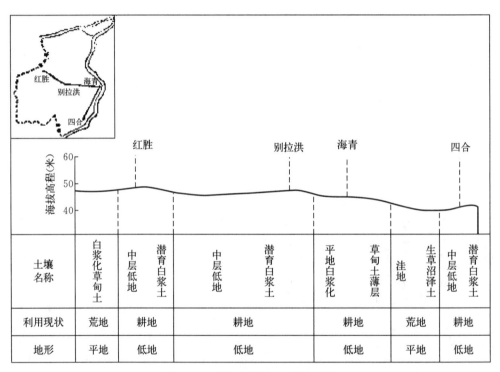

图2-3 冲积低平原区土壤断面图

(四) 沿江泛滥地区土壤分布

北部沿江包括浓江乡、通江乡，东部抓吉镇，东南部海青乡部分地段。此区为黑龙江、乌苏里江泛滥冲积河漫滩——阶地，成土母质都是洪积新沉积物，质地较黏重，由于受水流缓急不同和多次洪水泛滥沉积，因此有沙有黏，呈明显成层性，也往往出现沙黏相间的层次。土壤多为泛滥地草甸土和沼泽化草甸土及泥炭土。该区面积151 809.87公顷，占县属土壤面积的49.62%。其中，平地泛滥地草甸土面积87 061.73公顷，占该区面积的57.35%；平地沼泽化草甸土面积为4 365.67公顷，占该区面积的2.88%，其中平地草甸土和平地沼泽化草甸土呈复区分布，面积19 543.73公顷，占该区面积的12.87%、泥炭土面积为 4 903.07 公顷，占该区面积的 3.23%；生草沼泽土面积为 8 407.13 公顷，占该区面积 5.54%（图 2-4）。

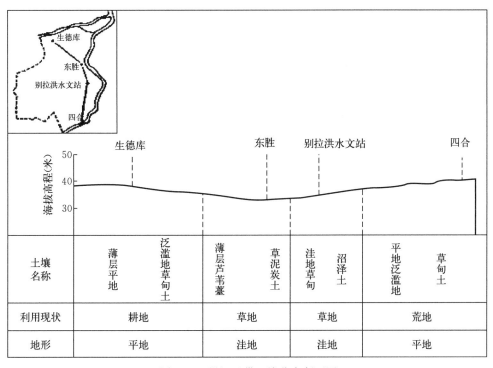

图 2-4　沿江地带土壤分布断面图

第四节　土壤类型

抚远县土壤共分为暗棕壤、白浆土、草甸土、沼泽土、泥炭土 5 个土类。续分为 12 个亚类，12 个土属和 12 个土种。

一、暗　棕　壤

暗棕壤属于地带性土壤，分布在低山和残丘上，该土类面积为 3 754.80 公顷，占县属土壤面积 1.23%。其中，抚远镇 1 508.33 公顷，占该土类面积的 40.17%；浓江乡 1 722 公顷，占 45.86%；通江乡 494.47 公顷，占 13.17%，海青乡只有 30 公顷，占 0.80%。该土类耕地面积仅 13.9 公顷。

（一）暗棕壤的形成和分类

暗棕壤在抚远县分布部位较高，一般在海拔 80 米以上。自然植被主要有白桦、蒙古柞、黄浓椤、糠椴、水曲柳等。林下灌木种类较多，如毛榛子、卫茅等。草本植物很繁茂，有粗茎鲜毛蕨、轮叶百合、木贼、薹草等。

暗棕壤的成土过程与地形、母质、水分状况等关系密切。在坡度大或沙土母质上，排水良好，土体干燥，多发育成暗棕壤亚类；在漫岗或黏性母质上、排水不良，多形成白浆化暗棕壤亚类。

暗棕壤风化作用强烈，土壤矿物质发生硅、铝风化过程。钾、钠、钙、镁等和碱金属大部分从土壤中淋失，硅、铝、铁化物下移，形成次生黏土矿物，发生黏化现象。

暗棕壤在抚远县续分为 2 个亚类，2 个土属（表 2-8）。

表 2-8　暗棕壤分类系统

土类	亚类	土属
暗棕壤	暗棕壤 白浆化暗棕壤	砾石底暗棕壤 砾石底白浆化暗棕壤

（二）暗棕壤的类型及形态特征

1. 暗棕壤亚类（I_1）　暗棕壤亚类占该土类面积的 87.0%，主要分布在抚远县北部低山丘陵区。土体除表层颜色较暗外，均显棕色。剖面层次过渡明显，土体构型为 A_0、A_1、B、C。典型剖面以抚远县城南山剖面号抚—346 为例，其剖面形态特征如下：

枯枝落叶层（A_0）：0～4 厘米，由木本凋落物和草本残体构成，疏松，有弹性，层次向下过渡明显。

腐殖质层（A_1）：4～15 厘米，暗灰色，粒状结构，轻壤，润，植物根系多，层次过渡明显。

淀积层（B）：15～45 厘米，棕黄色，粒状结构，沙壤，紧实，夹有砾矿，植物根系少，层次过渡不明显。

母质层（C）：45～60 厘米，棕黄色，块状结构，多为半风化砾石，石块表面有铁锰胶膜，紧实。

暗棕壤亚类在抚远县只有 1 个土属，即砾石底暗棕壤（表 2-9、表 2-10）。

2. 白浆化暗棕壤亚类（II_2）　白浆化暗棕壤亚类占该土类面积的 13.0%，主要分布在地势平缓的漫岗坡地或平原中的残丘上，是在暗棕壤化过程与白浆化过程共同作用下形成的。即在腐殖质层下，有不连续的白浆层或黄白相间的白浆化层次出现，土体构型为 A_0、A_1、A_wB、B、C。典型剖面以海青乡永富村东小山剖面号抚—023 为例，其剖面形态特征如下：

枯枝落叶层（A_0）：0～5 厘米，有弹性，层次向下过渡明显。

腐殖质层（A_1）：5～15 厘米，暗灰色，中壤土，粒状结构，土体潮湿，较松，植物根系多，层次过渡明显。

白浆化层（A_wB）：15～35 厘米，灰黄色，沙壤土，片状结构，土壤潮湿，较紧，植物根系少，层次过渡不明显。

淀积层（B）：35～70 厘米，棕褐色，小核块结构，沙砾较多，潮湿，紧实，植物根系很少，层次过渡不明显，有铁锰结核和胶膜。

母质层（C）：110～120 厘米，黄棕色，半风化砾石，紧实。

白浆化暗棕壤亚类在抚远县只有 1 个土属，即砾石底白浆化暗棕壤（表 2-11、表 2-12）。

表 2-9 暗棕壤亚类理化性状分析结果

剖面编号	采样地点	采样深度(厘米)	有机质(%)	全氮(%)	全磷 P_2O_5(%)	全钾 K_2O(%)	pH	容重(克/立方厘米)	总孔隙度(%)	毛管孔隙度(%)	通气孔隙度(%)	田间持水量(%)
抚-346	抚远县城南山	0~4	13.57	0.66	0.20	2.25	6.50	1.00	60.95	30.00	30.95	30.00
		4~15	4.61	0.19	0.11	2.43	6.50	1.09	55.88	52.32	3.56	48.00
		15~45	1.30	0.06	0.06	2.64	6.40	—	—	—	—	—
		45~60	1.04				6.40	—	—	—	—	—

表 2-10 暗棕壤亚类机械组成分析结果

剖面编号	采样地点	采样深度(厘米)	土壤各粒级含量(%)							物理黏粒(%)	物理沙粒(%)	质地名称
			>1.0毫米	0.25~1.0毫米	0.05~0.25毫米	0.01~0.05毫米	0.005~0.01毫米	0.001~0.005毫米	<0.001毫米			
抚-346	抚远县城南山	0~20	—	31.29	18.16	31.59	8.43	6.32	4.21	18.96	81.04	沙壤土
		20~40	—	28.24	7.79	26.83	14.45	10.32	12.38	37.15	62.86	中壤土
		40~60	—	27.41	10.61	24.80	14.46	12.40	10.33	37.19	62.81	中壤土
		60~80	—	30.69	10.82	25.07	12.53	14.62	6.27	33.42	66.58	中黏土
		80~100	—	48.08	6.47	22.73	8.26	8.26	6.20	22.73	77.27	轻壤土

表 2-11 白浆化暗棕壤理化性质分析结果

剖面编号	采样地点	采样深度(厘米)	有机质(%)	全氮(%)	全磷(%)	全钾(%)	pH	容重(克/立方厘米)	总孔隙度(%)	毛管孔隙度(%)	通气孔隙度(%)	田间持水量(%)
抚-023	海青乡永富村东山	0~9	9.40	0.41	0.19	3.28	6.20	1.17	55.88	45.51	10.37	38.90
		11~21	0.90	0.06	0.07	2.68	6.00	1.38	48.41	47.10	1.31	34.10
		180~190	0.52	—	—	—	6.00	—	—	—	—	—

表 2-12 白浆化暗棕壤机械组成分析结果

剖面编号	采样地点	采样深度(厘米)	土壤各粒级含量(%)							物理黏粒(%)	物理沙粒(%)	质地名称
			>1.0毫米	0.25~1.0毫米	0.05~0.25毫米	0.01~0.05毫米	0.005~0.01毫米	0.001~0.005毫米	<0.001毫米			
抚-023	海青乡永富村东山	0~9	—	17.26	14.03	29.15	10.41	14.58	14.58	39.56	60.44	中壤土
		11~21	—	19.04	7.02	32.86	12.32	14.38	14.38	41.07	58.93	中壤土
		40~50	—	21.07	5.57	25.15	10.48	14.67	23.06	48.21	51.79	重壤土
		60~70	—	49.44	5.55	12.28	8.19	8.19	16.37	32.74	67.30	中黏土
		80~90	—	60.23	6.38	10.43	4.17	8.35	10.43	22.96	77.05	轻壤土

（三）暗棕壤理化性质

1. 暗棕壤　表层，即 0～4 厘米，养分含量丰富，有机质为 13.57％，全氮 0.66％，全磷 0.20％，全钾 2.25％。4 厘米以下养分急剧下降，呈漏斗状。白浆化暗棕壤养分含量明显低于暗棕壤亚类，而且白浆化层以下养分含量很少。

2. 黏粒　在剖面中移动明显，物理黏粒（<0.01 毫米）多集中在淀积层（B），表层多壤土。通透性强，热潮，养分转化快，雨后即可耕作，易发小苗。但保肥保水差，易受干旱影响，作物生育后期有脱肥现象。

3. pH　土壤呈中性至弱酸性反应，pH 为 6.40～6.50。

总之，暗棕壤无重大不良性状，只要加强水土保持工作，防止毁林和破坏植被，因地制宜地改良土壤，适合发展林业和多种经营生产。

二、白　浆　土

白浆土面积为 150 065.53 公顷，占县属面积的 49.04％，是抚远县面积最大的土类。白浆土耕地面积为 111 252.57 公顷，占县属耕地面积的 68.11％，是抚远县主要农业用地。集中分布在浓桥、寒葱沟、别拉洪等乡（镇）（表 2 - 13）。

表 2 - 13　白浆土面积统计

乡（镇）	面积（公顷）	占县属面积（％）
抚远	2 439	0.80
通江	7 024	2.30
浓江	11 472	3.75
浓桥	47 542	15.54
抓吉	13 390	4.38
寒葱沟	33 317	10.89
海青	24 639	8.05
别拉洪	10 243	3.35
合计	150 066	49.04

（一）白浆土成土条件

白浆土在该县多分布在漫川、漫岗平原、低平原上，成土母质，是第四纪冲积静水沉积物，冲积物上部多为黏土层，一般低平原区黏土层较厚。由于母质黏重，排水不良，雨季常出现短期滞水，甚至在潜育白浆土上有季节性积水。自然植被主要是以山杨、白桦为主的天然次生林和水柳、小叶樟、薹草群落。生长繁茂，植物根系 80％分布在腐殖质层。

（二）白浆土成土过程

白浆土的形成过程是白浆化—铁锰胶膜的还原淋洗与就地胶结的结果。每当融冻或雨量高度集中的夏秋之季，上层土壤同滞水处于周期性的潜育状态，同时又由于土层薄，蓄水能力弱，每当雨后天晴，蒸发量剧增，上部土层又迅速变干，这个周期性的干湿交替致使土壤铁锰化合物氧化—还原多次往复，使铁锰不断被漂洗和重新分配，终于使土壤亚表层脱色而形成一个灰白色的亚表层——白浆层。这是白浆土区别于其他土类的最重要的特征之一。

（三）白浆土的类型与形态特征

白浆土根据白浆化、草甸化和潜育化程度又可分为3个亚类，即白浆土、草甸白浆土及潜育白浆土（表2-14）。

表2-14　白浆土分类系统

土类	亚类	土属	土种
白浆土	白浆土	岗地白浆土	中层岗地白浆土
	草甸白浆土	平地草甸白浆土	中层平地草甸白浆土
	潜育白浆土	低地潜育白浆土	中层低地潜育白浆土

1. 白浆土（II_1）　又称岗地白浆土，总面积6 557.86公顷，占白浆土土类的4.37%。主要分布在低山边缘较高地形部位，是白浆化程度较强的1个亚类。目前的植被为柞、白桦等杂木林及杂草类。由于地势较高，水淋溶作用强，白浆层和淀积层分化明显，一般无锈斑。剖面采自浓江东8里*，剖面形成特征如下：

腐殖质（A_1）（黑土层）：0～18厘米，暗灰色，中壤土，小粒状结构，疏松，潮湿，无新生体，植物根系多，层次过渡明显。

白浆层（A_w）：18～37厘米，灰白色，重壤土，片状结构，紧实，潮湿，有铁锰结核，植物根系少，层次过渡明显。

淀积层（B）：37～91厘米，黄棕色，轻黏土，核块状结构，紧实，潮湿，有胶膜和二氧化硅粉末。

岗地白浆土根据黑土层厚度划分为3个土种：黑土层厚度小于10厘米为薄层岗地白浆土，10～20厘米为中层岗地白浆土，大于20厘米为厚层岗地白浆土。这次土壤普查荒地划到土属，耕地划到土种。

2. 草甸白浆土（II_2）　又称为平地白浆土。面积为12 845.61公顷，占白浆土面积的9.15%。草甸白浆土主要分布在较低的地形部位。自然植被以杂草类（五花草塘）为主。由于所处的地形平坦，土壤冻融较晚，土壤中潴育淋溶作用较强，土体中有铁锰锈斑。剖面采自寒葱沟乡良种场西（总号—160），剖面形态特征如下：

黑土层（腐殖质层 A_1）：0～13厘米，暗灰色，中壤土，粒状结构，疏松，湿润，植物根系多，层次过渡明显。

白浆层（A_w）：13～42厘米，灰白色，重壤土，片状结构，紧实，湿润，有少量锈斑和铁锰结核，植物根系少，层次过渡明显。

淀积层（B）：42～100厘米，棕黄色，重壤土，核块状结构，有胶膜，有锈斑，无植物根系，层次过渡不明显。

3. 潜育白浆土（II_3）　又称低地白浆土，面积129 776.67公顷，占白浆土面积86.48%。潜育白浆土主要分布于地势低平的地方，该亚类一般排水不良，地面常有短期

---

* 里为非法定计量单位。1里=500米。

积水，一般土壤湿度较大。

自然植被以草甸草本为主。其形态特征与上述 4 个亚类的区别是剖面白浆层具有明显青灰色的潜育斑。代表剖面（总号—452）采自抓吉镇东胜村西南，剖面形态特征如下：

腐殖质层（A_1）：0～17 厘米，暗灰色，粒状结构，中壤土，根系量多，有锈斑，层次过渡明显。

白浆层（A_w）：17～50 厘米，青灰色，片状结构，中壤土，有潜育斑和锈斑，根量少，层次过渡不明显。

淀积层（B）：50～110 厘米，棕褐色，块状结构，无植物根系，有二氧化硅粉末和胶膜，有大量锈斑，层次过渡不明显。

潜育白浆土由于土壤过湿，温度较低，有机质分解缓慢，表层有机质含量比较高，是该县主要农业耕作土壤。

（四）白浆土的基本性质

1. 物理性状　白浆土发育在冲积母质上，质地黏重，表层多为壤土，淀积层以下多为轻壤土，有的则是中黏土和重黏土。

白浆土的比重，黑土层为 2.50～2.60，其他各层在 2.70 左右。黑土层容重为 1.00～1.38 克/立方厘米，白浆层为 1.40～1.60 克/立方厘米，孔隙度以黑土层最大，为 48%～62%，向下迅速降到 39%～45%。田间持水量黑土层达 26%～35%，白浆层只有 19%～23%。由于白浆土质地黏重，渗水系数仅 0.05 厘米/天，地表水难下渗，地下水也难以上升至地表，形成了"干时硬邦邦，湿时水汪汪"的土壤水分特征。每当雨季产生上层临时滞水，白浆土的水、气二相组成不合理（表 2-15）。

表 2-15　白浆土的物理性质

取样地点	土壤名称	层次	采样深度（厘米）	容重（克/立方厘米）	总孔隙度（%）	毛管孔隙（%）	非毛管孔隙（%）	田间持水量（%）
抚—686 浓江东 8 里荒地	中层岗地白浆土	A_1	0～18	1.38	48.41	35.88	12.53	26.00
		A_w	22～32	1.66	39.18	31.54	7.64	17.00
		B	85～95	—	—	—	—	—
抚—003 海青乡四合村西	中层平地草甸白浆土	A_1	0～16	1.00	60.95	35.00	25.95	35.00
		A_w	17～27	1.40	47.75	30.80	16.95	22.00
		B	70～80	1.47	45.44	36.75	8.69	25.00
抚—162 浓桥乡红卫西	中层低地潜育白浆土	A_1	0～14	0.98	62.60	32.30	30.30	34.00
		A_w	18～28	1.43	46.76	32.89	13.87	23.00
		B	65～75	1.48	45.11	34.04	11.07	23.00

白浆土机械组成见表 2-16。

2. 白浆土化学性状　白浆土表层（腐殖质层）有机质含量高，养分平均含量：有机质 10.03%、全氮 0.46%、碱解氮 435.62 毫克/千克、速效磷 14.63 毫克/千克、速效钾 339.88 毫克/千克；向下急剧减少，白浆层有机质 10.50 克/千克，全氮 0.58 克/千克，全磷 1.05 克/千克，全钾 23.90 克/千克；白浆土 pH 为 5.70 左右，白浆层 pH 为 6.10 左右，呈微酸性反应，各层变化不大（表 2-17）。

表2-16 白浆土机械组成

采样地点	土壤名称	层次	取样深度	土壤各级含量（%）								质地名称
				0.10~0.25 毫米	0.05~0.25 毫米	0.01~0.05 毫米	0.005~0.01 毫米	0.001~0.005 毫米	<0.001 毫米	物理黏粒	物理沙粒	
总号-686 浓江东8里荒地	中层岗地白浆土	A₁	0~18	3.50	5.55	38.07	16.92	14.81	21.15	52.88	47.12	重壤土
		A_w	22~32	9.58	1.09	41.55	18.70	14.54	14.54	47.78	52.22	重壤土
		B	85~95	1.46	0.72	32.61	15.22	19.56	30.43	65.21	34.79	轻壤土
总号-003 海青乡四合村西	中层平地草甸白浆土	A₁	0~16	—	—	29.20	10.80	22.20	17.90	50.90	49.10	重壤土
		A_w	17~27	—	—	27.00	14.30	15.20	18.00	47.50	52.50	重壤土
		B	70~80	—	—	19.40	11.60	16.70	33.40	61.70	38.30	轻壤土
总号-162 浓桥乡红卫西	中层低地潜育白浆土	A₁	0~14	1.04	2.22	39.96	21.03	16.82	18.93	56.78	43.22	重壤土
		A_w	18~28	8.30	21.47	20.66	20.66	14.46	14.46	49.58	50.42	重壤土
		B	65~75	0.67	1.18	32.01	17.07	25.61	23.47	66.15	33.85	轻壤土

表 2 - 17　白浆土化学性质

采样地点	土壤名称	层次	采样深度（厘米）	pH（水浸）	有机质（%）	全氮（%）	全磷（%）	全钾（%）	碱解氮（毫克/千克）	速效磷（毫克/千克）	速效钾（毫克/千克）
抚一686 浓桥东8里荒地	中层岗地白浆土	A_1	0～18	5.50	4.30	0.26	0.14	3.79	258.70	9.60	239.00
		A_w	22～32	6.10	0.61	0.09	0.09	2.09	149.00	5.60	33.00
		B	85～95	6.20	0.54	0.08	0.11	2.04	47.00	19.20	70.00
抚一003 海青乡四合村西	中层平地草甸白浆土	A_1	0～16	5.40	7.22	0.30	0.13	2.43	311.00	7.00	235.00
		A_w	17～27	6.00	0.47	0.03	0.03	2.55	—	—	—
		B	70～80	6.20	0.90	—	—	—	—	—	—
抚一162 浓桥乡红卫西	中层低地潜育白浆土	A_1	0～14	5.20	6.67	0.42	0.28	1.92	411.00	17.00	443.00
		A_w	18～28	5.60	0.75	0.09	0.24	2.12	—	—	—
		B	65～75	6.40	1.04	0.12	0.14	1.99	—	—	—
抚一102 别拉洪乡二队南	中层低地潜育白浆土	A_1	0～12	5.70	5.90	0.29	0.18	2.25	282.00	8.00	374.00
		A_w	15～25	5.70	0.96	0.07	0.09	2.31	—	—	—
		B	70～80	5.90	0.68	—	—	—	—	—	—
抚一254 抓吉镇东兴北	中层低地潜育白浆土	A_1	0～14	5.60	5.86	0.28	0.17	2.08	281.00	8.00	203.00
		A_w	20～30	6.00	0.98	0.05	0.11	2.24	—	—	—
		B	84～94	5.90	0.94	—	—	—	—	—	—

开垦年限较早的耕地，黑土层有机质含量较低，一般为 4%～5%，全氮和全磷含量都相应降低。由于白浆层是贫瘠层，土壤中的速效磷极为缺乏，平均不足 10 毫克/千克。

综上所述，白浆土具有肥沃的表层（黑土层），贫瘠恶劣的亚表层（白浆层）及黏重的底层（淀积层）。

三、草 甸 土

草甸土类是直接受地下水浸润，在草甸植被下发育而成的非地带性半水成土壤。主要分布在各江河沿岸，是抚远县面积最大的土类，也是农业主要土壤之一。面积 130 786.47 公顷，占县属土壤面积的 42.75%。其中，耕地面积 41 724.53 公顷，占县属耕地面积的 25.55%。

（一）草甸土的形成条件

草甸土在抚远县多分布在地势较低，地下水汇集而水位较高的地形部位，以及地表径流弱而排水不畅的地形部位，地下水常在 1.00～1.50 米，地下水直接浸润土壤。

草甸土上的植被主要由喜湿性植物组成，生长茂盛，覆盖度 95% 以上，主要植物有小叶樟、大叶樟、三棱草，常混有沼柳等。

草甸土的母质多为冲积物，其质地以粗沙到细黏土为主，种类纷杂，这主要决定于当时的沉积条件，随水流缓急不同和多次洪水泛滥沉积，因此有沙有黏，也往往出现沙黏相同的层次。

（二）草甸土的形成及分类

1. 草甸土的形成过程 草甸土形成过程主要是草甸化过程。上层积累大量有机质，地下水可沿毛管作用上升，并浸润上层土壤，不仅提供植物生长需要的水分和养分，同时起到土壤形成过程中的次生矿物淀积作用。抚远县地下水矿化度较低，多小于 0.50 克/升，水中常带有硅酸化合物，以及二价的铁和锰，在地下水位升降和土壤氧化还原交替作用的情况下，土壤剖面下部常出现锈色斑纹、锈斑和铁锰结核。在其成土过程中，参与了白浆化作用，紧接腐殖质层下出现白浆层。在西部低洼地带，因地下水接近地表，使还原过程时间较长，发育成沼泽化草甸土。沿江地带的江河漫滩，草甸化过程和江水泛滥冲积物沉积过程交替进行，形成多层次剖面，发育为泛滥地草甸土。

2. 草甸土的分类 由于草甸土分布的地形部位高低不同，水热状况差异，形成草甸土的理化性质也有不同，分为草甸土、白浆化草甸土、沼泽化草甸土和泛滥地草甸土 4 个亚类。根据所处地形特点划出 4 个土属，并根据黑土层厚度划分为 4 个土种。

抚远县地处三江平原最下游，所以，西部低平原平地草甸土和平地沼泽化草甸土呈复区分布。平地沼泽化草甸土占 70%，平地草甸土占 30%（表 2 - 18、表 2 - 19）。

（三）草甸土的类型与特征

1. 草甸土（亚类） 草甸土集中分布在海青乡海旺村和亮子里村周围的平地上。面积 1 670.80 公顷，占草甸土类的 1.28%，占县属土壤面积的 0.55%。其中，耕地面积 239.33

表 2-18　草甸土分类系统

土类	亚类	土属	土种
草甸土	草甸土	平地草甸土	薄层平地草甸土
	白浆化草甸土	平地白浆化草甸土	薄层平地白浆化草甸土
	沼泽化草甸土	平地沼泽化草甸土	薄层平地沼泽化草甸土
	泛滥地草甸土	平地泛滥地草甸土	薄层平地泛滥地草甸土

表 2-19　草甸土分布面积统计

乡（镇）	面积（公顷）	占全县总面积（％）
抚远	7 800	2.55
通江	46 684	15.26
浓江	14 779	4.83
浓桥	9 603	3.14
抓吉	7 113	2.32
寒葱沟	5 674	1.85
海青	39 134	12.79
合　计	130 787	42.75

公顷，占县属耕地面积的 0.15％。

草甸土（亚类）在抚远县只有 1 个土属，根据黑土层厚度划分出薄层平地草甸土 1 个土种。

薄层平地草甸土：该土种代码Ⅲ$_{1-101}$，分布在亮子里村和海旺村，面积 1 670.80 公顷，占草甸土类面积的 1.28％，占县属土壤面积的 0.55％。其中，耕地 239.33 公顷，占县属耕地面积的 0.15％。剖面采自海青乡亮子里村西北（剖面号抚—25），剖面形态特征如下：

黑土层（腐殖质层 A_1）：0～12 厘米，暗灰色，团粒结构，轻黏土，较松，多植物根系，过渡不明显。

母质层（C）：12～120 厘米，棕黄色，小粒状结构，中黏土，较紧，可见锈斑，根量很少，通体无石灰反应。

薄层平地草甸土表层全量养分低，表层有机质平均含量 86.60 克/千克，全氮含量 3.32 克/千克，碱解氮为 398 毫克/千克，全磷为 0.85 克/千克，有效磷为 26.70 毫克/千克。种植时间长的薄层平地草甸土表层养分含量急剧下降，有机质为 28.90 克/千克，全氮含量为 4.90 克/千克，碱解氮为 111 毫克/千克，全磷为 0.80 克/千克，有效磷为 12.30 毫克/千克。薄层平地草甸土的化学性状见表 2-20。

表 2 - 20　薄层平地草甸土的化学性状

采样地点	采样深度（厘米）	有机质（%）	全氮（%）	全磷（%）	全钾（%）	碱解氮（毫克/千克）	有效磷（毫克/千克）	速效钾（毫克/千克）	pH（水浸）	说明
抚—25 海青乡亮子里村西	0～15 70～80	2.89 1.21	0.49 —	0.08 —	1.05 —	111.00 —	12.30 —	321.00 —	5.90 5.60	开垦30年
抚—382 浓桥乡清源村北	0～13 30～40 70～80	14.42 3.91 1.73	0.61 — —	0.09 — —	3.19 — —	685.00 176.00 —	41.00 17.60 —	209.00 230.00 —	5.40 5.30 6.30	荒地

　　从表2-20中可看出有机质含量较高，黑土层有机质含量，荒地14.42%；开垦10年内的5%～8%，开垦30年以上的平均在3%左右。土壤养分储量比较高，释放快。全氮为0.07%～0.11%，全磷为0.06%～0.07%，全钾为1.05%～3.19%。因此，潜在肥力不高。但由于该土壤水分充足，土温较高，微生物活动较强，养分释放较快。所以草甸土在抚远县表现保肥性差，供肥快，前劲大，后劲小，发小苗，不发老苗。养分在土壤剖面上的分布特点是表层丰富，越向下过渡，其养分含量则急剧下降。

　　薄层平地草甸土的物理性状：表层质地一般轻黏，为中壤土，腐殖质层往下多为沙壤土，黑土层容重1.20克/立方厘米左右，以下土层为1.45～1.47克/立方厘米。孔隙度以黑土层最大，为52%～55%，向下迅速降到45%～46%。通气良好，耕层疏松，有良好的粒状结构。表层以下透水性良好，通气性良好。物理沙粒高达87%（表2-21、表2-22）。

表 2 - 21　薄层平地草甸土物理性状

取样地点	层次	采样深度（厘米）	容重（克/立方厘米）	总孔隙度（%）	毛管孔隙度（%）	非毛管孔隙度（%）	田间持水量（%）
抚—25 海青乡亮子里村西	A₁ C	0～15 70～80	1.18 1.47	55.01 45.44	29.50 32.34	25.51 13.10	25.00 22.00
抚—382 浓桥乡清源村北	A₁ AB B	0～13 30～40 70～80	1.26 1.45 1.47	52.37 46.10 45.44	32.76 33.35 30.87	19.61 12.75 14.57	26.00 23.00 21.00

表2-22　薄层平地草甸土机械组成

采样地点	采样深度（厘米）	土壤各粒级含量（%）						物理黏粒	物理沙粒	质地名称
		0.25~1.00 毫米	0.05~0.25 毫米	0.01~0.05 毫米	0.005~0.01 毫米	0.001~0.005 毫米	<0.001 毫米			
抚—25 海青乡亮子里村西	0~20	50.66	16.83	14.23	4.06	6.10	8.13	18.29	81.71	沙壤土
	20~40	25.47	37.80	14.30	6.13	6.13	10.22	22.47	77.53	轻壤土
	40~60	36.15	37.44	10.16	4.06	4.06	8.13	16.25	83.75	沙壤土
	60~80	40.08	37.63	8.10	4.05	4.05	6.08	14.18	85.82	沙壤土
	80~100	52.45	25.36	10.09	2.02	6.03	6.05	12.10	87.90	沙壤土
抚—382 浓桥乡清源村北	0~20	51.07	18.56	14.17	2.03	8.10	6.07	16.20	83.80	沙壤土
	20~40	57.90	19.88	10.10	4.04	6.06	2.02	12.12	87.88	沙壤土
	40~60	48.53	18.74	10.23	4.09	10.23	8.18	22.50	77.50	轻壤土
	60~80	50.56	35.01	10.30	2.06	—	2.06	4.12	95.88	松沙土
	80~100	90.48	5.49	2.02	—	—	2.02	2.02	97.98	松沙土

表 2 - 23　薄层平地白浆化草甸土化学性状

采样地点	取样深度（厘米）	有机质（%）	全氮（%）	全磷（%）	全钾（%）	碱解氮（毫克/千克）	有效磷（毫克/千克）	速效钾（毫克/千克）	pH（水浸）
抚—004寒葱沟乡红胜东	0～10	6.95	0.34	0.25	2.46	342.00	19.00	428.00	5.90
	10～20	7.23	0.37	0.26	2.32	—	—	—	5.90
	20～30	8.64	0.44	0.29	2.19	—	—	—	5.80
	30～40	1.33	0.09	0.15	2.76	—	—	—	6.20
	40～50	1.73	—	—	—	—	—	—	6.40
	50～60	1.70	—	—	—	—	—	—	6.50
抚—313海青乡永富西北	0～15	7.44	0.37	0.29	2.32	338.00	16.00	375.00	5.70
	18～28	1.93	0.08	0.22	2.47	—	—	—	6.20
	80～90	1.51	—	—	—	—	—	—	6.40

2. 白浆化草甸土（亚类）　分布在抚远县中部和南部的浓桥乡、寒葱沟乡和海青乡等地的平地上，多与低地潜育白浆土相间分布。该土壤面积 22 888.65 公顷，占草甸土类面积的 13.02%，占县属土壤面积的 7.48%。该亚类土壤全部为耕地，占县属耕地面积的 14.01%。

白浆化草甸土的剖面形态大体可分为 3 个层次。根据地形和黑土层厚度又划分为薄层平地白浆化草甸土。

薄层平地白浆化草甸土（代号：Ⅳ2 - 201），剖面采自海青乡剖面号抚—315、抚—314，剖面形态特征如下：

黑土层（腐殖质层）：0～7 厘米，暗灰色，粒状结构，壤土，多植物根系，较疏松，湿润，有锈斑，pH 为 6，过渡明显。

白浆层（A_wB）：7～37 厘米，青白色，片状结构，植物根系少，壤黏，有锈色斑纹层和潜育斑，pH 为 6。

淀积层（B）：37～85 厘米，暗灰色，块状结构，壤黏，无植物根系，多锈斑，pH 为 6，过渡不明显，无石灰反应。

抚远县白浆化草甸土只有平地白浆化草甸土 1 个土属和 1 个薄层平地白浆化草甸土土种。

薄层平地白浆化草甸土的化学性质和物理性质及机械组成见表 2 - 24、表 2 - 25。

表 2 - 24　薄层平地白浆化草甸土物理性状

取样地点	层次	采样深度（厘米）	容重（克/立方厘米）	总孔隙度（%）	毛管孔隙度（%）	非毛管孔隙度（%）	田间持水量（%）
抚—315 海青乡四合村西	A_1	0～16	0.89	64.58	29.34	35.24	33
	A_wB	35～45	1.28	51.71	32.00	19.71	25
	B	80～90	1.35	49.40	31.05	18.35	23

（续）

取样 地点	层次	采样深度 （厘米）	容重 （克/立方 厘米）	总孔隙 度（%）	毛管孔 隙度 （%）	非毛管孔 隙度（%）	田间 持水量 （%）
抚—341 海 青乡西南	A_1	0～14	1.07	58.64	34.24	24.40	32
	A_wB	16～26	1.25	52.70	30.00	22.70	24
	B	75～85	1.37	48.74	31.51	17.23	23

表 2-25 薄层白浆化草甸土机械组成

采样 地点	采样深度 （厘米）	土壤各粒级含量（%）						
		0.05～0.25 毫米	0.01～0.05 毫米	0.005～0.01 毫米	0.001～0.005 毫米	<0.001 毫米	物理 黏粒	物理 沙粒
抚—315 海 青乡四合村西	0～10	—	30.00	18.20	24.00	25.70	67.90	32.10
	10～20	—	26.40	16.10	25.70	23.30	65.10	34.90
	20～30	—	31.20	16.30	24.00	23.80	64.10	35.90
	30～40	—	20.60	18.20	27.20	19.90	65.30	34.70
	40～50	—	18.10	12.40	34.90	30.40	77.70	22.30
	50～60	—	15.00	10.90	15.60	56.20	82.70	17.30
	60～70	—	21.40	13.60	34.90	29.70	78.20	21.80
抚—341 海 青乡西南	0～15	—	22.40	15.00	24.40	26.10	65.50	34.50
	18～28	—	28.40	16.30	23.60	25.80	65.70	34.30
	80～90	—	17.70	17.80	31.90	31.50	81.20	18.80

白浆化草甸土的特性：腐殖质层较薄，白浆化层次养分含量显著降低。土质黏重，排水不良，易涝，透水性能差。

表层容重0.89%～1.07%，白浆层以下明显增大。通气孔隙表层略大，亚表层以下通气性不良，土、水、气三相比不协调，影响水、肥、气、热，满足不了作物生育的各个时期对土壤肥力的需要。白浆化草甸土春季冷浆，养分释放得慢，不发小苗，作物易贪青晚熟，易受早霜危害。因此，在利用上应重点加强排水，采用浅翻深松耕作法，注意不要把白浆层翻上来，多施有机肥，加速土壤熟化和改良，有条件的地方也可以改旱田为水田。

3. 沼泽化草甸土（亚类） 主要分布在抚远县的通江乡、浓江乡和抓吉镇等地。面积10 948.88公顷，占草甸土类面积的8.37%，占县属土壤总面积的3.58%；该亚类土壤全部为耕地，占县属总耕地的6.70%。该土壤在浓江乡西部同平地草甸土呈复区分布，沼泽化草甸土占70%，平地草甸土占30%。

沼泽化草甸土处于低地形部位，是草甸土向沼泽土过渡的一个类型，地下水位在1米以内，潜育层部位较高，自然植被除小叶樟等湿生性种类草外，还混有塔头、薹草等沼泽成分，地表水排水不畅，土壤经常处于过湿状态。因此，除草甸化过程外，还有潜育化过程，剖面有明显的潜育特征，底层有潜育层。

沼泽化草甸土在抚远县只有 1 个土属，即平地沼泽化草甸土。根据黑土层厚度划分为 1 个土种，即薄层平地沼泽化草甸土。现概述如下：

薄层平地沼泽化草甸土（代号Ⅲ₃₋₁₀₁），分布于浓江乡和抓吉镇低平地和江河漫滩上。剖面采自浓桥乡沿河村西南（剖面号抚—383、抚—615），剖面形态特征如下：

黑土层（腐殖质层 A₁）0～25 厘米，暗灰色，粒状结构，壤土，潮湿，植物根系较多，有锈斑，pH 为 6，过渡不明显。

过渡层（ABg）：25～83 厘米，黄灰色，块状结构，壤黏，较紧，湿，多锈斑和潜育斑，植物根系少，过渡不明显，pH 为 7。

淀积层（B）：83～100 厘米，褐灰色，块状结构，黏紧，湿，多锈斑和潜育斑，无植物根系，pH 为 7。

沼泽化草甸土表层有机质含量为 8%～15%，从上到下逐步减少，全氮 0.55%，全磷 0.27%，全钾 1.89%，碱解氮 478.20 毫克/千克，有效磷 17.60 毫克/千克，速效钾 273 毫克/千克。土质较黏重，多为重黏土和黏土（表 2-26～表 2-28）。

表 2-26　薄层平地沼泽化草甸土化学性状

采样地点	取样深度（厘米）	有机质（%）	全氮（%）	全磷（%）	全钾（%）	碱解氮（毫克/千克）	有效磷（毫克/千克）	速效钾（毫克/千克）	pH（水浸）
抚—383 浓桥乡西	0～20	8.56	0.55	0.27	1.89	478.20	17.60	273.00	5.60
	20～40	1.93	0.17	0.11	2.12	164.60	6.00	86.00	5.50
	40～60	1.04	0.09	0.09	2.22	101.90	9.20	58.00	5.80
	60～80	0.48	0.07	0.11	2.29	86.20	11.80	66.00	5.90
	80～100	0.39	0.08	0.11	1.55	47.00	32.80	63.00	6.20
抚—615 抓吉镇北岗北	0～30	19.80	0.98	0.62	1.35	825.00	15.00	276.00	6.00
	45～55	1.01	—	—	—	—	—	—	6.50
	90～100	1.74	—	—	—	—	—	—	6.60

表 2-27　薄层沼泽化草甸土物理性状

取样地点	采样深度（厘米）	容重（克/立方厘米）	总孔隙度（%）	毛管孔隙度（%）	非毛管孔隙度（%）	田间持水量（%）
抚—615 抓吉镇北岗北	0～30	1.17	55.34	47.97	7.37	41.00
	45～55	1.23	53.36	42.16	11.20	34.00

表2-28　沼泽化草甸土的机械组成

采样地点	采样深度（厘米）	土壤各粒级含量（%）						物理黏粒	物理沙粒	质地名称
		0.25~1.00 毫米	0.05~0.25 毫米	0.01~0.05 毫米	0.005~0.01 毫米	0.001~0.005 毫米	<0.001 毫米			
抚-383 浓桥乡西	0~20	—	14.24	32.16	15.01	15.01	23.59	53.60	46.40	重壤土
	20~40	1.28	7.44	31.84	12.74	14.86	31.84	59.44	560.00	重壤土
	40~60	1.53	8.05	33.64	14.72	16.82	25.23	56.76	43.24	重壤土
	60~80	1.21	21.63	15.00	12.86	19.29	30.01	62.16	37.84	轻黏土
	80~100	1.22	5.10	40.45	17.03	21.29	14.90	53.23	46.78	重壤土
抚-615 抚镇北岗北	0~30	—	—	32.10	14.20	21.80	23.80	59.80	40.20	—
	45~55	—	—	28.90	12.30	17.40	32.60	62.30	37.70	—
	90~100	—	—	29.70	10.50	12.00	38.10	60.50	39.50	—

沼泽化草甸土特征：一是地表有泥炭化粗糙的有机质层（荒地），分解程度较差；腐殖质层厚度<25厘米，腐殖质以下有明显潜育特征，多锈斑，下部有灰蓝或灰绿色潜育斑块，母质中可见到潜育层。二是土壤有机质积累多，表层腐殖质在8%～10%。养分含量多，但有效养分释放很慢，尤其缺磷。三是质地黏重（重黏土至黏土），透水性差，土壤上层滞水，湿度过大，下部又受地下水浸渍的影响，铁质还原明显，对作物生长不利。在抚远县西部地势低平区，易受洪涝威胁，尚有大面积的沼泽化草甸土没有开发，必须采取防洪排涝、改良冷湿状态等措施，才能充分发挥其潜在肥力。

4. 泛滥地草甸土（亚类）　泛滥地草甸土分布在沿江抚远镇、通江、抓吉、浓江和海青等乡的江河漫滩低阶地。面积94 878.15公顷，占草甸土类面积的72.85%，占县属土壤面积31.01%，其中耕地面积7 647.67公顷，占县属耕地面积的4.68%。

薄层平地泛滥地草甸土（代号Ⅲ4-101）：剖面采自浓江乡西（剖面号抚—310），剖面形态特征如下：

黑土层（腐殖质层 A1）：0～17厘米，暗灰色，粒状结构，轻壤土，松，润，有锈斑，植物根系多，无石灰反应，过渡明显。

淀积层（Bc1）：17～35厘米，棕灰色，粒状结构，中壤土，紧，润，较多锈斑，植物根系较少，过渡明显。

母质层（C）：35～48厘米，棕黄色，粒状结构，紧沙，潮湿，有锈色纹层，无植物根系。

淀积层（Bc2）：48～85厘米，灰黄色，黄粗沙，极紧，湿，有锈色斑纹层，无植物根系，通体无石灰反应。

泛滥地草甸土的性质：一是土壤剖面有明显的沉积层次，每一层颜色和质地比较一致，相邻层次颜色和质地有明显差异，质地通常是上细下粗，底层可见粗沙或卵石。二是土质疏松，质地轻，有沙性，通气和透水性较好，排水较好，表层持水性较好，地温较高，土质热潮，发小苗。地下水位高，水分充足，不怕旱。三是土质较肥沃，虽然上层腐殖质层比较薄，腐殖质含量不高，但自然肥力较高，速效养分含量较高，因沉积的泥沙都是水土流失时地表肥土被冲刷流入江河的，其中含有丰富的矿物质养分，一般质地越细，所含养分越多。四是土壤耕性好，不黏不板结，耕作省劲，易耕期长，雨后即可铲趟。五是土壤呈微酸和中性反应，即pH为6.50～7.00（表2-29～表2-31）。

表2-29　薄层平地泛滥地草甸土化学性状

采样地点	取样深度（厘米）	有机质（%）	全氮（%）	全磷（%）	全钾（%）	碱解氮（毫克/千克）	有效磷（毫克/千克）	速效钾（毫克/千克）	pH（水浸）
抚—310 海青乡亮子里东	0～15	2.90	0.16	0.16	2.56	204.00	21.00	443.00	5.60
	18～28	3.24	0.19	0.17	2.45	—	—	—	5.70
	32～42	1.34	0.08	0.10	2.74	—	—	—	6.00
	60～70	0.65	—	—	—	—	—	—	6.00

表 2 - 30　薄层平地泛滥地草甸土物理性状

取样地点	采样深度（厘米）	容重（克/立方厘米）	总孔隙度（%）	毛管孔隙度（%）	非毛管孔隙度（%）	田间持水量（%）
抚—310 海青乡亮子里东	0～15	1.42	47.09	36.21	10.88	25.50
	18～28	1.43	46.76	39.33	7.43	27.70
	32～42	1.44	46.43	38.02	8.41	26.40

表 2 - 31　薄层平地泛滥地草甸土机械组成

采样地点	采样深度（厘米）	土壤各粒级含量（%）粒径（毫米）						物理黏粒（%）	物理沙粒（%）
		1～0.25	0.25～0.05	0.05～0.01	0.01～0.005	0.005～0.001	<0.001		
抚—310 海青乡亮子里东	0～15	—	—	30.00	10.00	13.20	22.00	45.20	54.80
	18～28	—	—	33.40	11.00	12.90	23.60	47.50	52.50
	32～42	—	—	12.30	12.30	7.50	13.90	24.00	76.00
	60～70	—	—	2.00	1.60	3.50	8.70	13.80	86.20

抚远县泛滥地草甸土经常受江水泛滥影响。其地下水位较高，为 0.50～1.50 米，直接影响了成土过程，主要成土过程为草甸化过程。生长着草甸植被（小叶樟、黄瓜香、柳毛子），具有草甸化的特征，表层有腐殖质积累，土体中多锈斑，下部质地层次明显。由于受周期性江水泛滥的影响，洪水携带的泥沙沉积在这些土壤中，这样出现草甸化过程与泥沙淤积过程相互交替出现，腐殖质层与泥沙沉积物相间排列成层状草甸土。

泛滥地草甸土成土母质是泛滥沉积而成，这种沉积过程有一定的规律性，即急水沙，慢水淤。流速急，水量大，江水携带沙量又多，沉积下来的主要是沙层；流速慢，水量小，则携带沙量少，沉积下来的主要是淤泥层。江岸附近是沙层，离江河越远沙层越少，淤泥越多。在同一地段，沙粒先沉积，黏粒后沉积，土壤剖面中沙黏相间层次很明显，剖面下部是沙层，母质沉积以后，由于水分充足，沉积物中矿物质养分较丰富，草甸过程便强烈发育起来，形成泛滥地草甸土。沉积年代早晚不同，上层腐殖质积累时间不一。总的来看，泛滥地草甸土是形成时间较晚的土壤，是抚远县内存在的幼年土壤，腐殖质积累不大，黑土层较薄，一般在 15 厘米左右。

泛滥地草甸土按黑土层厚度划分 1 个土种，即薄层平地泛滥地草甸土。

四、沼泽土和泥炭土

沼泽土和泥炭土是抚远县一种特殊的自然综合体，它具有 3 个相互联系、相互制约的基本特征：一是地表经常过湿或有薄层积水；二是生长沼生和湿生植物；三是有泥炭积累或无泥炭而仅有草根层和腐殖质层，但均有明显的潜育层。

抚远县有集中连片的荒地资源可供开垦和利用；有繁茂密集的草地资源可作为发展畜

牧业和副业的综合基地;有蕴藏量极为丰富的泥炭资源可作为改土造肥材料,对于提高农家肥质量、改良土壤、提高粮食产量有很大的现实意义。

沼泽土在抚远县分布较大,尤以海青乡低平原分部连片,其他河谷泛滥地、交接洼地、水线等地也均有分布。面积16 450.13公顷,占县属土壤面积的5.38%,耕地面积8 277.01公顷,占县属耕地面积的5.07%。主要分布在浓桥、抓吉和海青乡等地。

泥炭土在抚远县分布面积4 903.07公顷,占县属土壤面积的1.60%,耕地面积2 065.44公顷,占县属耕地面积的1.27%。主要分布在抓吉、浓江和海青乡等地。

(一)形成条件

地形是沼泽土和泥炭土发生和发育的重要因素。抚远县北部为黑龙江,东部为乌苏里江和别拉洪河,西部为浓江河。河道变迁频繁,残留大量古河道、牛轭湖、碟形、线形洼地等,给沼泽的发育提供了有利的地貌条件。

沼泽土的成土母质黏重,多发育在第四纪江湖沉积物上,黏土层厚,物理性黏粒含量高达70%~80%,透水性差,有利于沼泽土发育。但在江水泛滥地带,质地又因其物质来源和受紧沙慢淤的沉积规律支配,有较大的变异。

抚远县受季风影响,夏秋降雨多,雨集中,在地势低平、曲流发育、排水不畅的低平原易于造成泛滥。秋末冬初,地表稳定冻结,大量水分又被冻解在地表和土壤中,造成春季冻融过湿。这为抚远县沼泽土形成提供了重要的水分源泉。

沼泽地带多生长湿生植物和沼泽植物,这些植物在过湿条件下生长着繁茂而覆盖度大的塔头薹草群落;芦苇群落;芦苇、薹草群落;空心柳、小叶樟群落;三棱草、水葱群落;大叶樟、薹草群落等。湿生和沼泽植物的繁茂生长,加大了地面糙率,阻碍径流排泄形成滞水,使沼泽河流不畅通,流水缓慢,因而土壤长年过湿积水,促进了沼泽化过程。

(二)形成过程

沼泽土和泥炭土的形成包括泥炭的积累和潜育层形成2个过程。

1. 泥炭积累过程 泥炭是由植物遗体在积水或过湿条件下积累起来的。由于水分过多,空气隔绝,植物遗体的分解以嫌气过程为主,所以在泥炭层中存在着分解程度不同的根、茎、叶等植物残体。随着沼泽植物一代一代死亡,植物遗体也一层一层堆积起来,由于沼泽植物不断地更替和在淹水或过湿的嫌气条件下,经过不完全地分解,年复一年堆积形成一定厚度的泥炭层。因所处条件不同,泥炭层厚度差别很大。因此,泥炭土具有2个基本成土过程,即表层的泥炭化和底土层的潜育化。反映在剖面上构造,由泥炭层和潜育层2个基本层次组成。按《黑龙江省第二次土壤普查》规定,泥炭层大于50厘米称为泥炭土。

抚远县泥炭土分布只有芦苇薹草泥炭土,是在薹草类(塔头等)植物下积累发育的。

2. 潜育化过程 潜育化过程的主要特点是在剖面上形成潜育层。潜育层是指非常紧密的,塑性和黏滞性比一般土壤小的壤质或黏质带有微绿或浅蓝的灰色土层。

潜育层形成,在缺氧条件下由嫌气性微生物分解有机物的同时,氧化铁还原成低价铁而淋失。亚铁一部分随地下水流走,一部分沿毛管上升,在上层聚积并氧化成氧化铁,形态为斑点状、细条状、块状的沼铁矿。在根孔附近常见有氧化铁锈环和中空的铁管。另外,丁酸细菌活动产生H_2、CH_4、H_2S、CO_2、有机酸、腐殖质等成分作用于母质中的矿物，铁被还原并形成亚铁盐类。其中，有蓝色铁矿和菱铁矿。硫化细菌在潜育化过程中使硫化铁氧化为硫酸亚铁和硫酸；在地下水升降的范围内，自养细菌的铁细菌及氧化亚铁氧化为褐铁矿易沉淀。二氧化锰也常在近地下水位的地方沉淀下来。

（三）沼泽土的类型及特征

沼泽土根据潜育化特点在抚远县可分为草甸沼泽土和生草沼泽土2个亚类（表2-32）。

表 2-32 沼泽土分类系统

土类	亚类	土属
沼泽土	草甸沼泽土	洼地草甸沼泽土
	生草沼泽土	洼地生草沼泽土

1. 草甸沼泽土（亚类） 草甸沼泽土，主要分布在抚远县抓吉、别拉洪和海青乡的地势低洼积水处，植被主要以小叶樟为主，农民称涝洼甸子，面积2 130.40公顷，占沼泽土类面积的12.95%，占县属土壤总面积0.70%。

草甸沼泽土亚类在抚远县划分1个土属，即洼地草甸沼泽土。

洼地草甸沼泽土（代号Ⅵ$_{1-1}$）：基本发生层次是：草根层（A$_s$）、泥炭腐殖质（Ag）、潜育层（G）。

剖面采自抓吉镇东兴村南（剖面号抚—216），剖面形态特征如下：

草根层（A$_s$）：0~10厘米，棕黄色，有植物残体，生草植物根系多，分解度低。

泥炭腐殖质层（Ag）：10~20厘米，暗灰色，粒状结构，黏质土，可见锈斑，植物根系很少。

潜育层（G）：20~70厘米，灰蓝色，黏重，紧实，无结构。

该土壤养分储量丰富，有机质表层达7.24%。养分含量在剖面上分布差异性较大，表层以下含量急剧下降。该土壤化学性状见表2-33。

表 2-33 洼地草甸沼泽土化学性状

采样地点	采样深度（厘米）	有机质（%）	全氮（%）	全磷（%）	全钾（%）	碱解氮（毫克/千克）	有效磷（毫克/千克）	速效钾（毫克/千克）	pH（水浸）
抚—216 抓吉镇东兴村南	0~10	7.24	0.43	0.30	1.87	324.00	23.00	284.00	5.60
	10~20	1.82	0.11	0.27	2.16	—	—	—	5.90
	50~60	1.39	—	—	—	—	—	—	6.0

该土壤由于过冷过湿，目前只能作为打草场。随着农业生产的发展，开垦时，必须采取相应的水利工程措施，改善水热状况，方可耕种，特别对种植水稻较为有利。

从机械组成分析看，质地较黏，全剖面除底层外，多为中—重黏土，物理性黏粒，上下变化不大，为64%~68%（表2-34），其黏粒有自上而下渐增的趋势，表层为64.30%，向下到63.40%，底层又增到68%，这说明成土过程黏粒的机械淋溶较显著。

表 2-34   洼地草甸沼泽土机械组成分析结果

采样地点	采样深度（厘米）	土壤各粒级含量（%）						物理黏粒（%）	物理沙粒（%）
		0.25~1.00毫米	0.05~0.25毫米	0.01~0.05毫米	0.005~0.01毫米	0.001~0.005毫米	<0.001毫米		
抚—216 抓吉镇东兴 村南	0~10	—	—	26.40	16.00	20.20	28.10	64.30	35.70
	10~20	—	—	28.60	12.70	19.40	31.30	63.40	36.60
	50~60	—	—	25.60	14.60	28.60	24.80	68.00	32.00

2. 生草沼泽土（亚类） 生草沼泽土发育在地形低洼处，地表积水较深的重沼泽区，主要分布在海青、浓桥乡等地低平原水线、蝶形洼地，面积 14 319.73 公顷，占沼泽土类面积的 87.05%，占县属土壤总面积 4.68%。

生草沼泽土在抚远县划分 1 个土属，即洼地生草沼泽土。

洼地生草沼泽土（代号Ⅳ₂₋₁）剖面发育层次是：草根层（Aₛ），在草根层之下，有一层稀泥糊状，无结构的潜育层。剖面采自海青乡永安村东北（剖面号抚—303），剖面形态特征如下：

草根层（Aₛ）：0~10 厘米，灰黄色，生草植物根系多，有植物残体。

潜育层（G）：10~45 厘米，青灰色，夹有大量的铁锈斑，无结构，黏重，紧实。

生草沼泽土的主要特点是草根层之下，有一层稀泥糊状，无结构的潜育层。养分含量很丰富，土壤黏粒冷浆，地温低，7~8 月在 100 厘米以下仍有冻层。因此，有机质分解慢，养分转化迟，速效养分低。在改良利用上应加强排水，为发展牧业生产创造一个适宜的环境条件。洼地生草沼泽土化学性状分析见表 2-35、机械组成见表 2-36。

表 2-35   洼地生草沼泽土化学性状分析

采样地点	采样深度（厘米）	有机质（%）	全氮（%）	全磷（%）	全钾（%）	碱解氮（毫克/千克）	有效磷（毫克/千克）	有效钾（毫克/千克）	pH（水浸）
抚—303 海青乡永 安村东北	0~30	40.16	1.58	0.41	1.69	1 122.00	131.00	587.00	5.50
	70~90	5.11	0.21	0.26	3.68	142.00	80.00	232.00	5.60

表 2-36   洼地草甸沼泽土机械组成分析结果

采样地点	采样深度（厘米）	土壤各粒级含量（%）						物理黏粒（%）	物理沙粒（%）	质地名称
		0.25~1.00毫米	0.05~0.25毫米	0.01~0.05毫米	0.05~0.01毫米	0.01~0.005毫米	<0.001毫米			
抚—306海青乡永安村东北	0~10	—	6.83	31.06	15.53	19.97	26.62	62.11	37.89	重壤土
	100~101	—	24.60	18.28	16.00	22.85	18.28	57.12	42.88	沙壤土

（四）泥炭土的类型与特征

泥炭土是泥炭层大于 50 厘米的沼泽土，也是一种非地带性水成型土壤。面积 4 903.07公顷，占县属土壤面积的 1.60%；耕地面积 2 065.44 公顷，占县属耕地面积的 127%。主要分布在抓吉、浓江、浓桥和海青乡江河漫滩上。

泥炭土的泥炭化层和潜育化的发育程度都比沼泽土快；泥炭积累大于沼泽土，泥炭层在 1 米左右。抚远县泥炭土划分为 1 个亚类 1 个土属和 1 个土种（表 2-37）。

表 2-37　泥炭土分类系统

土类	亚类	土属	土种
泥炭土	草类泥炭土	芦苇薹草泥炭土	薄层芦苇薹草泥炭土

泥炭土的剖面特征，主要是上层有大于 50 厘米以上的泥炭层，以下称为潜育层。剖面采自海青乡永安村东北（剖面号抚—306），剖面形态特征如下：

泥炭层（Ac）：0～100 厘米，棕黄色，无结构，湿，松软，有强性，层次过渡明显。

潜育层（G）：100～120 厘米，灰蓝色，轻壤土，紧，湿，无植物根系，有大量锈斑，潜育明显。

泥炭土的化学性状分析表明，泥炭层有机质含量都很高，也是全县各土种有机质含量最高的土壤之一。高达 49.94%，分解程度却不高（表 2-38）。

表 2-38　薄层芦苇薹草泥炭土化学性状分析结果

采样地点	采样深度（厘米）	有机质（%）	全氮（%）	全磷（%）	全钾（%）	碱解氮（毫克/千克）	有效磷（毫克/千克）	有效钾（毫克/千克）	pH（水浸）
抚—306 海青乡永安村东北	0～100	46.94	2.84	0.34	1.11	1 832.00	16.00	689.00	5.30
	100～120	15.14	—	—	—	—	—	—	—

泥炭土由于冷湿水分过多，农牧业均未利用，但泥炭是很好的天然资源。特别在农业生产方面，泥炭作为改土造肥材料对于提高粪肥质量、改良土壤、增加作物产量都有明显作用。泥炭可直接用于改良土壤，以及垫圈堆灌含高温造肥，也可制造有机、无机混合肥和腐殖酸类肥料，还可制造育苗用的营养钵等。总之，泥炭用途广，使用方法简单，易于应用。因此，泥炭作为一种资源应加强管理。全面规划，经济合理开发使用，防止损失浪费。

综上所述，抚远县各土类面积中白浆土面积最大，为 150 065.53 公顷，占县属土壤面积的 49.04%；依次是草甸土，面积为 130 786.47 公顷，占县属土壤面积的 42.75%；沼泽土面积为 16 450.13 公顷，占县属土壤面积的 5.38%；泥炭土面积为 4 903.07 公顷，占县属土壤面积的 1.60%；最少是暗棕壤，面积为 3 754.80 公顷，占县属土壤面积

1.23%。抚远县耕地面积中白浆土面积最大，为 111 252.57 公顷，占县属耕地面积的 68.11%；依次是草甸土耕地面积为 41 724.53 公顷，占县属耕地面积的 25.55%；沼泽土耕地面积为 8 277.01 公顷，占县属耕地面积的 5.07%；泥炭土耕地面积为 2 065.44 公顷，占县属耕地面积的 1.27%；最少是暗棕壤，耕地面积仅 13.9 公顷。见表 2 - 39。

表 2 - 39　抚远县各土类土壤面积及耕地面积分布

土类名称	总面积（公顷）	占县属土壤面积（%）	耕地面积（公顷）	占县属耕地面积（%）
暗棕壤	3 754.80	1.23	13.9	—
白浆土	150 065.53	49.04	111 252.57	68.11
草甸土	130 786.47	42.75	41 724.53	25.55
沼泽土	16 450.13	5.38	8 277.01	5.07
泥炭土	4 903.07	1.60	2 065.44	1.27
总计	305 960.00	100.00	163 333.45	100.00

第五节　农业基础设施建设

抚远县有低山丘陵与河谷平原等多种地貌类型，耕地中有易于水土流失的坡耕地，也有易受洪涝威胁的低洼地。为了保证农业生产的发展，农田建设得到历届政府的高度重视。在农田建设方面主要采取了生物措施和工程措施相结合的治理方法，针对不同农田的主要问题，采取了相应的治理措施，其中主要有：

一、营造农田防护林

营造农田防护林是从 1978 年开始进行试点的。1980 年，按照一期工程规划进行了大规模营林活动。到 2005 年，全县共造防护林 2 619 公顷。其中，农防林 1 567 公顷，水土保护林 769 公顷，水源涵养林 84 公顷，防风固沙林 12 公顷，其他防护林 187 公顷。

二、兴修水利工程

到 1997 年，全县共兴修大型水库 1 座，建了 12 座电灌站，总装机容量 3 795 千瓦；全县建成 500 公顷以上灌区 8 处，实际灌溉面积 8 万公顷；修筑江河堤防 150 千米，松花江抚远段堤防改造 50 年一遇标准，基本上解除了洪涝威胁。

与此同时，对一些瘠薄地采取了客土改良、深耕和施肥相结合的配套措施，使这些瘠薄地在一定程度内也得到了治理。

这些农田基础设施建设对于提高抚远县耕地的综合生产能力，起到了积极的作用，促进了抚远县粮食产量的提高和农业生产的发展。

抚远县的农田基础设施建设虽然取得了显著的成绩，但与农业生产发展相比，农田基础设施还比较薄弱，抵御各种自然灾害的能力还不强，特别是近年来，农田基础建设相对滞后，抚远县的旱田基本上没有灌溉条件，仍然处于靠天降水的状态。春旱发生年份，仅有少部分地块可以做到催芽坐水种，大多数旱田要常受天气、旱灾的危害，影响了农作物产量的继续提高。水田和菜田虽能解决排灌问题，但灌溉方式落后。水田基本上仍采用土渠的输入方式，采用管道输水的基本上没有，防渗渠道极少，所以在输水过程中，渗漏严重，水分利用率不高；菜田基本上是靠机井灌溉，方式多数是沟灌，滴灌、微灌等设备和技术尚未引进。水田、菜田发展节水灌溉，引进先进设施，推广先进节水技术；旱田实行水浇，特别是逐步引进大型的农田机械，推行深松节水技术，是抚远县今后农业必须解决的重大问题。

第三章 耕地地力评价技术路线

我国是世界土地资源大国，而面对占世界 1/4 的巨大人口需求，又是一个土地资源的小国。面对人口的增长和经济的快速发展，土壤问题，尤其是耕地问题就显得十分重要，形势严峻。耕地生产力的高低，土壤资源的合理利用是我们必须时刻关注的问题。

耕地地力是土壤工作者或农业生产工作者对土壤好坏提出的一个概念。地力好，作物生长得好，产量高；地力差，作物生长得不好，产量低。耕地地力评价简单地说就是指对耕地基础地力的评价，也就是对有耕地土壤的地形、地貌、成土母质、农田基础设施及培肥水平、土壤理化性状等综合构成的耕地生产能力的评价，因此，评价时要综合考虑这些因素。

第一节 耕地地力评价主要技术流程概述

一、耕地地力评价技术流程主要内容

耕地地力有许多不同的内涵和外延，即使对同一个特定的定义，耕地地力评价也有不同的方法。本书采用的评价流程是国内外相关项目和研究中应用较多、相对比较成熟的方法，立足于抚远县目前资料数据的现状，充分利用现有先进的计算机软硬件技术和工具，经过近年来耕地地力评价项目检验过的一套可行的技术手段和工作方法。

抚远县耕地地力评价技术流程如下：

第一步：收集整理所有相关历史数据资料和测土配方施肥数据资料，采用多种方法和技术手段，以县为单位建立耕地资源基础数据库。

第二步：在省级专家技术组的主持下，吸收县级专家参加，结合本地实际，从国家和省级耕地地力评价指标体系中，选择抚远县的耕地地力评价指标。抚远县根据实际情况主要选择了 3 个决策层 8 个评价指标。

第三步：利用标准的矢量化县级土壤图、土地利用现状图和行政区划图，确定评价单元。经过碎小图斑处理后，抚远县在耕地地力评价中建立了 2 713 个评价单元。

第四步：建立县域耕地资源管理信息系统。全国将统一提供系统平台软件，各地只要按照统一要求，将第二次土壤普查及相关的图件资料和数据资料数字化，建立规范的数据库，并将空间数据库和属性数据库建立连接，用统一提供的平台软件进行管理。

第五步：这一步实际上有 3 个方面的内容，即对每个评价单元进行赋值、标准化和计算每个因素的权重。不同性质的数据赋值的方法不同。数据标准化使用是利用隶属函数法，并采用层次分析法确定每个因素的权重。通过先进的空间分析方法与土壤学、农学和模糊数学相结合得到耕地地力评价的等级分布图。

第六步：进行综合评价并纳入国家耕地地力等级体系中去。

依据《耕地地力调查与质量评价技术规程（试行）》，结合黑龙江省抚远县的实际情况和黑龙江省第二次土壤普查的经验，确定黑龙江省抚远县耕地地力调查由外业调查采样、分析化验、地力评价三部分组成。从数据库的建立，评价指标的确定，应用地理学、模糊数学等分析方法对空间数据和属性数据进行了综合分析，最后确定了不同的耕地地力等级和评价报告。耕地地力评价技术流程见图3-1。

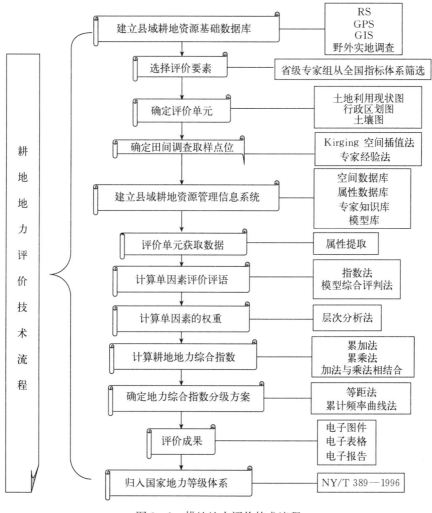

图3-1 耕地地力评价技术流程

二、耕地地力评价重点技术内容

耕地地力评价流程中每一步都有丰富的内容、操作上具体的要求与注意事项。下面就主要技术内容进行简要说明。

（一）耕地地力评价的数据基础
耕地地力评价数据来源于第二次土壤普查历史数据和近年来各种土壤监测、肥效试验等数据，以及测土配方施肥野外调查、农户调查、土样样品测试和田间试验数据。测土配方施肥属性数据有专门的录入、分析和管理软件，历史数据也有专门的收集整理规范或数据字典，依据这些规范和软件建立相应的空间数据库的管理工具。县域耕地资源管理信息系统集成各种本地化的知识库和模型库，就可以依据这一系统平台，开展数据的各种应用。耕地地力评价就是这些应用之一。所以，数据的收集、整理、建立数据库和县域耕地资源管理信息系统的建立是耕地地力评价必不可少的基础工作。

但是，数据库或县域耕地资源管理信息系统中的数据不一定要全部用于耕地地力评价。耕地地力评价是一种应用性评价，必须与各地的气候、土壤、种植制度和管理水平相结合，评价指标的选择必须是本地化的，数据的利用也是本地化的，不可能有全部统一的规定。

（二）数据标准化

抚远县数据的标准化过程按照国家规定的原则进行。现代土壤调查技术和测土配方施肥技术、分析测试技术等都采用了计算机技术，数据库的建立、数据的有效管理、数据的利用和数据成果的表达都依赖于数据的规范化、标准化。根据科学性、系统性、包容性和可扩充性的原则，对历史数据的整理、数字化与建立数据库、测土配方施肥数据的录入与数据库管理等所有环节的数据都做了标准化的规定。对耕地资源数据库系统提出了统一的标准，基础属性数据和调查数据由国家制定统一的数据采集模板，制定统一的基础数据编码规则，包括行业体系编码、行政区划编码、空间数据库图斑、图层编码、土壤分类编码和调查表分类编码等，这些数据标准尽可能地应用了国家标准或行业标准。

（三）确定评价单元的方法

耕地地力评价单元是由耕地构成因素组成的综合体。确定评价单元的方法有几种，一是以土壤图为基础，这是源于美国土地生产潜力分类体系，将农业生产影响一致的土壤类型归并在一起成为一个评价单元；二是以土地利用现状图为基础确定评价单元；三是采用网格法确定评价单元。上述方法各有利弊。无论室内规划还是实地工作，需要评价的地块都能够落实到实际的位置，因此抚远县使用了土壤图、土地利用现状图和行政区划图叠加的方法确定评价单元。同一评价单元内土壤类型相同、土地利用类型相同，这样使评价结果容易落实到实际的田间，便于对耕地地力做出评价，便于耕地利用与管理。通过土壤图、土地利用现状图叠加，抚远县耕地地力评价中共确定了 2 713 个评价单元。

（四）耕地地力评价因素和评价指标

耕地地力评价实质是对地形、土壤等自然要素对当地主要农作物生长限制程度强弱的评价。耕地地力评价因素包括气候因素、地形因素、土壤因素、植被、水文及水文地质和社会经济因素，每一因素又可划分为不同因子。耕地地力指标可以归类为物理性指标、化学性指标和生物性指标。主要针对土壤类型、土壤质地、有机质和各种营养元素含量、pH、障碍层厚度、耕层厚度等因素进行综合评价。

在选择评价因素时，因地制宜地依据以下原则进行：选取的因子对耕地地力有较大影响；选取的因子在评价区域内的变异较大，便于划分等级；同时，必须注意因子的稳定性和对当前生产密切相关的因素。如一般认为，地形、成土母质等最稳定，土壤因素中土壤质地、障碍层厚度比较稳定，这些都是可以选择的因素。

（五）耕地地力等级与评价

耕地地力评价方法，由于学科和研究目的不同，各种评价系统的评价目的、评价方法、工作程序和表达方式也不相同。归纳起来，耕地地力评价的方法主要有 2 种，一种是国际上普遍采用的综合地力指数的评价法，其主要技术路线是评价因素确定之后，应用层次分析法或专家经验法确定各评价因素的权重。单因素评价模型的建立采用模糊评价法，单因素评价模型分为数值型和概念型两类。数值型的评价因素模拟经验公式，概念型因素给出经验指数。然后，采用累加法、累乘法或加法与乘法的结合建立综合评价模型，对耕地地力进行分级。另一种是用耕地潜在生产能力描述耕地地力等级。这种潜在的生产能力直接关系到农业发展的决策和宏观规划的编制。在应用综合指数法进行了耕地等级的划定之后，由于它只是一个指数，没有确切的生产能力或产量含义，为了能够计算我国耕地潜在生产能力，为人口增长和农业承载力分析、农业结构调整服务，需要对每一地块的潜在生产能力指标化。在对第二次土壤普查成果综合分析以及大量实地调查之后，王蓉芳等提出了我国耕地潜在生产能力的划分标准，这个标准通过地力要素与我国现在生产条件和现有耕作制度相结合，分析我国耕地的最高生产能力和最低生产能力之间的差距，大致从小于 1 500 千克/公顷至大于 13 500 千克/公顷的幅度，中间按 1 500 千克/公顷的级差切割成 10 个地力等级作为全国耕地地力等级的最终指标化标准。这样在全国、全省都不会由于评价因素不同、由于同一等级名称但含义不同而难以进行耕地地力等级汇总。因此，在对耕地地力进行完全指数评价之后，要对耕地的生产能力进行等级划分，形成全国统一标准的地力等级成果。

（六）耕地地力评价结果汇总

评价结果汇总是一个逐步的过程，全国耕地地力评价结果汇总有 3 个方面的内容。一是耕地地力等级汇总。由于综合指数法评价的耕地地力分级在不同区域表示的含义不同，并且不具有可比性，无法进行汇总，因此，耕地地力评价结果汇总应依据《全国耕地类型区、耕地地力等级划分》的 10 个等级，以区域或省为单位，将评价结果进行等级归类和面积汇总。二是中低产田类型汇总。依据《全国中低产田类型划分与改良技术规范》规定的中低产田类型，以区域或省为单位，将中低产田进行归类和面积汇总。三是土壤养分状况汇总。目前，全国没有统一的土壤养分状况分级标准，第二次土壤普查确定的养分分级标准已经不能满足现实的土壤养分特征的描述需要。因此，土壤养分分级和归类汇总指标应以省为单位制定，以区域或省为单位，对土壤养分进行归类汇总。今后，应利用测土配方施肥的大量数据逐步建立全国统一的养分分级指标体系。

第二节　数据准备及数据库建立

一、资料准备

资料的准备包括文字资料，如第二次土壤普查的土壤志，历年的调查和统计报告。而最重要的是图件、土壤采样点调查和化验室分析数据。这些资料和数据是建立耕地地力评价数据库的基础数据。

数据库可以分为空间数据库和列表型数据库。空间数据库可简单的定义为：含有地理空间坐标信息的地图图形数据库，其内容是以矢量格式存储的，以各种编码将地图信息分类及分级的地理坐标数据和属性数据。而列表型数据属于关系型数据库，关系型数据库以行和列的形式存储数据，称作数据表，多个数据表可以组成一个数据库。

用于耕地地力评价的图件是数据库建立的重要数据资源。要求比例尺为 1：50 000。抚远县图件资料收集如下：

1. 土地利用现状图 由抚远县农业技术推广中心收集。比例尺 1：50 000，要求对该纸图通过扫描、校正、配准处理后，矢量化，保证图上的斑块信息不丢失，符合检验标准。该图矢量化由黑龙江极象动漫影视技术有限公司负责。

2. 行政区划图 由抚远县农业技术推广中心收集。比例尺 1：50 000，要求该纸图通过扫描、校正、配准处理后，矢量化，保证图上的村界正确，符合检验标准。该图矢量化由黑龙江极象动漫影视技术有限公司负责。

3. 土壤图 数据来源于第二次土壤普查数据，比例尺 1：100 000（历史数据），由抚远县农业技术推广中心收集。要求对该纸图通过扫描、校正、配准处理后，矢量化，保证图上的斑块信息不丢失，符合检验标准。该图矢量化由黑龙江极象动漫影视技术有限公司负责。

4. 地形图 采用中国人民解放军原总参谋部测绘局测绘的地形图，比例尺 1：50 000。由黑龙江极象动漫影视技术有限公司收集整理、校正、配准后处理，保证图上的斑块信息不丢失，符合检验标准。该图矢量化由黑龙江极象动漫影视技术有限公司负责。

5. 土壤采样点位图 通过田间采样化验分析并进行空间处理得到。数据由抚远县农业技术推广中心土壤肥料管理站负责采集和化验分析，由黑龙江极象动漫影视技术有限公司负责成图。

二、数据质量控制要求

数据质量控制要按照《耕地地力评价指南》中的要求（《耕地地力评价指南》由全国农业技术推广服务中心编著）。

（一）属性数据

1. 数据内容 历史属性数据主要包括区域内主要河流、湖泊基本情况统计表、灌溉渠道及农田水利综合分区统计表、公路网基本情况统计表、区、乡、村行政编码及农业基本情况统计表、土地利用现状分类统计表、土壤分类系统表、各土种典型剖面理化性状统计表、土壤农化数据表、基本农田保护登记表、基本农田保护区基本情况统计表（村）、地貌类型属性表、土壤肥力监测点基本情况统计表等。

2. 数据分类与编码 数据的分类编码是对数据资料进行有效管理的重要依据。编码的主要目的是节省计算机内存空间，便于用户理解使用。地理属性进入数据库之前进行编码是必要的，只有进行了正确的编码，才能使空间数据库与属性数据正确连接。

编码格式有英文字母、字母数字组合等形式。我们主要采用数字表示的层次型分类编码体系，它能反映专题要素分类体系的基本特征。

3. 建立编码字典 数据字典是数据应用的重要内容，是描述数据库中各类数据及其组合的数据集合，也称元数据。地理数据库的数据字典主要用于描述属性数据，它本身是一个特殊用途的文件，在数据库整个生命周期里都起着重要的作用。它避免重复数据项的出现，并提供了查询数据的唯一入口。

4. 数据录入与审核　数据录入前仔细审核，数值型资料注意量纲、上下限；地名注意汉字、多音字、繁简体、简全称等问题，审核定稿后在录入。录入后还应仔细检查，经过二次录入相互对照方法，保证数据录入无误后，将数据库转为规定的格式（DBASE 的 DBF 格式文件），再根据数据字典中的文件名编码命名后保存在子目录下。

另外，文本资料以 TXT 格式命名，声音、音乐以 WAV 或 MID 文件保存，超文本以 HTML 格式保存，图片以 BMP 或 JPG 格式保存，视频以 AVI 或 MPG 格式保存，动画以 GIF 格式保存。这些文件分别保存在相应的子目录下，其相对路径和文件名录入相应的属性数据库中。

根据国家制定统一的基础数据编码规则录入。录入前仔细审核，注意数值型资料的量纲、上下限数值、小数位和长度，以及地名数据的多音字、简称和全称。

土壤类型、地形地貌、成土母质等数据要规范化，不能出现同一土壤类型、地形地貌或成土母质有不同的表述。

（二）空间数据

1. 图形数据符合空间数据规定的要求。

2. 野外调查 GPS 定位仪定位数据，初始数据采用经纬度并在调查表格中记载，装入 GIS 系统与图件匹配时，再投影转换为上述直角坐标系坐标。

3. 扫描影像能够区分图内各要素，若有线条不清晰现象，须重新扫描。扫描影像数据要经过角度纠正，纠正后的图幅下方两个内图廓点的连线与水平线的角度误差不超过 0.2°。

4. 千米网格线交叉点为图形纠正控制点，每幅图应选不少于 20 个控制点，纠正后控制点的点位绝对误差不超过 0.20 毫米（图面值）。

5. 矢量化。要求图内各要素的采集无错漏现象，图层分类和命名符合统一的规范，各要素的采集与扫描数据相吻合，线画（点位）整体或部分偏移的距离不超过 0.30 毫米（图面值）。所有数据具有严格的拓扑结构。面状图形数据中没有碎片多边形。图形数据及属性数据的输入要准确。

6. 野外调查 GPS 定位仪定位数据误差在 50 米以内。

7. 耕地面积数以当地政府公布的数据（土地详查面积）为控制面积。

（三）图件输出要求

图须覆盖整个辖区，不得丢漏。比例尺 1∶50 000，最小上图面积 0.04 平方厘米。

图内要素必有项目包括评价单元图斑、各评价要素图斑和调查点位数据、线状地物、注记；要素的颜色、图案、线形等标识符合《规范》要求。

图外要素必有项目包括图名、图例、坐标系及高程系说明、成图比例尺、制图单位全称、制图时间等。

（四）统一的系统操作和数据管理

所有的应用系统设置统一的系统操作和数据管理，各级用户通过规范的操作来实现数据的采集、分析、利用和传输等功能。

制定规范的数据录入管理办法保障数据能够准确、及时地录入到数据库中，变化的数据能够及时更新，并注明更新的原因和日期。

(五)统一的系统用户编码

采用统一的用户编码，编码和采集的数据相结合并保存在数据库中。保障国家和省级的中心数据库，各级节点采集的数据都是唯一的、有效的。

(六)数据安全加密系统

为防止数据被恶性破坏或无意损坏，采用不对称加密钥加密技术，对数据进行存储和传输加密处理。通过数据存取控制对数据存入、取出的方式和权限进行控制。建立数据备份机制，采用数据库自动备份技术，定期备份数据，建立数据副本，定期把数据刻录成光盘再存放在安全的地方或进行异地备份。

三、空间数据库的建立

将纸图扫描后，校准地理坐标，然后采用屏幕数字化的方法将纸图矢量化，建立空间数据库。图件扫描的分辨率为 300 dpi，彩色图用 24 位真彩，单色图用黑白格式，jpg 格式保存。数字化图件包括：土地利用现状图、土壤图、地形图、行政区划图等。

图件数字化的软件采用 SUPERMAPGIS，坐标系为 1954 北京坐标系，高斯投影。比例尺为 1:50 000 和 1:100 000。评价单元图件的叠加、调查点点位图的生成、评价单元克里格插值是使用软件平台为 ArcMap 软件，文件保存格式为 . shp 格式。

抚远县空间数据库包括土地利用现状图、行政区划图和土壤图。数据库说明见表 3-1、表 3-2。

表 3-1 空间数据库图件说明

数据名称	数据类型	属性/字段数	比例尺	年代	矢量化单位	来源和质量验证
土地利用现状图	多边形	5	1:50 000	—	黑龙江极象动漫影视技术有限公司	纸图来源于县农业技术推广中心
行政区划图	多边形	5	1:50 000	—	黑龙江极象动漫影视技术有限公司	纸图来源于县农业技术推广中心
土壤图	多边形	3	1:100 000	1985	黑龙江极象动漫影视技术有限公司	纸图来源于县农业技术推广中心
地形图	DEM	1	1:50 000	2005	黑龙江极象动漫影视技术有限公司	黑龙江极象动漫影视技术有限公司

表 3-2 空间数据库各图件主要属性数据说明

图层名称	字段名称	字段类型	字段长度	量纲	备注
土壤图	省土壤代码	数值型	8	无	第二次全国土壤普查资料
	省土壤名称	文本型	20	无	
	县土壤代码	数值型	8	无	
	县土壤名称	文本型	20	无	
	实体面积	数值型	19	平方米	
	内部标识码	数值型	8	无	
行政区划图	县内行政码	数值型	6	无	县内行政码：见数据字典统一编码（行政区划码为 6 位数），主要依据来源为：GB/T 2260 中华人民共和国行政区划代码，GB/T 10114
	乡（镇）名称	文本型	10	无	
	村名称	文本型	10	无	
	内部标识码	数值型	8	无	
	实体面积	数值型	19	平方米	
	实体长度	数值型	19	米	
	实体类型	文本型	7	无	
土地利用现状图	地类号	数值型	4	无	地类代码：按照国家标准定义的旱田、水田等名称。按照 2002 年国土资源部启用的新的土地利用分类（三大类）。
	地类名称	文本型	20	无	
	实体面积	数值型	19	平方米	
	实体类型	文本型	7	无	
	内部标识码	数值型	8	无	
土地利用现状图	内部标识码	数值型	8	无	关键字关联外部数据表
	县土壤代码	数值型	8	无	关联土壤类型
	县内行政码	数值型	6	无	关联行政区划
	地类号	数值型	4	无	关联土地利用
	实体面积	数值型	19	平方米	多边形实体计算面积
	实体长度	数值型	19	米	
	实体类型	文本型	7	无	

四、属性数据库的建立

属性数据库一般包括采样点调查数据，历年人口统计数据、作物产量数据、施肥量等数据。重点将作物产量、施肥量和土壤采样点数据表关联。抚远县属性数据库数据表说明及耕地地力调查点基本情况见表 3-3、表 3-4。

表 3-3　属性数据库数据说明

数据名称	数据类型	属性/字段数	年份	来源和质量验证
耕地地力调查点基本情况及化验结果数据表	表格	24	2008	抚远县农业技术推广中心

表 3-4　耕地地力调查点基本情况及化验结果数据

字段名称	字段类型	字段长度	量纲	备注
序号	长整形	4	无	
点县内编号	文本型	20	无	
省名称	文本型	8	无	
乡名称	文本型	15	无	
村名称	文本型	15	无	
东经	数值型	15	°	
北纬	数值型	15	°	
海拔	文本型	10	米	
地类名称	文本型	6	无	
有机质	数值型	6/2	克/千克	
有效磷	数值型	6/2	毫克/千克	
速效钾	数值型	6/2	毫克/千克	
pH	数值型	4	无	
碱解氮	数值型	6/2	毫克/千克	
全氮	数值型	6/2	克/千克	
地形部位	文本型	10	无	
地块名称	文本型	10	无	
农户名称	文本型	10	无	
农田基础设施	文本型	10	无	
障碍类型	文本型	10	无	
耕层厚度	数值型	3	厘米	
灌溉条件	文本型	4	无	
土壤质地	文本型	6	无	
产量水平	数值型	6	千克/公顷	

五、空间数据库与属性数据库连接

ArcInfo 系统采用不同的数据模型分别对属性数据和空间数据进行存储管理，属性数据采用关系模型，空间数据采用网状模型。两种数据的连接非常重要。在一个图幅工作单元 Coverage 中，每个图形单元由一个标识码来唯一确定。同时一个 Coverage 中可以有若干个关系数据库文件，即要素属性表，用以完成对 Coverage 的地理要素的属性描述。图形单元标识码是要素属性表中的一个关键字段，空间数据与属性数据以此字段形成关联，完成对地图的模拟。这种关联使 ArcInfo 的两种数据模型连成一体，可以方便地从空间数据检索属性数据或者从属性数据检索空间数据。

对属性数据与空间数据的连接有 4 种不同的途径：

一是用数字化仪数字化多边形标识点，记录标识码与要素属性，建立多边形编码表，用关系数据库软件 Foxpro 输入多边形属性。

二是用屏幕鼠标采取屏幕地图对照的方式实现上述步骤。

三是利用 ArcInfo 的编辑模块对同种要素一次添加标识点再同时输入属性编码。

四是自动生成标识点，对照地图输入属性。

六、采样布点的原则

耕地采样数据是本次耕地地力评价的最重要环节，必须遵守以下几项原则：

1. 代表性原则 本次调查的特点是在第二次土壤普查的基础上，摸清不同土壤类型、不同土地利用的土壤肥力和耕地生产力的变化及现状。因此，调查布点必须覆盖全县耕地土壤类型以及全部土地利用类型。

2. 典型性原则 调查采样的典型性是正确分析判断耕地地力和土壤肥力变化的保证。特别是样品的采取必须能够正确反映样点的土壤肥力变化和土地利用方式的变化。因此，采样点必须布设在利用方式相对稳定，没有特殊干扰的地块，避免各种非正常因素的影响。

3. 科学性原则 耕地地力的变化并不是没有规律，因此，在调查和采样布点上必须按照土壤分布规律布点。

4. 比较性原则 为了能够反映第二次土壤普查以来的耕地地力和土壤质量的变化，尽可能在第二次土壤普查的取样点上布点。

在上述原则的基础上，调查工作之前充分分析了抚远县的土壤分布状况，收集并认真研究了第二次土壤普查的成果以及相关的试验研究和定点监测资料。并请熟悉抚远县情况、参加过第二次土壤普查的有关技术人员参加工作，聘请当地的专家组成专家顾问组，在黑龙江省土壤肥料管理站的指导下，通过野外踏勘和室内图件的分析，确定调查和采样点。保证了本次调查和评价的高质量完成。

七、采样布点方法

由于本次地力评价利用了高科技的空间分析方法，所以采样时布点是非常重要的环节。布点是调查工作的重要一环，正确的布点能保证获取信息的典型性和代表性；能提高耕地地力评价成果的准确性和可靠性；能提高工作效率，节省人力和资金。抚远县布点首先考虑到全县耕地的典型土壤类型和土地利用类型；其次耕地地力调查布点要与土壤环境调查布点相结合。样点的采集尽可能正确反应样点的土壤肥力变化和土地利用方式的变化。采样点布设在利用方式相对稳定，避免各种非正常因素的干扰的地块。大田调查点数的确定和布点，按照旱田、水田平均每个点代表 66.70 公顷的要求，在确定布点数量时，以这个原则为控制基数，在布点过程中，充分考虑了各土壤类型所占耕地总面积的比例、耕地类型以及点位的均匀性等。

采样时由县农业技术推广中心派出县农技干部和各乡镇农技人员、村级技术员。同时，对乡镇的技术人员进行培训，然后再到村屯对农民进行培训。培训内容为：采样点的定位、采样点的选择、标准的取土混样方法、测土调查表的填写、测土配方施肥的意义等。在采集土样时进行田间调查，田间调查方法：一是利用采土样时对农户进行调查；二是县、乡技术员入户调查；三是以询问村干部或农民技术员的方式进行调查。然后由推广中心农业技术员将调查的内容记录在本子上，输入电脑数据库。地块基本情况调查有：地块的地理位置（经、纬度）、自然条件、生产条件、土壤墒情等情况。农户施肥调查内容有：施肥种类和数量、推荐施肥情况、实际施肥情况、肥料成本、底肥和追肥的数量及方法。

农田土样是在 2009 年秋收后取样。首先确定野外采样田块，再根据点位图，到点位所在的村庄，向农民了解本村的农业生产情况，确定具有代表性的田块，田块面积控制在 0.07 公顷以上，依据田块的准确方位修正点位图上的点位位置，并用 GPS 定位仪进行定位。在此基础上，让已确定采样田块的户主按调查表格的内容逐项进行调查填写。在该田块中按旱田 0～20 厘米土层采样；采用 S 法，均匀随机采取 10～15 个采样点，充分混合后，四分法留取 1 千克。采样工具有铁锹、塑料布、不锈钢土钻；每袋土样填写 2 张标签，内外各具 1 张。做好记录表，记录表主要内容为：样品野外编号（要与大田采样点基本情况调查表和农户调查表相一致）、采样深度、采样地点、采样时间、采样人、采样地点自然状况和农田基本情况等。

应重视地力监测土样采集这项工作，严把质量关，以确保所采集的土样具有代表性和准确性。耕地地力评价共采集土样 1 500 个。其中，旱田土壤样本 1 347 个，水田土壤样本 153 个。所采样点覆盖全县 9 个乡（镇），69 个行政村，102 个自然屯，采样点分布包括了 12 个土种和所有的耕地。同时，做到了样点分布均匀，具有很强的代表性。

八、调查内容

为了准确地划分耕地等级，真实地反映耕地环境质量状况，达到客观评价耕地质量状况的目的，需要对影响耕地地力的诸项属性、自然条件、管理水平等要素以及影响耕地环境质量的有害物质等进行调查、检测。根据耕地地力分等定级和耕地地力评价要求，对抚远县的耕地灌溉水平及农业生产管理等进行了全面调查，其主要内容分为采样点农业生产情况调查、采样点基本情况调查 2 个方面。

1. 采样点农业生产情况调查 采样点农业生产情况主要调查内容如下：

（1）基本项目：家庭住址、户主姓名、家庭人口、耕地面积、采样地块面积等。

（2）土壤管理：种植制度、保护设施、耕翻情况、灌溉情况、秸秆还田情况等。

（3）肥料投入情况：肥料品种、含量、施用量、费用等。

（4）农药投入情况：农药种类、用量、施用时间、费用等。

（5）种子投入情况：作物品种、名称、来源、用量、费用等。

（6）机械投入情况：耕翻、播种、收获、其他、费用等。

（7）产销情况：作物产量、销售价格、销售量、销售收入等。

2. 采样点基本情况调查　采样点基本情况调查内容如下：

（1）基本项目：采样地块俗称、经纬度、海拔高度、土壤类型、采样深度等。

（2）立地条件：地形部位、坡度、坡向、成土母质、盐碱类型、土壤侵蚀情况等。

（3）剖面性状：质地构型、耕层质地、障碍层次情况、潜水水质及埋深等。

（4）土地整理：地面平整度、灌溉水源类型、田间输水方式等。

第三节　样品分析及质量控制

一、分析项目与方法确定

分析项目与方法是以《耕地地力调查与质量评价技术规程》中所规定的必测项目和方法要求确定的。

1. 分析项目

（1）物理性状：土壤质地、容重。

（2）化学性状：土壤样品分析项目包括：pH、有机质、全氮、碱解氮、有效磷、速效钾、微量元素（铜、锌、铁、锰）等。

2. 分析方法

（1）物理性状：土壤容重测定采用环刀法。

（2）化学性状：样品分析方法具体见表3-5。

表3-5　土壤样品分析项目和方法

分析项目	分析方法
pH	电位法
有机质	油浴加热重铬酸钾氧化—容量法
全氮	凯氏蒸馏法
碱解氮	碱解扩散法
有效磷	碳酸氢钠提取—钼锑抗比色法
速效钾	乙酸铵提取—火焰光度法
土壤有效铜、有效锌、有效铁、有效锰	DTPA浸提—原子吸收光度法

二、分析测试质量

实验室的检测分析数据质量客观地反映了人员的素质水平、分析方法的科学性，实验室质量体系的有效性、符合性及实验室的管理水平。在检测过程中由于受被检样品、测量方法、测量仪器、测量环境、测量人员、检测等因素的影响，总存在一定的测量误差，影响结果的精密度和准确性。只有了解产生误差的原因，采取适当的措施加以控制，才能获得满意的效果。

1. 检测前确认步骤

（1）样品确认。

（2）检验方法确认。

（3）检测环境确认。

（4）检测用仪器设备的状况确认。

2. 检测中确认步骤

（1）严格执行标准或规程、规范。

（2）坚持重复试验，控制精密度：通过增加测定次数可减少随机误差，提高平均值的精密度。

（3）带标准样或参比样，判断检验结果是否存在系统误差。

（4）注重空白试验：可消除试剂、蒸馏水中杂质带来的系统误差。

（5）做好校准曲线：每批样品均做校准曲线，消除温度或其他因素影响。

（6）用标准物质校核实验室的标准溶液、标准滴定溶液。

（7）检测中对仪器设备状况进行确认（稳定性）。

（8）详细、如实、清晰、完整地记录检测过程，使检测条件可再现、检测数据可追溯。

3. 检测后确认步骤

（1）加强原始记录校核、审核，确保数据准确无误。

（2）异常值的处理：对检测数据中的异常值，按 GB 4883 标准规定采用 Grubbs 法或 Dixon 法进行判定和处理。

（3）复检：当数据被认为不符合常规时或被认为可疑，但检验人员无法解释时，须进行复验。

（4）使用计算机采集、处理、运算、记录、报告、存储检测数据，保证数据安全。

第四节　质量评价依据及方法

一、评价依据

耕地地力评价是一种综合的多因素评价，难以用单一因素的方法进行划定。目前，评价方法很多，所选择的评价指标也不一致。以往的评价方法大多人为划定其评价指标的数量、级别以及各指标的权重系数，然后利用简单的加法、乘法进行合成，这些方法简单明确，直观性强，但其准确性在很大程度上取决于评价者的专业水平。近年来，研究者们把模糊数学方法、多元统计方法以及计算机信息处理等方法引入到评价之中，通过对大量信息的处理得出较真实的综合性指标，这在较大程度上避免了评价者自身主观因素的影响。

　　抚远县耕地地力评价采用《耕地地力调查与质量评价技术规程》中推荐的评价方法，即通过 3S 技术建立 GIS 支持下的耕地基础信息系统，对收集的资料进行系统分析和研究，结合专家经验，综合应用相关分析法、因子分析法、模糊评价法、层次分析法等数学原理，用计算机拟合、插值分析等方法来构建一种定性与定量相结合的耕地生产潜力评价方法。

二、制定评价指标

　　为了做好抚远县耕地地力调查工作，在黑龙江省土壤肥料管理站的支持和帮助下，邀请抚远县参加过第二次土壤普查的同志和县农业技术推广中心从事土壤肥料工作的技术人员，召开了耕地地力评价指标体系研讨会，在全国共用的指标体系框架内，针对抚远县耕地资源特点，选择了三大类、8 个要素作为抚远县耕地地力评价的指标。

　　由于耕地地力评价的复杂性，在评价前要充分阅读第二次土壤普查的资料和文件，地力评价工作组和当地土肥专家、农民，要共同讨论当地的具体情况、农业生产中出现的问题。理解各项评价指标的含义，为确定评价指标和权重提供准确性依据。

　　本次耕地地力评价，选取评价要素时应遵循以下几个原则：

　　1. 重要性原则　选取的因子对耕地地力有比较大的影响。如土壤因素、管理措施等。

　　2. 易获取性原则　通过常规的方法可以获取。有些评价指标很重要，但是获取不易，无法作为评价指标，可以用相关参数替代。

　　3. 差异性原则　选取的因子在评价区域内的变异较大，便于划分耕地地力的等级。如在冲积平原地区，土壤的质地对耕地地力有很大影响，必须列入评价项目之中；但耕地土壤都是由松软的沉积物发育而成，有效土层深厚而且又比较均一，就可以不作为参评因素。

　　4. 稳定性原则　选取的评价因素在时间序列上具有相对的稳定性。如土壤的质地、有机质含量等，评价的结果能够有较长的有效期。

　　5. 评价范围原则　选取评价因素与评价区域的大小有密切的关系。如在一个县的范围内，气候因素变化较小，在进行县域耕地地力评价时，气候因素可以不作为参评因子。

　　6. 充分利用现有数据，减少人为误差　利用第二次土壤普查的宝贵数据和资料，采用准确的数学分析方法，尽量减少人为误差。

三、评价指标——德尔菲法模型及隶属函数

　　本次地力评价采用了德尔菲法模型，有专家采用德尔菲法模型给出评价指标的隶属度。

　　德尔菲法是美国兰德公司于 1964 年首先采用的一种方法。这个方法的核心是充分发挥专家对问题的独立看法，然后归纳、反馈，逐步收缩、集中，最终产生评价与判断。德尔菲法的基本步骤见图 3-2。

　　1. 确定提问的提纲　列出的调查提纲应当用词准确，层次分明，集中于要判断和评

价的问题。为了使专家易于回答问题，通常还在调查提纲的同时提供有关背景材料。

2. 选择专家 为了得到较好的评价结果，通常需要选择对问题了解较多的专家 10～50 人，少数重大问题可选择 100 人以上。

3. 调查结果的归纳、反馈和总结 收集到专家对问题的判断后，应统一归纳统计。定量判断的归纳结果通常符合正态分布。在仔细听取了持极端意见专家的理由后，去掉两端各 25％ 的意见，挑选出意见最集中的范围，然后把归纳结果反馈给专家，让他们再次提出自己的评价和判断。这样反复 3～5 次后，专家的意见会逐步趋于一致。这时就可作出最后的分析报告。

抚远县通过德尔菲法模型对各评价指标作出了隶属度。主要选择指标有：

（1）有机质：土壤有机质的高低是评价土壤肥力的重要指标之一，是植物养分的给源，在有机质分解过程中将逐步地释放出植物生长需要的氮、磷和硫等营养元素；其次有机质能改善土壤结构性能以及生物学和物理、化学性状。通常在其他条件相似的情况下，在一定含量范围内，有机质含量的多少反映了土壤肥力水平的高低。土壤有机质的含量越高，专家给出的分值越高（表 3-6，图 3-3）。

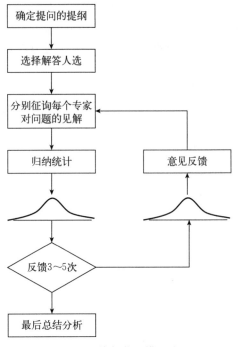

图 3-2　德尔菲法模型流程

表 3-6　专家对土壤有机质隶属度评估值

有机质（克/千克）	10.00	20.00	30.00	40.00	50.00	60.00	70.00	80.00	90.00
专家评估值	0.50	0.60	0.70	0.80	0.85	0.92	0.95	0.98	1.00

（2）速效钾：地壳的平均含钾浓度约为 25 克/千克（Sheldrick，1985），相当于地壳磷浓度的 20 倍，是地球最大的钾储存库。在氮、磷、钾 3 个元素中，钾在自然界的活跃程度远不如氮，钾几乎不进入大气，不能形成有机态。但钾较磷易于在环境中迁移流动，因此在某种意义上钾在自然界的活跃程度可超过磷。尽管如此，钾在农业系统中的循环过程依然十分简单（中国土壤肥力，沈善敏）。专家给钾的分值为越高越好，属于戒上型函数（表 3-7，图 3-4）。

表 3-7　专家对土壤速效钾隶属度评估值

速效钾（毫克/千克）	30.00	60.00	90.00	120.00	150.00	200.00	250.00	300.00
专家评估值	0.40	0.50	0.60	0.70	0.80	0.90	0.98	1.00

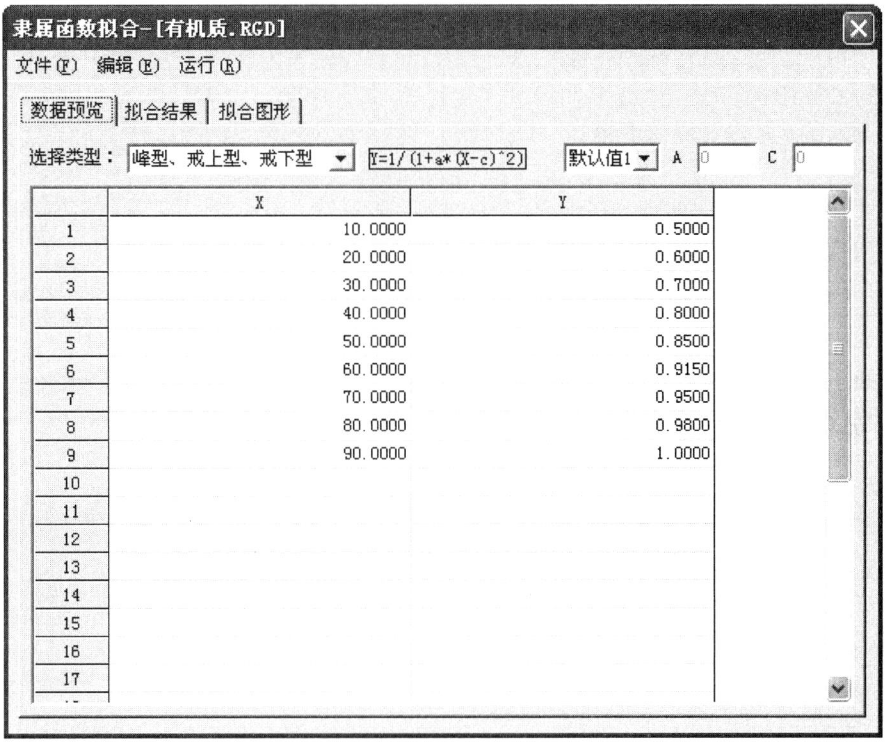

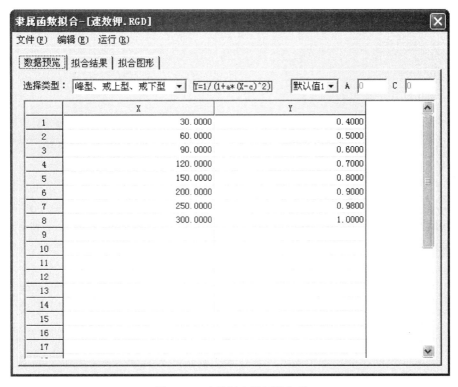

图3-3 有机质隶属函数权重

图3-4 速效钾隶属函数权重

（3）有效磷：生物圈磷循环属于元素循环的沉积类型（E. P. Odum，1971），这是因为磷的储存库是地壳。磷极易为土壤所吸持，几乎不进入大气。因此，磷在农业系统中的迁移循环过程十分简单。它远不如氮那么活跃和难以控制。一般情况下，在一定的范围内，专家目前认为有效磷越多越好，属于戒上型函数（表3-8、图3-5）。

表3-8　专家对土壤有效磷隶属度评估值

有效磷（毫克/千克）	10.00	15.00	20.00	25.00	30.00	35.00	40.00	45.00	50.00	55.00	60.00
专家评估值	0.35	0.40	0.45	0.50	0.60	0.70	0.80	0.90	0.95	0.98	1.00

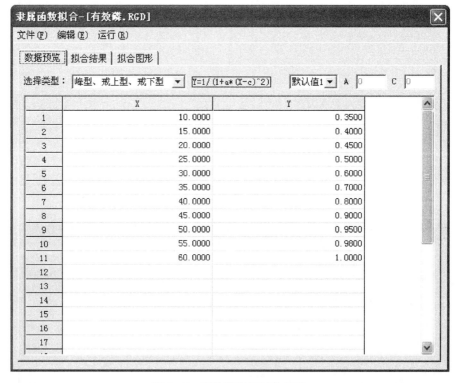

图3-5　有效磷隶属函数权重

（4）pH：pH是评价土壤酸碱度的重要指标之一。对作物生长至关重要，影响土壤各种养分的转化和吸收。对大多数作物来讲，偏酸和偏碱都会对作物生长不利。所以pH符合峰型函数模型（表3-9、图3-6）。

表3-9　专家对土壤pH隶属度评估值

pH	3.60	3.90	4.20	4.50	4.80	5.10	5.50	5.90	6.20
专家评估值	0.38	0.40	0.50	0.60	0.70	0.80	0.94	0.98	1.00

（5）质地：土壤质地是指土壤中各种粒径土粒的组合比例关系，也被称为机械组成。根据机械组成的近似性，划分为若干类别，称之为质地类型（表3-10）。

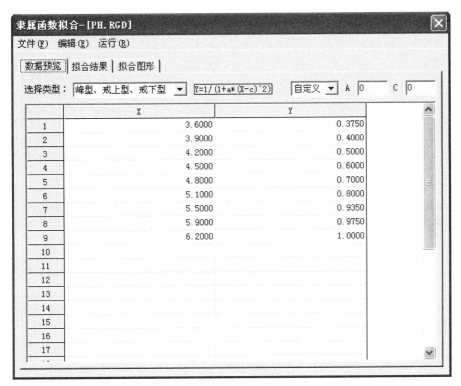

图 3-6 pH 隶属函数权重

表 3-10 土壤质地分类及其隶属度专家评估值

分类编号	土壤质地	隶属度评估值
1	松沙土	0.35
2	紧沙土	0.70
3	沙壤土	0.80
4	轻壤土	0.90
5	中壤土	0.95
6	重壤土	1.00
7	轻黏土	0.90
8	中黏土	0.70
9	重黏土	0.60

（6）耕层厚度：反映耕地土壤的容量指标，是耕地肥力的综合指标，属于概念型指标（表 3-11、图 3-7）。

表 3-11 专家对耕层厚度隶属度评估值

分级编号	土壤耕层厚度	隶属度评估值
1	土壤耕层厚度＞24 厘米（深厚）	1.00

（续）

分级编号	土壤耕层厚度	隶属度评估值
2	土壤耕层厚度 22～24 厘米（厚层）	0.99
3	土壤耕层厚度 20～22 厘米（中层）	0.98
4	土壤耕层厚度 18～20 厘米（薄层）	0.88
5	土壤耕层厚度 16～18 厘米（薄层）	0.75
6	土壤耕层厚度 14～16 厘米（薄层）	0.65
7	土壤耕层厚度 12～14 厘米（薄层）	0.50
8	土壤耕层厚度＜10 厘米（破皮、露黄）	0.42

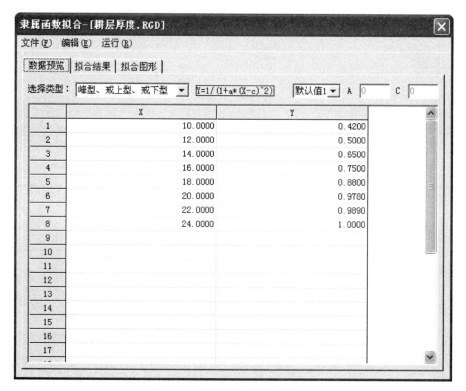

图 3-7　耕层厚度隶属函数权重

（7）障碍层厚度：是指构成植物生长障碍的土层距地表的厚度，土层厚度对耕地地力有较大影响，对作物生长极为不利。这个指标属于概念型（表 3-12、图 3-8）。

表 3-12　专家对障碍层厚度隶属度评估值

障碍层厚度（厘米）	＜12.00	14.00	16.00	18.00	20.00	＞21.00
隶属度评估值	0.70	0.80	0.90	0.94	0.98	1.00

（8）有效锌：反映耕层土壤中能供给作物吸收的锌的含量，属数值型（表 3-13、图 3-8）。

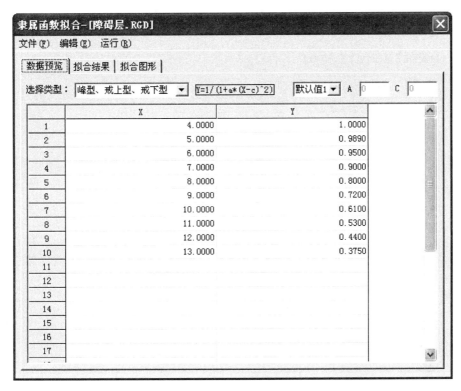

图 3-8 障碍层隶属函数权重

表 3-13 专家对有效锌隶属度评估值

有效锌（毫克/千克）	1.00	1.50	2.00	2.50	3.00
专家评估值	0.75	0.85	0.92	0.98	1.00

（9）障碍层类型：是指构成植物生长障碍的土层类型。主要有盐积层、沙砾层、白浆层等。这些土层对耕地地力有较大影响，对作物生长极为不利。这个指标属于概念型（表3-14）。

表 3-14 专家对障碍层类型隶属度评估值

障碍层类型	黏盘层	潜育层	白浆层	沙砾层
专家评估值	1.00	0.85	0.75	0.65

为做好抚远县耕地地力调查工作，我们于2010年4月中旬就抚远县耕地地力评价指标的选取、指标的量化组织专家进行了研讨。专家们对抚远县耕地地力指标评价体系进行了筛选，对每一个指标的名称、释义、量纲、上下限给出准确的定义并制定了规范。专家认为抚远县应考虑地形因素、土壤理化性状、养分状况和障碍类型。基于以上考虑，结合抚远县本地的土壤条件、农田基础设施状况、当前农业生产中耕地存在的突出问题等，并

```
隶属函数拟合-[有效锌.RGD]                                    [×]
文件(F)  编辑(E)  运行(R)

数据预览 | 拟合结果 | 拟合图形 |

选择类型：[峰型、戒上型、戒下型 ▼] [Y=1/(1+a*(X-c)^2) ▼] [默认值1 ▼] A [0]  C [0]
```

	X	Y
1	0.5000	0.4500
2	1.0000	0.6000
3	1.5000	0.8000
4	2.0000	0.9500
5	2.5000	1.0000
6		
7		
8		
9		
10		
11		
12		
13		
14		
15		
16		
17		

图 3-9　有机质隶属函数权重

参照全国耕地地力评价指标体系的 66 项指标体系，最后确定了剖面组成、土壤理化性状、土壤养分 3 个决策层，并对每一个指标的名称、释义、量纲、上下限等做出定义（图 3-10）。

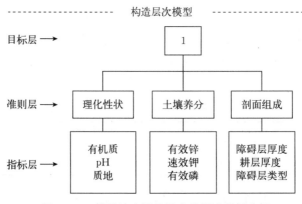

图 3-10　耕地地力评价层次分析法指标分析

　　以上指标确定后，通过隶属函数模型的拟和，以及层次分析法确定各指标的权重，即确定每个评价因素对耕地地力影响大小。根据层次化目标，A 层为目标层，即抚远县耕地地力评价；B 层为准则层，C 层为指标层。然后通过求各判断矩阵的特征向量求得准则层和指标层的权重系数，从而求得每个评价指标对耕地地力的权重。其中，准则层权重的排序为：理化性状—土壤养分—剖面组成；指标层为：有机质—速效钾—有效磷—质地—耕层厚度—障碍层厚度—pH—有效锌。

四、建立评价指标隶属函数的方法

许多问题，常常需要根据两个变量的一组试验数值——实验数据，来找出这两个变量的函数关系近似表达式，通常把这样得到的函数近似表达式称为隶属函数（经验公式）。其中，确定隶属函数中的常数是建立隶属函数的关键，一般确定常数常用的方法是最小二乘法。

隶属函数的类型可以分为戒上型函数、戒下型函数、峰型函数、直线型函数以及概念型等，前4种函数可以用德尔菲法对一组实测值评估出相应的一组隶属度，进而拟合函数，对于概念型隶属度的确立则可以直接按照函数值或者利用泰森多边形分析的方法进行拟合。

（1）戒上型函数（有机质、有效磷等）：

$$y_i = \begin{cases} 0, & u_i \leqslant u_t \\ 1/[1+a_i\ (u-c_i)^2], & u_t < u_i < c_i, \\ 1, & c_i \leqslant u_i \end{cases} (i=1,2\cdots m)$$

式中，y_i 为第 i 因素评语；u_i 为样品观测值；c_i 为标准指标；a_i 为常数；u_t 为指标下限值。

（2）峰型函数（pH）：

$$y_i = \begin{cases} 0, & u_i > u_{t1} \text{ 或 } u_i < u_{t2} \\ 1/[1+a_i\ (u-c_i)^2], & u_{t1} < u_i < u_{t2}, \\ 1, & u_i = c_i \end{cases} (i=1,2\cdots m)$$

式中，u_{t1}、u_{t2} 分别为指标上、下限值。

（3）直线型函数：

$$y_i = b + a_i \times u_i$$

根据以上原理，对抚远县选定评价指标和隶属度进行隶属函数拟合。抚远县的隶属函数拟合见图 3-11 至图 3-17。所有拟合值均通过了显著性检验，均在 0.95 以上。

1. 有机质隶属函数拟合曲线，根据当地生产情况定义为戒上型函数。

2. pH 隶属函数拟合曲线，根据当地生产情况定义为峰型函数。

3. 有效磷隶属函数拟合曲线，根据当地生产情况定义为戒上型函数。

4. 速效钾隶属函数拟合曲线，根据当地生产情况定义为戒上型函数。

5. 有效锌隶属函数拟合曲线，根据当地生产情况定义为戒上型函数。

6. 耕层厚度隶属函数拟合曲线，根据当地生产情况定义为戒上型函数。

7. 障碍层隶属函数拟合曲线，根据当地生产情况定义为戒下型函数。

其他隶属函数质地、障碍层类型属于概念型，可以根据专家打分直接赋值。

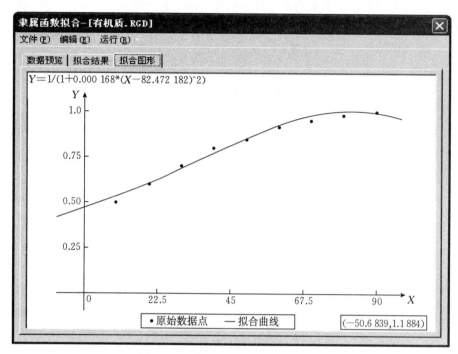

图 3-11 有机质隶属函数拟合图形

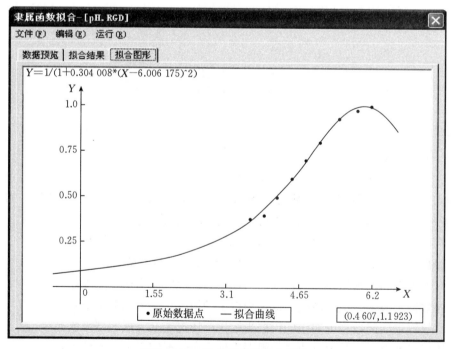

图 3-12 pH 隶属函数拟合曲线

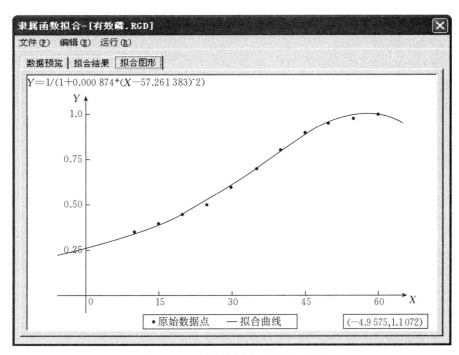

图 3-13　有效磷隶属函数拟合曲线

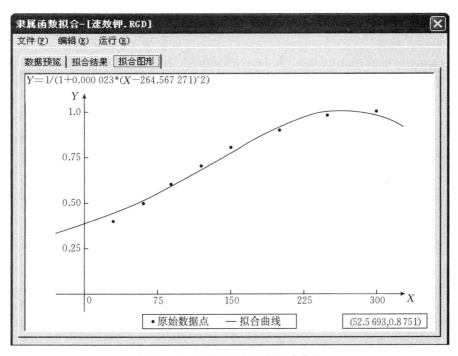

图 3-14　速效钾隶属函数拟合曲线

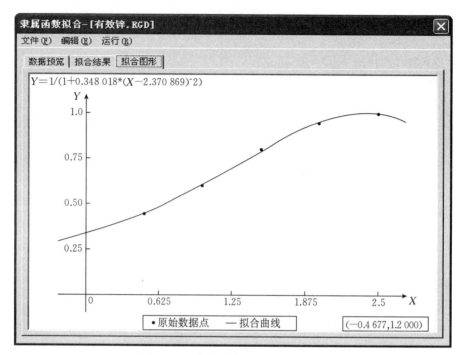

图 3-15　有效锌隶属函数拟合曲线

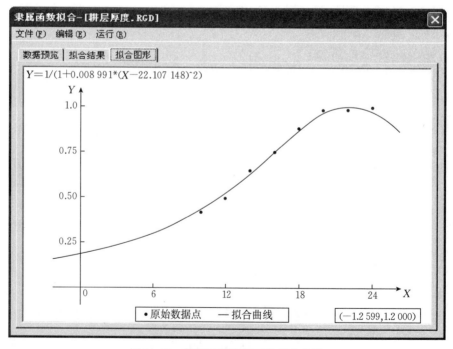

图 3-16　耕层厚度隶属函数拟合曲线

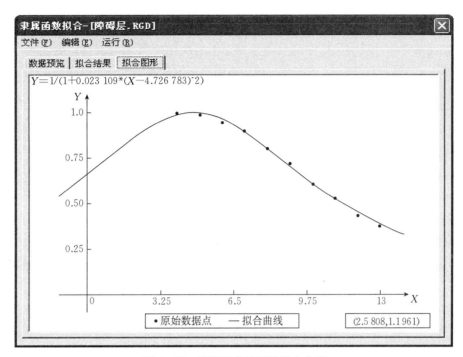

图 3-17　障碍层隶属函数拟合曲线

五、层次分析法确定权重

层次分析法（Analytic Hierarchy Process，简称 AHP）是将有关的元素分解成目标、准则、方案等层次，在此基础之上进行定性和定量分析的决策方法。这种方法的特点是在对复杂的决策问题的本质、影响因素及其内在关系等进行深入分析的基础上，利用较少的定量信息使决策的思维过程数学化，从而为多目标、多准则或无结构特性的复杂决策问题提供简便的决策方法。尤其适合于对决策结果难于直接准确计量的场合。

在决策者作出最后的决定以前，他必须考虑很多方面的因素或者判断准则，最终通过这些准则作出选择。这些因素是相互制约、相互影响的。我们将这样的复杂系统称为一个决策系统。这些决策系统中很多因素之间的比较往往无法用定量的方式描述，此时需要将半定性、半定量的问题转化为定量计算问题。层次分析法是解决这类问题行之有效的方法。层次分析法将复杂的决策系统层次化，通过逐层比较各种关联因素的重要性来为分析、决策提供定量的依据。层次分析法的步骤如下：

1. 明确问题　即弄清问题的范围、所包含的因素、各因素之间的关系等，以便尽量掌握充分的信息。

2. 建立层次结构模型　在这一步骤中，要求将问题所含的要素进行分组，把每一组作为一个层次，按照最高层（目标层）、若干中间层（准则层）以及最低层（措施层）的形式排列起来。

3. 构造判断矩阵 这一步骤是 AHP 决策分析方法的一个关键步骤。判断矩阵表示针对上一层次中的某元素而言,评定该层次中各有关元素相对重要性的状况。

4. 层次单排序 层次单排序的目的是对于上层次中的某元素而言,确定本层次与之有联系的各元素重要性次序的权重值。这是本层次所有元素对上一层次某元素而言的重要性排序的基础。

5. 层次总排序 利用同一层次中所有层次单排序的结果,就可以计算针对上一层次而言的本层次所有元素的重要性权重值,这就称为层次总排序。计算各层元素对系统目标的合成权重,进行总排序,以确定最底层各个元素在总目标中的重要程度。

6. 一致性检验 为了保证评价层次总排序的计算结果的一致性,类似于层次单排序,也需要进行一致性检验。

层次分析法的整个过程体现了人的决策思维的基本特征,即分解、判断与综合,易学易用,而且定性与定量相结合,便于决策者之间彼此沟通,是一种十分有效的系统分析方法,广泛地应用在经济管理规划、能源开发利用与资源分析、城市产业规划、人才预测、交通运输、水资源分析利用等方面。

层次分析法判断矩阵标度及其含义如表 3-15 所示,抚远县层次分析见表 3-16。从表 3-16 中可以看出决策层和各指标层的权重、综合权重,函数模型和系数值,从而完成层次分析模型的计算。

表 3-15　判断矩阵标度及其含义

标度	含义
1	表示两个因素相比,具有同样重要性
3	表示两个因素相比,一个因素比另一个因素稍微重要
5	表示两个因素相比,一个因素比另一个因素明显重要
7	表示两个因素相比,一个因素比另一个因素强烈重要
9	表示两个因素相比,一个因素比另一个因素极端重要
2,4,6,8	上述两相邻判断的中值
倒数	因素 i 与 j 比较得判断 b_{ij},则因素 j 与 i 比较得判断 $b_{ij}=1/b_{ij}$

表 3-16　层次分析法指标体系各层次结果

层次 A	层次 C			
	理化性状 0.553 8	土壤养分 0.162 0	剖面组成 0.284 2	组合权重 $\sum C_i A_i$
有机质	0.176 8			0.097 9
pH	0.104 4			0.057 8
质地	0.718 8			0.398 1
有效锌		0.212 4		0.034 4
速效钾		0.299 8		0.048 6
有效磷		0.487 8		0.079 0
障碍层厚度			0.250 0	0.071 0
耕层厚度			0.750 0	0.213 1

六、评价单元划分原则

划分耕地地力评价单元是评价地力的基础，也是最重要的部分。划分评价单元有以下几种方法。

1. 根据土壤类型划分评价单元 可以在一定程度上反映耕地地力的差异。这种方法的优点是能充分反映土壤在耕地地力中的主要矛盾。同时，能够充分利用土壤普查的资料，节省大量的野外调查工作量，具有较好的土壤和耕地利用基础，只要将耕地评价地区的土壤图连同土壤调查报告收集起来，就可以确定耕地评价单元的数量及其位置。这样划分的评价单元主要问题是实地缺乏明显的界线，而且往往与自然田块、行政界线不一致。另外，由于利用方式、耕作管理措施的差异，随着时间的推移，同一种土壤类型耕地地力会发生较大的差异。

2. 用乡、村的行政界限为评价单元 这样划分的优点是行政隶属关系明确，适用于农业及农村经济管理。评价单元内可能有两种或多种土壤类型；土地利用方式、管理方式都可能不一致，不适用于耕地地力的评价。

3. 按土地利用现状图的基础制图单元（自然地块或耕作规划单元）**作为耕地评价单元** 这样划分单元的地形、水利状况基本一致，种植作物的种类、管理水平、常年产量也基本相同。不足之处是评价单元的区域较大，往往跨越村界甚至乡界。另外，同一单元内可能包含多种土壤类型。

综上所述，用土壤图（土种）与土地利用现状图和行政区划图叠加产生的图斑作为耕地管理单元。这种方法的优点是考虑全面，综合性强；形成的评价单元空间界线及行政隶属关系明确，同一单元内土壤类型相同、土地利用类型相同，不同单元之间既有差异性也有可比性。评价结果不仅可应用于农业布局规划等农业决策，还可以用于指导实际的农事操作，为实施精准农业奠定良好的基础。

抚远县评价单元图是由土壤图、土地利用图和行政区划图叠加而成，共计组成 2 713 个图斑作为评价单元。这些评价单元被挂接上各种属性后，作为分析和评价的基础底图。叠加生成的评价单元示意见图 3-18。

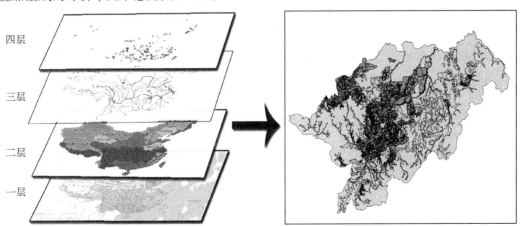

图 3-18 叠加生成的评价单元示意

七、地力评价等级计算

（一）计算地力的综合指数法

耕地地力采用累加法计算各评价单元综合地力指数，计算公式如下：

$$IFI = \sum (F_i \times C_i) \quad (i=1, 2, 3\cdots n)$$

式中，IFI 为耕地地力综合指数（integrated fertility index）；F_i 为第 i 个评价因子的隶属度；C_i 为第 i 个评价因子的组合权重。

本次评价耕地地力综合指数的计算方法如下：

$$IFI = F_{有效积温} \times 0.572 + F_{地貌类型} \times 0.255 + F_{坡度} \times 0.112 + F_{坡向} \times 0.06 + F_{有效磷} \times 0.75 + F_{速效钾} \times 0.25 + F_{有机质} \times 0.72 + F_{pH} \times 0.168 + F_{土壤质地} \times 0.112 + F_{障碍层类型} \times 0.75 + F_{障碍层出现位置} \times 0.25$$

（二）耕地地力评价结果讨论

通过计算将抚远县耕地地力分为 4 级一级地面积为 24 337.89 公顷，占抚远县耕地面积的 14.90%；二级地面积为 40 626.47 公顷，占抚远县基本农田面积的 24.88%；三级地面积为 74 665.04 公顷，占抚远县基本农田面积的 45.71%；四级地面积为 23 704.05 公顷，占抚远县基本农田面积的 14.51%。IFI 地力综合指数分级见表 3-17，耕地地力等级划分见图 3-19，耕地地力分类评价结果示意见图 3-20。

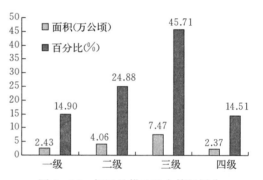

图 3-19　抚远县耕地地力等级划分

表 3-17　抚远县耕地地力等级划分

耕地地力等级	总计	一级	二级	三级	四级
地力综合指数	—	＞0.80	0.73~0.80	0.73~0.68	＜0.68
面积（公顷）	163 333.45	24 337.89	40 626.47	74 665.04	23 704.05
百分比（%）	100.00	14.90	24.88	45.71	14.51

八、归入农业部地力等级指标划分标准

耕地地力的另一种表达方式，即以产量表达耕地地力水平。农业部于 1997 年颁布了《全国耕地类型区耕地地力等级划分》农业行业标准，将全国耕地地力根据粮食单产水平

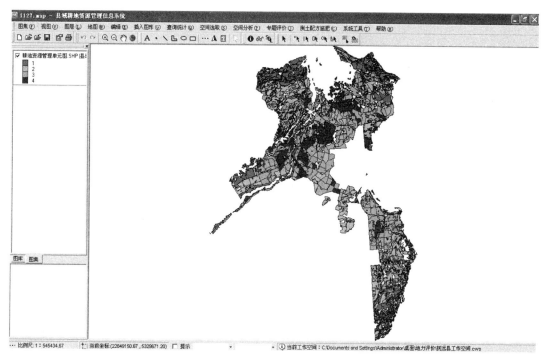

图 3-20　抚远县耕地地力评价结果示意

划分为 10 个等级。在对抚远县 191 个耕地地力调查点的 3 年实际年平均产量调查数据分析的基础上，筛选了 101 个点的产量与地力综合指数值（*IFI*）进行了相关分析，建立直线回归方程：$Y=672.67X+86.996$（$R^2=0.787\,2$，达到极显著水平）。式中，Y 代表自然产量；X 代表综合地力指数。根据其对应的相关关系，将用自然要素评价的耕地地力等级分别归入相应的概念型产量表示的地力等级体系（表 3-18）。

表 3-18　耕地地力（国家级）分级统计

国家级	产量（千克/公顷）
四	9 000～10 500
五	7 500～9 000
六	6 000～7 500
七	4 500～6 000

第五节　耕地资源管理信息系统建立

地理信息系统（GIS）是 20 世纪 60 年代开始发展起来的新兴技术，是在计算机软、硬件支持下，把各种地理信息按空间分布或地理坐标存储，并可查询、检索、显示和综合分布应用的技术系统。利用 Mapobjects 的集成二次开发，可以把 GIS 的功能适当抽象化，能缩短系统开始的周期，并有利于系统开发人员开发出符合用户需求、界面较好、功能强大的系统，抚远县耕地质量信息将采用扬州市土壤肥料工作站开发的耕地质量管理信息系统。

一、属性数据库的建立

1. 属性数据的内容 根据抚远县耕地地力评价的需要，确立建立属性数据库的内容，其内容及来源见表 3-19。

表 3-19 属性数据库内容及来源

编号	内容名称	来源
1	县、乡、村行政编码表	统计局
2	土壤分类系统表	土壤普查资料
3	县、乡、村农业基本情况统计表	农业委员会
4	土地利用现状分类统计表	国土资源局
5	基本农田保护区统计表	国土资源局
6	土壤样品分析化验结果数据表	野外调查采样分析
7	土壤肥力监测点基本情况统计表	县土壤肥料管理站

2. 数据录入与审核 数据录入前应仔细审核，数值型资料注意量纲上下限，地名应注意汉字多音字、繁简字、简全称等问题。录入后还应仔细检查，保证数据录入无误后，将数据库转为规定的格式（DBF 格式文件）

二、空间数据库的建立

地理信息系统（GIS）软件 ArcInfo、MapInfo 等是建立空间数据库的基础。空间数据需要通过图件来获取，对于收集到的图形图件进行筛选、整理、命名、编码等，再通过扫描仪等设备进行数字化，并建立相应的图层（如点图层、线图层、面图层及多边形图层等），空间分析等处理。

1. 数据内容 抚远县耕地地力与质量评价地理信息系统的空间数据库的内容由多个图层组成，它包括地名、道路、水系等图层，评价单元图等图层，具体内容及其资料来源见表 3-20。

2. 图层的制作 基本图层包括行政区所在地图层、水系图层、道路图层、行政界线图层、等高线图层、文字注记图层、土地利用图层、土壤类型图层、基本农田保护块图层、野外采样点图层等，数据来源可以通过收集图纸图件、电子版的矢量数据及通过GPS 定位仪野外测量数据（如采样点位置），根据不同形式的数据内容分别进行处理，最终形成统一坐标，统一为 .shp 格式的图层文件。

表 3-20　空间数据库内容及资料来源

序号	图层名	图层属性	资料来源
1	交通道路	线层	交通图修正
2	行政界线（县、乡）	线层	行政区划图
3	土地利用现状	多边形	土地利用现状图
4	土壤图	多边形	土壤普查资料
5	县、乡、村所在地	点层	行政区划图
6	评价单元图	多边形	叠加生成

3. 评价单元图制作　由土壤图、土地利用现状图和农田保护区图叠加生成，并对每一个多边形单元进行内部标识码编号，然后将 11 个评价指标字段名添加到评价单元图数据库中。

第六节　资料汇总与图件编制

一、资料汇总

资料汇总包括收集资料和野外调查表格整理汇总。野外调查表格内容包括大田采样点，基本情况调查表、大田采样点农户调查表等，经整理后，将其录入到系统中。

二、图件编制

1. 耕地地力评价等级分布图　利用统一的软件系统《县域耕地资源管理系统》软件对每一个评价单元进行综合评价得出评估值，将评价结果分等定级，最后形成耕地地力评价等级图和其他图件。

2. 土壤养分含量图　耕地土壤养分含量图包括 pH 图、有机质含量图、有效磷含量图、速效钾含量图等。利用统计分析模块，通过空间插值或者以点带面的方法分别生成养分图层，参考第二次土壤普查养分分级标准进行划分，生成不同等级的养分图。

3. 点分布图　将 GPS 定位仪测定数据输入计算机，经过转换生成样点分布图。

第四章 耕地地力评价

参照农业部关于本次耕地地力评价规程中所规定的分级标准，并根据第三章第四节所述的评价结果，将抚远县基本农田划分为4个等级。其中，一级地属高产农田，二级地、三级地属中产农田，四级地属低产农田。

抚远县县属耕地面积为163 333.45公顷，一级地面积为24 337.89公顷，占抚远县县属耕地面积的14.90％；二级地面积为40 626.47公顷，占抚远县县属耕地面积的24.88％；三级地面积为74 665.04公顷，占抚远县县属耕地面积的45.71％；四级地面积为23 704.05公顷，占抚远县县属耕地面积的14.51％（表4-1、图4-1）。

表4-1　各乡（镇）在各级地类中所占比例统计　　　　　（单位：公顷）

乡（镇）	面积	一级地	二级地	三级地	四级地
海青乡	35 394.72	5 699.20	12 244.18	15 734.37	1 716.97
浓江乡	11 579.83	2 930.29	2 912.94	1 621.61	4 114.99
浓桥镇	27 593.38	133.28	6 007.78	16 595.75	4 856.57
寒葱沟镇	18 842.20	1 117.30	3 240.60	10 197.53	4 286.77
别拉洪乡	14 313.33	420.63	6 491.78	6 557.88	843.04
通江乡	10 365.04	4 108.58	2 487.22	3 245.46	523.78
抓吉镇	22 426.69	2 375.19	2 883.51	13 706.91	3 461.08
鸭南乡	17 824.90	3 243.91	3 750.54	6 951.93	3 878.52
抚远镇	4 993.36	4 309.51	607.92	53.60	22.33
合计	163 333.45	24 337.89	40 626.47	74 665.04	23 704.05

根据样点产量数据，将抚远县耕地数据归入国家耕地地力等级体系。农业部地力等级的划分是以平均单产为依据，各等级间差异为1 500千克/公顷，根据抚远县耕地前3年粮食平均单产，可将抚远县耕地划分到国家级地力四级、五级、六级体系（表4-2、表4-3、图4-2）。

表4-2　抚远县耕地地力（国家级）分级统计

国家地力分级	产量（千克/公顷）	耕地面积（公顷）	所占比例（％）
四级	9 000～10 500	24 337.89	14.90
五级	7 500～9 000	115 291.51	70.59
六级	6 000～7 500	23 704.05	14.51
合计		163 333.45	100.00

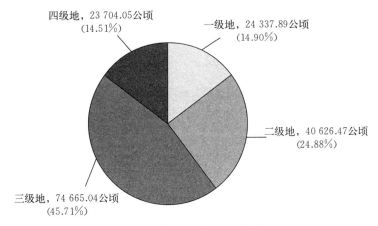

图 4-1 抚远县耕地地力分级

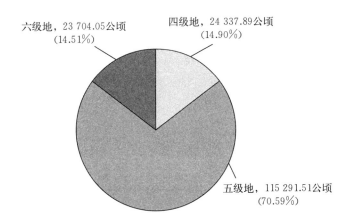

图 4-2 抚远县耕地地力（国家级）分级

表 4-3 抚远县耕地地力（国家级）分级各乡（镇）分布

单位：公顷

乡（镇）	地力分级面积统计			
	四级地	五级地	六级地	合计
海青乡	5 699.20	27 978.55	1 716.97	35 394.72
浓江乡	2 930.29	4 534.55	4 114.99	11 579.83
浓桥镇	133.28	22 603.53	4 856.57	27 593.38
寒葱沟镇	1 117.30	13 438.13	4 286.77	18 842.20
别拉洪乡	420.63	13 049.66	843.04	14 313.33
通江乡	4 108.58	5 732.68	523.78	10 365.04
抓吉镇	2 375.19	16 590.42	3 461.08	22 426.69
鸭南乡	3 243.91	10 702.47	3 878.52	17 824.9
抚远镇	4 309.51	661.52	22.33	4 993.36
合计	24 337.89	115 291.51	23 704.05	163 333.45

在本次耕地地力评价中，我们科学地选出了 8 个评价因子，并根据这些因子进行了综合评价，将抚远县县属耕地分为 4 个等级。现将 4 个耕地地力等级别分别介绍如下。

第一节 一 级 地

抚远县一级地面积为 24 337.89 公顷，占抚远县县属耕地面积的 14.89%。分布在抚远镇等 9 个乡（镇）（表 4-4、图 4-3）。

表 4-4 抚远县一级地各乡（镇）分布面积统计

乡（镇）	县属耕地面积 （公顷）	一级地面积 （公顷）	占全县一级地面积 （%）	占该乡（镇） 耕地面积（%）
海青乡	35 394.72	5 699.20	23.41	16.10
浓江乡	11 579.83	2 930.29	12.04	25.31
浓桥镇	27 593.38	133.28	0.55	0.48
寒葱沟镇	18 842.20	1 117.30	4.59	5.93
别拉洪乡	14 313.33	420.63	1.73	2.94
通江乡	10 365.04	4 108.58	16.88	39.64
抓吉镇	22 426.69	2 375.19	9.76	10.59
鸭南乡	17 824.90	3 243.91	13.33	18.20
抚远镇	4 993.36	4 309.51	17.71	86.30
合计	163 333.45	24 337.89	100.00	14.90

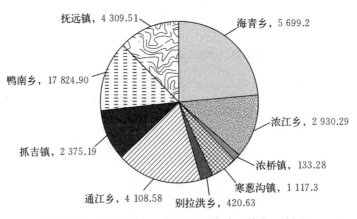

图 4-3 各乡（镇）一级地面积统计（单位：公顷）

从土壤组成情况看，抚远县一级地包括泥炭沼泽土、草甸土、暗棕壤、白浆土、低位泥炭土 5 个土类。其中，草甸土面积占一级地面积的 47.87，泥炭土占一级地面积的 8.41%，暗棕壤占一级地面积的 0.06%，白浆土占一级地面积的 13.44%，沼泽土占一级地面积的 30.22%（表 4-5、图 4-4）。

表 4-5 抚远县一级地土壤分布面积统计 单位：公顷

土壤类型	县属耕地面积（公顷）	一级地面积（公顷）	占全县一级地面积（%）	占该土类土壤面积（%）
泥炭沼泽土	8 277.01	7 354.64	30.22	88.86
白浆土	97 758.41	3 269.93	13.44	3.34
草甸土	55 218.69	11 652.80	47.87	21.10
暗棕壤	13.90	13.90	0.06	100.00
低位泥炭土	2 065.44	2 046.62	8.41	99.09
合计	163 333.45	24 337.89	100.00	14.90

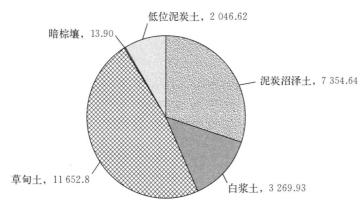

图 4-4 不同土壤一级地面积统计（单位：公顷）

根据土壤养分测定结果，结合各评价指标和其他属性一级地土壤理化性状统计见表4-6和图4-5。

表 4-6 一级地耕地土壤理化性状统计

项目	平均值	样本值分布范围
容重（克/立方厘米）	1.13	1.02~1.25
有机质（克/千克）	58.67	29.80~80.00
有效锌（毫克/千克）	1.42	0.70~2.50
速效钾（毫克/千克）	198.18	35.00~573.00
有效磷（毫克/千克）	27.63	10.20~55.20
全氮（克/千克）	3.23	1.49~5.09
碱解氮（毫克/千克）	329.01	182.00~735.00

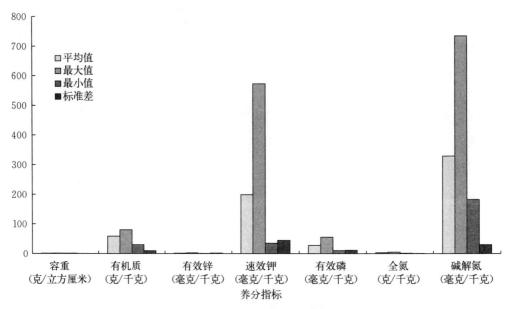

图 4-5　抚远县一级地不同养分统计

一、有 机 质

一级地土壤有机质含量平均为 58.67 克/千克，变幅在 29.80～80.00 克/千克，标准差为 9.52。含量在 34.50～44.50 克/千克出现频率为 10.20%；含量在 44.50～55.50 克/千克出现频率是 28.30%；含量在 55.50～72.50 克/千克出现频率为 42.40%；含量在 72.50～86.50 克/千克出现频率为 19.10%。

二、全　氮

抚远县一级地土壤全氮平均含量为 3.23 克/千克，变幅为 1.49～5.09 克/千克，标准差为 0.56。含量在 2 克/千克以下出现频率为 6.90%；含量在 2～3 克/千克出现频率为 30.50%；含量在 3～4 克/千克出现频率为 44.40%；含量在 4 克/千克以上出现频率为 18.20%。

三、碱 解 氮

抚远县一级地土壤碱解氮平均含量为 329.01 毫克/千克，变幅为 182～735 毫克/千克，标准差为 29.77。含量在 200 毫克/千克以下出现频率为 4.80%；含量在 200～250 毫克/千克出现频率为 17.80%；含量在 250～300 毫克/千克出现频率为 25.50%；含量在 300～400 毫克/千克出现频率为 34.50%；含量在 400 毫克/千克以上出现频率为 17.40%。

四、有 效 磷

一级地土壤有效磷含量平均为 27.63 毫克/千克，变幅为 10.20～55.20 毫克/千克，标准差为 11.26。有效磷含量在 20 毫克/千克以下出现频率为 12.40%；有效磷含量在 20～30 毫克/千克出现频率为 47.10%；有效磷含量在 30～40 毫克/千克出现频率为 23.50%；有效磷含量在 40～50 毫克/千克出现频率为 14.60%；有效磷含量在 50 毫克/千克以上出现频率为 2.40%。

五、速 效 钾

一级地土壤速效钾平均含量为 198.18 毫克/千克，变幅为 35～573 毫克/千克，标准差为 44.64。小于 90 毫克/千克的出现频率为 1.50%；90～140 毫克/千克出现频率为 12.20%；140～180 毫克/千克出现频率为 25.70%；180～200 毫克/千克出现频率为 45.60%；大于 200 毫克/千克出现频率为 15%。

六、pH

一级地土壤 pH 平均为 4.67，最低值为 3.61，最高值为 5.40，标准差为 0.20。

七、耕层厚度

一级地耕层厚度在 24 厘米以上出现频率为 6.50%；在 24～20 厘米出现频率为 37.50%；在 15～20 厘米出现频率为 45.20%；在 15 厘米以下出现频率为 10.80%。

八、成土母质

一级地土壤成土母质由残积母质和冲积母质组成，其中残积母质出现频率为 53.90%；冲积母质出现频率为 46.10%。

九、土壤质地

一级地土壤质地由壤土组成。其中，壤土占 58.95%；中壤土占 38.95%；黏壤土占 3.10%。

第二节　二 级 地

抚远县二级地总面积为 40 626.47 公顷，占全县县属耕地面积的 24.88%。全县均有分布，海青乡、别拉洪河、浓桥镇分布面积较大。各乡（镇）二级地分布见表4-7、图4-6。

表4-7 抚远县二级地各乡（镇）分布面积统计

乡（镇）	县属耕地面积 （公顷）	二级地面积 （公顷）	占全县二级地面积 （％）	占该乡（镇） 土壤面积（％）
海青乡	35 394.72	12 244.18	30.14	34.59
浓江乡	11 579.83	2 912.94	7.17	25.16
浓桥镇	27 593.38	6 007.78	14.79	21.77
寒葱沟镇	18 842.20	3 240.60	7.98	17.20
别拉洪乡	14 313.33	6 491.78	15.98	45.35
通江乡	10 365.04	2 487.22	6.12	24.00
抓吉镇	22 426.69	2 883.51	7.10	12.86
鸭南乡	17 824.90	3 750.54	9.23	21.04
抚远镇	4 993.36	607.92	1.50	12.17
合计	163 333.45	40 626.47	100.00	24.88

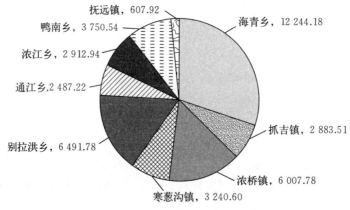

图4-6 各乡（镇）二级地面积统计（单位：公顷）

从土壤组成看，抚远县二级地包括草甸土、泥炭沼泽土、白浆土、低位泥炭土4个土类。其中，草甸土面积占二级地面积的37.37％，白浆土占二级地面积的60.46％，泥炭沼泽土占二级地面积的2.12％，低位泥炭土面积占二级地面积的0.05％（表4-8、图4-7）。

表4-8 抚远县二级地土壤分布面积统计

土壤类型	耕地面积 （公顷）	二级地面积 （公顷）	占全县二级地面积 （％）	占该土类土壤面积 （％）
泥炭沼泽土	8 277.01	860.88	2.12	10.40
白浆土	97 758.41	24 564.60	60.46	25.13
草甸土	55 218.69	15 182.17	37.37	27.49
暗棕壤	13.90	0	0	0
低位泥炭土	2 065.44	18.82	0.05	0.91
合计	163 333.45	40 626.47	100.00	24.88

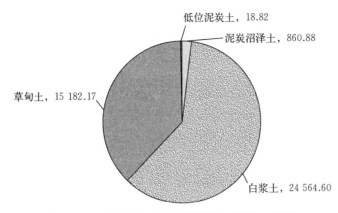

图 4-7 不同土壤二级地面积统计（单位：公顷）

根据土壤养分测定结果，结合各评价指标和其他属性二级地土壤理化性状见表 4-9、图 4-8。

表 4-9 二级地耕地土壤理化性状统计

项目	平均值	样本值分布范围
容重（克/立方厘米）	1.14	1.02～1.25
有机质（克/千克）	58.01	28.90～80.00
有效锌（毫克/千克）	1.41	0.54～2.35
速效钾（毫克/千克）	128.86	50.20～535.20
有效磷（毫克/千克）	19.27	12.27～29.56
全氮（克/千克）	3.20	1.45～5.07
碱解氮（毫克/千克）	337.44	182.00～735.00

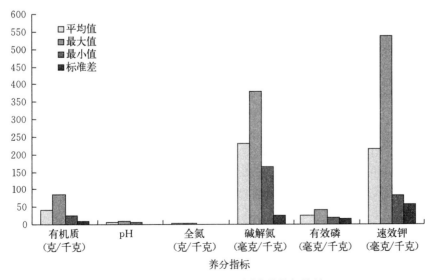

图 4-8 抚远县二级地不同养分指标统计

一、有 机 质

二级地土壤有机质含量平均为 58.01 克/千克，变幅在 28.90～80.00 克/千克，标准差为 11.70。含量小于 30 克/千克出现频率为 3.40%；含量在 30～40 克/千克出现频率是 18.60%；含量 40～50 克/千克出现频率为 24.20%；含量在 50～60 克/千克出现频率为 41.40%；含量在 60 克/千克以上出现频率为 12.40%。

二、全 氮

抚远县二级地土壤全氮平均含量为 3.20 克/千克，变幅为 1.45～5.07 克/千克，标准差为 0.55。含量在 2 克/千克以下出现频率为 8.40%；含量在 2.00～2.50 克/千克出现频率为 23.24%；含量在 2.50～3.50 克/千克出现频率为 54.20%；含量在 3.50～4.00 克/千克出现频率为 11.80%；含量在 4 克/千克以上出现频率为 2.40%。

三、碱 解 氮

抚远县二级地土壤碱解氮平均含量为 337.44 毫克/千克，变幅为 182～735 毫克/千克，标准差为 21.62。含量在 200 毫克/千克以下出现频率为 1.70%；含量在 200～300 毫克/千克出现频率为 24.80%；含量在 300～400 毫克/千克出现频率为 48.90%；含量在 400 毫克/千克以上出现频率为 24.60%。

四、有 效 磷

抚远县二级地土壤有效磷含量平均为 19.27 毫克/千克，变幅在 12.27～29.56 毫克/千克，标准差为 25.10。含量在 15 毫克/千克以下出现频率为 12.30%；含量在 15～20 毫克/千克出现频率为 32.40%；含量在 20～25 毫克/千克出现频率为 40.10%；含量在 25 毫克/千克以上出现频率为 15.20%。

五、速 效 钾

抚远县二级地土壤速效钾平均含量为 128.86 毫克/千克，变幅为 50.20～535.20 毫克/千克，标准差为 58.12。含量小于 100 毫克/千克出现频率为 12.40%；含量在 100～200 毫克/千克出现频率为 34.60%；含量在 200～300 毫克/千克出现频率为 39.40%；含量在 300～400 毫克/千克出现频率为 7.90；含量在 400 毫克/千克以上出现频率为 5.70%。

六、pH

二级地土壤 pH 平均为 5.12，最低值为 4.50，最高值为 5.70，标准差为 0.40。

七、耕层厚度

二级地土壤腐殖质厚度在 20 厘米以上出现频率为 23.90%；在 20～15 厘米出现频率为 52.50%；在 15～10 厘米出现频率为 21.20%；在 10 厘米以下出现频率为 2.40%。

八、成土母质

二级地土壤成土母质由残积母质、冲积母质和坡积母质组成。其中，残积母质出现频率为 55.60%；冲积母质出现频率为 22.90%；坡积母质出现频率为 21.50%。

九、土壤质地

二级地土壤质地由壤土和黏土组成。其中，粉沙质壤土占 11.10%；壤土占 14%；粉沙质黏壤土占 4.30%；黏壤土占 52.70%；黏土占 17.90%。

第三节　三　级　地

抚远县三级地总面积为 74 665.04 公顷，占全县县属耕地面积的 45.71%，在全县均有分布。浓桥镇、海青乡面积较大（表 4－10、图 4－9）。

表 4－10　抚远县三级地各乡（镇）分布面积统计

乡（镇）	县属耕地面积 （公顷）	三级地面积 （公顷）	占全县三级地面积 （%）	占该乡（镇） 土壤面积（%）
海青乡	35 394.72	15 734.37	21.07	44.45
浓江乡	11 579.83	1 621.61	2.17	14.00
浓桥镇	27 593.38	16 595.75	22.23	60.14
寒葱沟镇	18 842.20	10 197.53	13.66	54.12
别拉洪乡	14 313.33	6 557.88	8.78	45.82
通江乡	10 365.04	3 245.46	4.35	31.31
抓吉镇	22 426.69	13 706.91	18.36	61.12
鸭南乡	17 824.90	6 951.93	9.31	39.00
抚远镇	4 993.36	53.60	0.07	1.07
合计	163 333.45	74 665.04	100.00	45.71

从土壤组成看，抚远县三级地包括泥炭沼泽土、草甸土、白浆土 3 个土类。其中，草甸土面积占三级地面积的 30.59%，白浆土占三级地面积的 69.33%，沼泽土占三级地面积的 0.08%（表 4－11、图 4－10）。

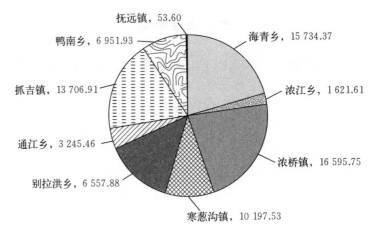

图 4-9　各乡（镇）三级地面积统计（单位：公顷）

表 4-11　抚远县三级地土壤分布面积统计

土壤类型	总耕地面积 （公顷）	三级地面积 （公顷）	占全县三级地面积 （%）	占该土类土壤面积 （%）
泥炭沼泽土	8 277.01	61.49	0.08	0.74
白浆土	97 758.41	51 764.10	69.33	52.95
草甸土	55 218.69	22 839.45	30.59	41.36
暗棕壤	13.90	0	0	0
低位泥炭土	2 065.44	0	0	0
合计	163 333.45	74 665.04	100.00	45.71

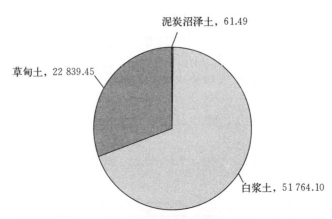

图 4-10　不同土壤三级地面积统计（单位：公顷）

根据土壤养分测定结果，结合各评价指标和其他属性三级地土壤理化性状见表 4-12、图 4-11。

表 4 - 12　三级地耕地土壤理化性状统计

项目	平均值	样本值分布范围
容重（克/立方厘米）	1.14	0.95～1.25
有机质（克/千克）	56.68	15.50～80.60
有效锌（毫克/千克）	1.42	0.71～2.29
速效钾（毫克/千克）	189.08	87.00～637.00
有效磷（毫克/千克）	29.35	10.10～55.70
全氮（克/千克）	3.20	1.04～5.50
碱解氮（毫克/千克）	327.42	77.00～609.00

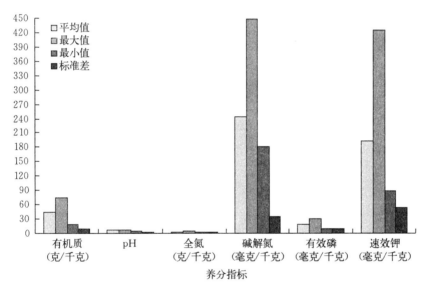

图 4 - 11　抚远县三级地不同养分指标统计

一、有　机　质

三级地土壤有机质含量平均为 56.68 克/千克，变幅为 15.50～80.60 克/千克，标准差为 8.67。含量小于 30 克/千克出现频率为 5.40%；含量在 30～40 克/千克出现频率是 9.60%；含量在 40～50 克/千克出现频率为 39.10%；含量在 50～60 克/千克出现的频率为 34%；60 克/千克以上出现频率为 11.90%。

二、全　　氮

抚远县三级地土壤全氮平均含量为 3.20 克/千克，变幅为 1.04～5.50 克/千克，标准差为 34.80。含量在 1.50 克/千克以下出现频率为 2.20%；含量在 1.50～2.00 克/千克出现频率为 10.30%；含量在 2～3 克/千克出现频率为 46.20%；含量在 3～4 克/千克出现频率为 33.50%；含量在 4 克/千克以上出现频率为 7.80%。

三、碱 解 氮

抚远县三级地土壤碱解氮平均含量为 327.42 毫克/千克，变幅为 77～609 毫克/千克，标准差为 31.16。含量在 200 毫克/千克以下出现频率为 14.30%；含量在 200～300 毫克/千克出现频率为 22%；含量在 300～400 毫克/千克出现频率为 38.60%；含量在 400 毫克/千克以上出现频率为 25.10%。

四、有 效 磷

抚远县三级地土壤有效磷含量平均为 29.35 毫克/千克，变幅在 10.10～55.70 毫克/千克，标准差为 19.48。含量小于 20 毫克/千克出现频率占 13.10%；含量在 20～30 毫克/千克出现频率为 47.80%；含量在 30～40 毫克/千克出现频率为 30.60%；含量大于 40 毫克/千克出现频率占 8.50%。

五、速 效 钾

抚远县三级地土壤速效钾平均含量为 189.08 毫克/千克，变幅为 87～637 毫克/千克，标准差为 54.41。含量小于 100 毫克/千克出现频率为 8.70%；含量在 100～200 毫克/千克出现频率为 44.90%；含量在 200～300 毫克/千克出现频率为 34.20%；含量在 300～400 毫克/千克出现频率为 8.10%；含量在 400 毫克/千克以上出现频率为 4.10%。

六、pH

三级地土壤 pH 平均为 5.09，最低值为 3.50，最高值为 5.80，标准差为 0.30。

七、耕地厚度

三级地土壤腐殖质厚度在 20 厘米以上出现频率为 12.40%；在 15～20 厘米出现频率为 44.40%；在 10～15 厘米出现频率为 28.20%；在 10 厘米以下出现频率为 15%。

八、成土母质

三级地土壤成土母质由残积母质、冲积母质、坡积母质和河湖沉积母质组成。其中，残积母质出现频率为 53.40%；冲积母质出现频率为 28.60%；坡积母质出现频率为 17.20%；河湖沉积母质出现频率为 0.70%。

九、土壤质地

三级地土壤质地由壤土、黏土和砾石土组成。其中，壤土占81.90%；黏土占15.90%；砾石土占2.20%。

第四节　四　级　地

抚远县四级地总面积为23 704.05公顷，占全县县属耕地面积的14.51%。主要分布在浓桥镇、寒葱沟镇、浓江乡、鸭南乡、抓吉镇等乡（镇）（表4-13、图4-12）。

表4-13　抚远县四级地各乡（镇）分布面积统计

乡（镇）	总县属耕地面积（公顷）	四级地面积（公顷）	占全县四级地面积（%）	占该乡（镇）土壤面积（%）
海青乡	35 394.72	1 716.97	7.24	4.85
浓江乡	11 579.83	4 114.99	17.36	35.54
浓桥镇	27 593.38	4 856.57	20.49	17.60
寒葱沟镇	18 842.20	4 286.77	18.08	22.75
别拉洪乡	14 313.33	843.04	3.56	5.89
通江乡	10 365.04	523.78	2.21	5.05
抓吉镇	22 426.69	3 461.08	14.60	15.43
鸭南乡	17 824.90	3 878.52	16.36	21.76
抚远镇	4 993.36	22.33	0.09	0.45
合计	163 333.45	23 704.05	100.00	14.51

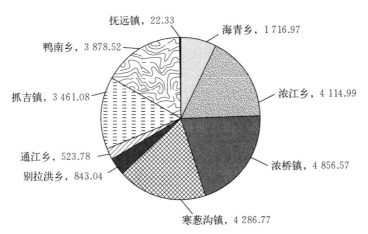

图4-12　各乡（镇）四级地面积统计（单位：公顷）

从土壤组成看，抚远县四级地包括白浆土、草甸土2个土类。其中，草甸土面积占四级地面积的23.39%，白浆土占四级地面积的76.61%。各土种面积分布见表4-14、图4-13。

表4-14 抚远县四级地土壤分布面积统计

土壤类型	总耕地面积（公顷）	四级地面积（公顷）	占全县四级地面积（%）	占本土类耕地面积（%）
泥炭沼泽土	8 277.01	0	0	0
白浆土	97 758.41	18 159.78	76.61	18.58
草甸土	55 218.69	5 544.27	23.39	10.04
暗棕壤	13.90	0	0	0
低位泥炭土	2 065.44	0	0	0

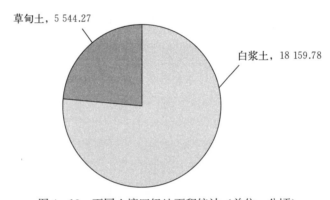

图4-13 不同土壤四级地面积统计（单位：公顷）

根据土壤养分测定结果，结合各评价指标和其他属性四级地土壤理化性状见表4-15、图4-14。

表4-15 四级地耕地土壤理化性状统计

项目	平均值	样本值分布范围
容重（克/立方厘米）	1.13	0～1.25
有机质（克/千克）	55.93	10.10～79.50
有效锌（毫克/千克）	1.36	0.54～2.10
速效钾（毫克/千克）	188.45	148.00～458.00
有效磷（毫克/千克）	30.31	10.50～55.70
全氮（克/千克）	3.21	1.49～5.50
碱解氮（毫克/千克）	363.39	233.30～623.00

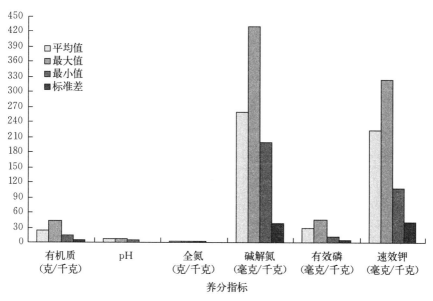

图 4-14　抚远县四级地不同养分指标统计

一、有　机　质

四级地土壤有机质含量平均为 55.93 克/千克，变幅为 10.10～79.50 克/千克，标准差为 5.58。含量在小于 20 克/千克出现频率为 5.60%；含量在 20～30 克/千克之间出现频率是 18%；含量在 30～40 克/千克出现频率为 22.30%；含量在 40～50 克/千克出现的频率为 30.40%；50 克/千克以上出现频率为 23.70%。

二、全　　氮

抚远县四级地全氮平均含量为 3.21 克/千克，变幅为 1.49～5.50 克/千克，标准差为 0.36。含量在 1.50 克/千克以下出现频率为 1.30%；含量在 1.50～2.50 克/千克出现频率为 28.30%；含量在 2.50～3.50 克/千克出现频率为 41.80%；含量在 3.50～4.00 克/千克出现频率为 19.40%；含量在 4 克/千克以上出现频率为 9.20%。

三、碱　解　氮

抚远县四级地碱解氮平均含量为 363.39 毫克/千克，变幅为 233.33～623.00 毫克/千克，标准差为 37.38。含量在 200 毫克/千克以下出现频率为 5.80%；含量在 200～300 毫克/千克出现频率为 15.20%；含量在 300～400 毫克/千克出现频率为 56.90%；含量在 400 毫克/千克以上出现频率为 22.10%。

四、有 效 磷

抚远县四级地有效磷含量平均为 30.31 毫克/千克，变幅为 10.50～55.70 毫克/千克，标准差为 5.78。含量小于 15 毫克/千克出现频率为 5.30%；含量在 15～20 毫克/千克出现频率为 9.10%；含量在 20～30 毫克/千克出现频率为 54.40%；含量在 30～40 毫克/千克出现频率为 27.60%；含量大于 40 毫克/千克出现频率为 3.60%。

五、速 效 钾

抚远县四级地速效钾平均含量为 188.45 毫克/千克，变幅为 148～458 毫克/千克，标准差为 40.25。含量小于 120 毫克/千克出现频率为 11.30%；含量在 120～200 毫克/千克出现频率为 25.20%；含量在 200～250 毫克/千克出现频率为 39.10%；含量在 250～300 毫克/千克出现频率为 20.40%；含量在 300 毫克/千克以上出现频率为 4%。

六、pH

四级地土壤 pH 平均为 5.33，最低值为 3.50，最高值为 5.80，标准差为 0.25。

七、耕层厚度

四级地土壤腐殖质厚度在 20 厘米以上出现频率为 11.50%；在 15～20 厘米出现频率为 38.40%；在 20～15 厘米出现频率为 47.50%；在 10 厘米以下出现频率为 2.60%。

八、成土母质

四级地土壤成土母质由残积母质、冲积母质和坡积母质组成。其中，坡积母质出现频率为 51.90%；冲积母质出现频率为 33.10%；残积母质出现频率为 15%。

九、土壤质地

四级地土壤质地由壤土、黏土和砾石土组成。其中，壤土占 76.30%；黏土占 17.30%；砾石土占 6.40%。

第五章 耕地土壤属性

本次耕地地力调查采集的土样主要涉及抚远县各村主要粮食作物的耕地，林地、菜地、草地等均未采集土样。主要分析测试了土壤pH、有机质、全氮、碱解氮、有效磷、有效钾、微量元素等土壤理化属性11项。现就以上数据分析如下：

第一节 有机质及大量元素

通过对抚远县210个土壤表层（0～20厘米）农化样的分析，将全县土壤养分的平均含量列于表5-1。从表5-1中可以看出，抚远县土壤养分含量，土壤有机质、全氮、碱解氮、速效钾处在较高水平，土壤有效磷为中等水平。

表5-1 全县土壤养分平均含量

项目	有机质 （克/千克）	全氮 （克/千克）	有效磷 （毫克/千克）	速效钾 （毫克/千克）	碱解氮 （毫克/千克）
平均值	117.2	5.40	15.85	340.81	493.51
农化样（个数）	210	210	210	210	210

在《全国第二次土壤普查技术规程》中，明确了全国养分分级标准。全国土壤养分分级见表5-2，黑龙江省养分分级见表5-3。

表5-2 全国土壤养分分级

级别	有机质 （克/千克）	全氮 （克/千克）	碱解氮 （毫克/千克）	有效磷 （毫克/千克）	速效钾 （毫克/千克）
一级	>40	>2	>150	>40	>200
二级	30～40	1.5～2	120～150	20～40	150～200
三级	20～30	1.0～1.5	90～120	10～20	100～150
四级	10～20	0.75～1.0	60～90	5～10	50～100
五级	6～10	0.5～0.75	30～60	3～5	30～50
六级	<6	<0.5	<30	<3	<30

表5-3 黑龙江省土壤养分分级

级别	有机质 （克/千克）	全氮 （克/千克）	碱解氮 （毫克/千克）	有效磷 （毫克/千克）	速效钾 （毫克/千克）
一级	>60	>4	>200	>100	>200

（续）

级别	有机质 （克/千克）	全氮 （克/千克）	碱解氮 （毫克/千克）	有效磷 （毫克/千克）	速效钾 （毫克/千克）
二级	40~60	2~4	150~200	40~100	150~200
三级	30~40	1.5~2	120~150	20~40	100~150
四级	20~30	1.0~1.5	90~120	10~20	50~100
五级	10~20	<1.0	60~90	5~10	30~50
六级	<10	—	30~60	3~5	<30
七级	—	—	<30	<3	—

抚远县土壤养分分级是按照黑龙江省养分分级标准进行分级的。

一、土壤有机质

土壤有机质是耕地地力的重要标志。其可以为植物生长提供必需的氮、磷、钾等营养元素，改善土壤的结构及理化性状。在立地条件相似的情况下，有机质含量的多少，可以反映出耕地地力水平的高低。

按分级标准，抚远县土壤有机质含量共分6级。抚远县第二次土壤普查土壤有机质含量分级见表5-4，2010年耕地土壤有机质含量分级见表5-5。

表5-4　抚远县土壤有机质含量分级（第二次土壤普查）

级别	一级	二级	三级	四级	五级	六级
分级标准（克/千克）	>60	40~60	30~40	20~30	10~20	<10
面积（公顷）	209 108	47 380	8 850	3 210	7 240	2 180
占总耕地面积（%）	75.5	17.1	3.2	1.2	2.6	0.4

表5-5　抚远县耕地土壤有机质含量分级（2010年）

级别	一级	二级	三级	四级	五级	六级	合计
分级标准（克/千克）	>60	40~60	30~40	20~30	10~20	<10	—
面积（公顷）	59 433.64	95 255.87	6 592.11	2 013.41	38.42	0	163 333.45
占总耕地面积（%）	36.39	58.32	4.04	1.23	0.02	0	100.00

根据历史资料和以往的化验分析，抚远县耕地土壤有机质含量平均值为133.5克/千克，变化幅度为106.2~317.8克/千克；本次耕地地力调查土壤有机质平均含量为56.23克/千克，变化幅度为15.2~86.6克/千克；比第二次土壤普查下降了57.88%。

从表5-4中看出，第二次土壤普查抚远县土壤有机质含量总的说来较高，一级、二级地占总耕地面积的92.6%，土壤有机质含量小于40克/千克的占总耕地面积的7.4%。从表5-5中看出，全县土壤有机质为一级地的在全县各乡（镇）都有分布，面积为

59 433.64公顷，占全县总耕地面积的 36.39%，比第二次土壤普查时面积减少 39.11%；土壤有机质含量为二级地的全县各乡（镇）也都有分布，占全县总耕地面积的 58.32%，比第二次土壤普查时面积增加 41.22%。抚远县各乡（镇）土壤有机质分级面积统计见表 5-6，抚远县各乡（镇）第二次土壤普查土壤有机质含量分级见表 5-7。

表 5-6　抚远县各乡（镇）土壤有机质分级面积统计

单位：公顷

乡（镇）	面积	一级	二级	三级	四级	五级	六级
海青乡	35 394.72	20 768.02	13 901.01	212.11	475.16	38.42	0
浓江乡	11 579.83	2 517.28	7 971.53	478.65	612.37	0	0
浓桥镇	27 593.38	15 675.59	11 724.67	193.12	0	0	0
寒葱沟镇	18 842.20	7 667.62	11 162.91	11.67	0	0	0
别拉洪乡	14 313.33	2 279.49	11 643.3	390.54	0	0	0
通江乡	10 365.04	3 591.96	5 741.85	648.22	383.01	0	0
抓吉镇	22 426.69	1 445.75	19 617.3	1 363.64	0	0	0
鸭南乡	17 824.90	4 311.65	10 411.87	2 558.51	542.87	0	0
抚远镇	4 993.36	1 176.28	3 081.43	735.65	0	0	0
合计	163 333.45	59 433.64	95 255.87	6 592.11	2 013.41	38.42	0

表 5-7　抚远县各乡（镇）土壤有机质含量分级的分布（第二次土壤普查）

乡（镇）	面积（公顷）	一级		二级		三级		四级		五级		六级	
		面积（公顷）	占耕地面积（%）	面积（公顷）	占耕地面积（%）	面积（公顷）	占耕地面积（%）	面积（公顷）	占耕地面积（%）	面积（公顷）	占耕地面积（%）	面积（公顷）	占耕地面积（%）
抚远镇	12 747	6 457	2.3	230	0.1	1 050	0.4	900	0.3	1 930	0.7	2 180	0.4
通江乡	54 203	19 883	7.2	33 150	11.9	500	0.2	490	0.2	180	0.1	0	0
浓江乡	28 206	24 116	8.6	750	0.3	1 110	0.4	900	0.3	1 330	0.5	0	0
浓桥镇	29 729	25 999	9.7	2 080	0.7	0	0	400	0.2	1 250	0.4	0	0
抓吉镇	26 460	23 210	8.4	1 710	0.6	620	0.2	520	0.2	400	0.1	0	0
寒葱沟镇	44 363	39 763	14.3	4 600	1.7	0	0	0	0	0	0	0	0
别拉洪乡	10 605	10 045	3.6	560	0.2	0	0	0	0	0	0	0	0
海青乡	72 655	59 635	21.4	4 300	1.6	5 570	2.0	0	0	2 150	0.8	0	0
合计	277 968	209 108	75.5	47 380	17.1	8 850	3.2	3 210	1.2	7 240	2.6	2 180	0.4

从表 5-6 中看出，一级地以海青乡的面积最大，面积达 20 768.02 公顷，占该镇总面

积的 58.68%；其次是浓桥镇面积较大，面积为 15 675.59 公顷，占该镇总面积的 56.81%；其他乡（镇）面积较小为 2.3%～9.4%。二级地以抓吉镇最大面积 19 617.3 公顷，占总面积的 12.01%。其他乡（镇）面积也较大，为 1.88%～8.51%；土壤有机质含量为三级地的面积较小，面积为 6，592.11 公顷，占全县土壤面积的 4.04%，比第二次土壤普查时面积增加 0.85%，以鸭南乡面积最大，面积为 2 558.51 公顷，占全县耕地面积的 1.57%，其他乡（镇）分布面积较小；土壤有机质含量为四级地的面积更小，面积为 3 013.41 公顷，占全县总耕地面积的 1.23%，比第二次土壤普查时面积增加 0.03%。分布在海青乡、通江乡、浓江乡和鸭南乡；有机质含量为五级的面积较小，面积 38.42 公顷，占全县耕地面积的 0.02%，比第二次土壤普查时面积减少 2.58%，仅在海青乡有分布；六级地在第二次土壤普查时面积 2 180 公顷，占全县土壤面积的 0.4%，只抚远镇有分布，在本次调查中没有分布。

抚远县土壤有机质含量统计见表 5-8。

表 5-8 抚远县土壤有机质含量统计

单位：克/千克

土壤类型	泥炭沼泽土	白浆土	草甸土	暗棕壤	低位泥炭土
平均值	58.10	58.15	56.51	53.10	55.30
最大值	77.00	80.60	80.60	53.10	77.00
最小值	29.80	15.50	23.10	53.10	37.30

二、土壤全氮

土壤中的氮素是我国农业生产中最重要的养分限制因子。土壤全氮是土壤供氮能力的重要指标，在生产实际中有着重要的意义。

抚远县耕地土壤中氮素含量平均值为 3.00 克/千克，变化幅度为 1.04～5.50 克/千克。在全县各主要类型的土壤中，沼泽土、白浆土全氮最高，平均值为 3.24 克/千克；暗棕壤最低，平均值为 3.07 克/千克。第二次土壤普查时抚远县土壤全氮含量，最高的为草类泥炭土，达 15.7 克/千克；最低的是平地草甸土，仅 3.00 克/千克；平均值为 6.24 克/千克，与本次耕地地力调查比较土壤全氮平均含量下降 51.85%。按照面积分级统计分析，全县耕地全氮含量主要集中在 >40 克/千克，占总耕地面积的 75.64%；含量为 35～40 克/千克，占总耕地面积的 17.64%。

调查结果还表明，抚远县海青乡全氮含量最高，平均值为 3.61 克/千克；最低为抓吉镇，平均值为 2.70 克/千克，其分布与有机质的变化情况相似。各乡（镇）耕层土壤全氮分级统计见表 5-9，各类土壤耕层全氮含量统计见表 5-10。

表5-9　各乡（镇）耕层土壤全氮分析统

单位：克/千克

乡（镇）	平均值	变化值	面积分级统计（%）			
			一级 ＞40	二级 35～40	三级 30～35	四级 25～30
海青乡	3.61	1.04～5.27	95.94	2.07	0.53	1.45
浓江乡	2.92	1.45～5.5	66.46	23.83	6.07	3.64
浓桥镇	3.40	1.85～4.75	95.05	4.24	0.69	0
寒葱沟镇	3.22	1.88～4.46	98.30	1.64	0.06	0
别拉洪乡	2.74	1.69～4.55	73.31	23.96	2.73	0
通江乡	2.71	1.42～4.51	64.09	26.03	8.11	1.77
抓吉镇	2.70	1.69～3.84	69.15	24.86	5.99	0
鸭南乡	2.74	1.15～4.44	56.16	29.19	11.60	3.05
抚远镇	3.01	1.5～5.5	62.26	22.89	14.45	0.40
全县	3.00	1.04～5.50	75.64	17.64	5.58	1.15

表5-10　各类土壤耕层全氮含量统计

单位：克/千克

土壤类型	沼泽土	白浆土	草甸土	暗棕壤	泥炭土
平均值	3.24	3.24	3.17	3.07	3.15
最大值	4.93	5.27	5.50	3.07	4.45
最小值	1.49	1.04	1.16	3.07	2.13

三、土壤全磷

　　根据历史资料和以往的化验分析，抚远县耕地土壤中磷含量平均值为1.93克/千克，变化幅度为1.10～5.02克/千克；本次耕地地力调查土壤全磷平均值为2.49克/千克，比第二次土壤普查提高了29.01%。调查结果还表明，抚远县全磷含量最高的土壤是薄层平地泛滥地草甸土，平均达到5.03克/千克；最低是薄层平地白浆化草甸土，平均含量为1.11克/千克。土壤全磷含量暗棕壤在第二次土壤普查时为1.88克/千克，本次调查为1.55克/千克，下降了17.55%；土壤全磷含量白浆土在第二次土壤普查时为2.33克/千克，本次调查为2.64克/千克，提高了13.30%；土壤全磷含量草甸土在第二次土壤普查时为1.74克/千克，本次调查为2.38克/千克，提高了36.78%；土壤全磷含量泥炭沼泽土在第二次土壤普查时为3.78克/千克，本次调查为2.82克/千克，下降了25.40%；土壤全磷含量低位泥炭土在第二次土壤普查时为2.53克/千克，本次调查为 3.07 克/千克，提高了 21.34%（表 5-11）。抚远县各乡（镇）全磷分级面积统计见表 5-12。

表 5-11　各类土壤耕层全磷含量统计

单位：克/千克

土壤类型	泥炭沼泽土	白浆土	草甸土	暗棕壤	低位泥炭土
平均值	2.82	2.64	2.38	1.55	3.07
最大值	4.00	4.00	5.50	1.55	3.59
最小值	2.296	1.19	1.00	1.54	2.53

表 5-12　抚远县各乡（镇）全磷分级面积统计

单位：公顷

乡（镇）	面积	一级	二级	三级	四级	五级	六级
海青乡	35 394.72	35 113.50	281.22	0	0	0	0
浓江乡	11 579.83	970.23	2 786.25	7 355.53	467.82	0	0
浓桥镇	27 593.38	26 985.53	607.85	0	0	0	0
寒葱沟镇	18 842.20	18 710.30	131.90	0	0	0	0
别拉洪乡	14 313.33	14 174.91	138.42	0	0	0	0
通江乡	10 365.04	9 428.84	936.20	0	0	0	0
抓吉镇	22 426.69	22 426.69	0	0	0	0	0
鸭南乡	17 824.90	17 824.90	0	0	0	0	0
抚远镇	4 993.36	38.76	30.53	4 924.07	0	0	0
合计	163 333.45	145 954.88	4 631.15	12 279.60	467.82	0	0

四、土壤全钾

抚远县耕地土壤中全钾含量平均值为 22.20 克/千克，变化幅度为 14.20～28.50 克/千克。在抚远县各类型的土壤中全钾略有差异，含量最高的是薄层平地泛滥地草甸土，平均含量为 27.30 克/千克；最低的是洼地草甸沼泽土，平均含量为 15.40 克/千克。土壤全钾含量暗棕壤在第二次土壤普查时为 23.90 克/千克，本次调查为 26.50 克/千克，增加了 10.88%；土壤全钾含量白浆土在第二次土壤普查时为 22.10 克/千克，本次调查为 21.59 克/千克，下降了 2.31%；土壤全钾含量草甸土在第二次土壤普查时为 26.10 克/千克，本次调查为 22.57 克/千克，下降了 13.52%；土壤全钾含量沼泽土在第二次土壤普查时为 15.60 克/千克，本次调查为 21.51/千克，提高了 37.88%；土壤全钾含量泥炭土在第二次土壤普查时为 13.80 克/千克，本次调查为 20.14 克/千克，提高了 45.94%（表 5-13），抚远县各乡（镇）全钾分级面积统计见表 5-14。

表 5 - 13　各类土壤耕层全钾含量统计

单位：克/千克

土壤类型	沼泽土	白浆土	草甸土	暗棕壤	泥炭土
平均值	21.51	21.59	22.57	26.50	20.14
最大值	23.30	28.00	28.50	26.50	24.00
最小值	14.20	14.30	14.90	26.50	14.70

表 5 - 14　抚远县各乡（镇）全钾分级面积统计

单位：公顷

乡（镇）	面积	一级	二级	三级	四级	五级	六级
海青乡	35 394.72	0	0	30 742.41	4 652.31	0	0
浓江乡	11 579.83	0	10 649.25	734.18	196.40	0	0
浓桥镇	27 593.38	0	148.59	26 854.96	589.83	0	0
寒葱沟镇	18 842.20	0	0	18 698	144.20	0	0
别拉洪乡	14 313.33	0	0	14 313.33	0	0	0
通江乡	10 365.04	0	47.39	9 818.56	499.09	0	0
抓吉镇	22 426.69	0	39.43	4 881.18	17 331.67	174.41	0
鸭南乡	17 824.90	0	0	11 117.63	5 810.13	897.14	0
抚远镇	4 993.36	0	4 954.60	38.76	0	0	0
合计	163 333.45	0	15 839.26	117 199.01	29 223.03	1 071.55	0

第二节　土壤大量元素速效养分

经过多年开展测土配方施肥工作，我们对抚远县主要耕地进行了大量的土样采集、化验，并将之应用到农业生产，指导农民科学施肥，取得了一定的经济、社会效益。下面将多年来大量元素速效养分情况统计总结如下。

一、土壤有效磷

磷是构成植物体的重要组成元素之一。土壤磷素中易被植物吸收利用的部分称之为有（速）效磷，它是土壤磷供应水平的重要指标。

本次调查表明抚远县耕地有效磷平均值为 28.27 毫克/千克，变化幅度在 10.10～55.70 毫克/千克，第二次土壤普查全县土壤中速效磷含量普遍偏低，平均为 18.92 毫克/千克，耕地平均为 13.05 毫克/千克。其中，沼泽土含量较高，平均为 36.44 克/千克，暗棕壤最低，平均为 22.60 克/千克，主要原因是沼泽土的腐殖质层较厚而暗棕壤的腐殖质层较薄，尽管近十几年大量施用磷肥，但磷肥的有效性不同。与第二次土壤普查的调查结果进行比较，抚远县耕地磷素状况总体上有增加的趋势，平均提高 49.42%。30 年前，抚远县耕地土壤有效磷多在 20 毫克/千克以下。这次调查，按照含量分级数字出现频率分析，土壤有效磷也多在 20 毫克/千克范围内，大于 20 毫克/千克的面积也明显增加了（表 5-15），抚远县各乡（镇）耕层土壤有效磷含量及分级统计见表 5-16。

表 5-15　各类土壤耕层有效磷含量统计

单位：毫克/千克

土壤类型	沼泽土	白浆土	草甸土	暗棕壤	泥炭土
平均值	36.44	27.35	28.59	22.60	31.43
最大值	55.70	55.70	54.60	22.60	54.00
最小值	12.70	10.10	11.50	22.60	17.10

表 5-16　抚远县各乡（镇）耕层土壤有效磷含量及分级统计

单位：毫克/千克

乡（镇）	样本数	平均值	变化值	一级 >40.00	二级 20.00~40.00	三级 10.00~20.00	四级 5.00~10.00
海青乡	971	33.69	17.40~55.70	0	14.23	80.44	5.33
浓江乡	201	27.57	10.20~52.90	0	18.80	42.70	38.50
浓桥镇	397	22.98	10.10~52.70	0	2.28	64.81	32.91
寒葱沟镇	236	24.99	15.90~42.20	0	2.30	35.36	62.34
别拉洪乡	74	30.65	15.70~22.39	0	6.43	75.04	18.54
通江乡	209	26.67	15.00~43.40	0	13.09	60.71	26.20
抓吉镇	222	21.44	11.20~46.40	0	0.80	71.64	27.56
鸭南乡	274	27.54	11.70~52.50	0	10.50	63.04	26.46
抚远镇	129	38.89	17.00~50.40	0	38.43	61.24	0.33
全县	2 713	28.27	13.80~50.10	0	11.87	61.66	26.46

<h2 align="center">二、土壤速效钾</h2>

土壤速效钾是指水溶性钾和黏土矿物晶体外表面吸附的交换性钾，是植物可以直接吸收利用的，对植物生长及其品质起着重要作用。其含量水平的高低，反映了土壤的供钾能力，是土壤质量的主要指标。

抚远县耕地土壤多发育在黄土母质上，土壤有效钾比较丰富。调查表明，全县速效钾平均在 184.10 毫克/千克，变化幅度为 17~637 毫克/千克，第二次土壤普查时全县各类土壤速效钾含量很高，平均值为 370.05 毫克/千克，耕地土壤速效钾平均含量 92.42 毫克/千克，土壤速效钾平均含量下降 50.25%。其中，白浆土最高，平均值为 193.32 毫克/千克；其次为草甸土，平均值为 185.15 毫克/千克；最低为泥炭土和暗棕壤，平均值为 130 毫克/千克。

按照含量分级数字出现频率分析，抚远县耕地土壤速效钾含量大于 200 毫克/千克的面积占 40.04%，150~200 毫克/千克的面积占 30.16%，100~150 毫克/千克的面积占 25.40%，<100 毫克/千克的面积占 4.40%。第二次土壤普查时，全县小于 100 毫克/千克的面积大约占 0.40%。1994 年，全县测土化验土壤速效钾平均只有 114 毫克/千克，小

于 100 毫克/千克的面积大约占 76％。本次调查的 2 713 个样本中小于 100 毫克/千克的面积占 4.40％（表 5-17、表 5-18）。

表 5-17 各乡（镇）土壤耕层速效钾含量及分级统计

乡（镇）	样本数（个）	平均值（毫克/千克）	变化值（毫克/千克）	分级样本频率（％）					
				一级	二级	三级	四级	五级	六级
				>200.00 毫克/千克	150.00~200.00 毫克/千克	100.00~150.00 毫克/千克	<100.00 毫克/千克	3.00~5.00 毫克/千克	<3.00 毫克/千克
海青乡	971	196.30	55.00~529.00	45.49	35.25	16.52	2.75	0	0
浓江乡	201	148.88	86.00~288.00	13.91	23.11	58.49	4.49	0	0
浓桥镇	397	215.02	101.00~566.00	50.06	32.21	17.73	0	0	0
寒葱沟镇	236	197.08	97.00~401.00	50.11	30.75	19.13	0.02	0	0
别拉洪乡	74	190.77	29.00~637.00	43.79	30.91	21.29	2.82	0	0.01
通江乡	209	176.70	63.00~424.00	39.50	22.65	29.11	8.74	0	0
抓吉镇	222	169.33	35.00~380.00	21.02	41.29	30.22	6.76	0.01	0
鸭南乡	274	178.23	17.00~573.00	38.01	19.83	31.86	8.51	0.01	0.01
抚远镇	129	184.59	74.00~304.00	58.51	35.45	4.26	1.78	0	0
全县	2 713	184.10	61.90~455.80	40.04	30.16	25.40	4.4	0.002	0.002

表 5-18 各类土壤耕层速效钾含量统计

单位：毫克/千克

土壤类型	沼泽土	白浆土	草甸土	暗棕壤	泥炭土
平均值	192.80	193.32	185.15	130.00	130.00
最大值	460.00	637.00	489.00	130.00	130.00
最小值	47.00	29.00	17.00	130.00	130.00

三、土壤碱解氮

氮不仅可提高作物生物总量和经济产量，同时还可以改善农产品的营养价值，特别是能增加种子蛋白质含量，提高食品营养价值。反之，氮素过剩，光合作用产物碳水化合物大量用于合成蛋白质、叶绿素及其他含氮有机化合物，而构成细胞壁所需的纤维素、木质素、果胶酸等合成减少，以致细胞大而壁薄，组织柔软，抗病、抗倒伏能力减弱；植株贪青晚熟，籽粒不充实，导致减产和品质下降。因此，土壤中碱解氮的含量反映了土壤的供氮能力，决定了作物的生长情况。

调查表明，抚远县耕地沼泽土、白浆土、草甸土等几个主要耕地土壤碱解氮平均为 342.97 毫克/千克，变化幅度为 77.00~735.00 毫克/千克；第二次土壤普查时土壤碱解氮平均含量为 539.76 毫克/千克，本次耕地地力调查土壤碱解氮平均含量下降 36.50％。

土壤中泥炭土含量最高，平均值为 354.19 毫克/千克，含量最低为白浆土，平均值为 321.61 毫克/千克（表 5 - 19）。

表 5 - 19　各类土壤耕层碱解氮含量统计

单位：毫克/千克

土壤类型	沼泽土	白浆土	草甸土	暗棕壤	泥炭土
平均值	337.73	321.61	347.58	353.74	354.19
最大值	602.00	659.02	735.00	353.74	541.04
最小值	182.00	91.00	77.00	353.74	203.33

第三节　土壤微量元素

土壤微量元素是人们依据各种化学元素在土壤中存在的数量划分的一部分含量很低的元素。微量元素与其他大量元素一样，在植物生理功能上同等重要，并且是不可相互替代的。土壤养分库中微量元素的不足也会影响作物的生长、产量和品质。因此，土壤中微量元素的多少也是耕地地力的重要指标。

一、有　效　锌

锌是农作物生长发育不可缺少的微量营养元素，在缺锌土壤上容易发生玉米花白苗和水稻赤枯病。因此，土壤有效锌是影响作物产量和质量的重要因素。

调查表明，抚远县耕地土壤有效锌含量平均值为 1.47 毫克/千克，变化幅度为 0.54～2.15毫克/千克。按照新的土壤有效锌分级标准，抚远县耕地有效锌平均值＞1～5 毫克/千克，80%耕地土壤有效锌含量为中等水平。与第二次土壤普查相比，有效锌含量大幅度提高。其中，寒葱沟镇含量最高，为 1.55 毫克/千克；最低为海青乡，平均值为 1.27 毫克/千克。

根据第二次土壤普查分级标准，并按照调查样本有效锌含量分级数字出现频率分析，在 214 个调查样本中，有效锌＜0.50 毫克/千克，严重缺锌地块没有（表 5 - 20）。

表 5 - 20　各乡（镇）耕层土壤有效锌分析统计

乡（镇）	样本数（个）	平均值（毫克/千克）	变化值（毫克/千克）
海青乡	971	1.27	0.54～2.15
寒葱沟镇	236	1.55	0.81～2.15
别拉洪乡	74	1.52	1.25～2.10
通江乡	209	1.47	1.17～1.90
抓吉镇	222	1.44	1.10～1.77
鸭南乡	274	1.43	0.74～2.14
抚远镇	129	1.41	0.95～1.90
全县	2 713	1.47	0.94～2.08

二、土壤有效铜

铜是植物体内抗坏血酸氧化酶、多酚氧化酶和质体蓝素等电子递体的组分，在代谢过程中起到重要的作用，同时也是植物抗病的重要机制。

抚远县耕地有效铜含量平均值为 1.80 毫克/千克，变化幅度在 0.76～2.22 毫克/千克。

根据第二次土壤普查有效铜的分级标准，<0.10 毫克/千克为严重缺铜，0.10～0.20 毫克/千克为轻度缺铜，0.20～1.00 毫克/千克为基本不缺铜，1.00～1.80 毫克/千克为丰铜，>1.80 毫克/千克为极丰。调查的 214 个样本中全县各类土壤中铜含量较高，说明抚远县耕地土壤有效铜极其丰富（表 5-21）。

表 5-21 各乡（镇）耕层土壤有效铜分析统计

乡（镇）	样本数（个）	平均值（毫克/千克）	变化值（毫克/千克）
海青乡	971	1.70	0.76～2.22
寒葱沟镇	236	1.78	1.32～2.15
别拉洪乡	74	1.85	1.58～1.99
通江乡	209	1.84	1.60～2.15
抓吉镇	222	1.78	1.32～1.94
鸭南乡	274	1.83	1.61～2.10
抚远镇	129	1.81	1.39～2.15
全县	2 713	1.80	1.36～2.11

三、土壤有效铁

铁参与植物体呼吸作用和代谢活动，又为合成叶绿体所必需。因此，作物缺铁会导致叶失绿，严重地甚至枯萎死亡。

本次调查表明，抚远县耕地有效铁平均为 54.23 毫克/千克，变化值在 21.50～72.80 毫克/千克。根据土壤有效铁的分级标准，土壤有效铁<2.50 毫克/千克为严重缺铁（很低）；2.50～4.50 毫克/千克为轻度缺铁（低）；4.50～10.00 毫克/千克为基本不缺铁（中等）；10～20 毫克/千克为丰铁（高）；>20 毫克/千克为极丰（很高）。在 214 个调查样本中，平均值为 54.23 毫克/千克，各乡（镇）土壤有效铁含量均高于临界值 20 毫克/千克，说明抚远县耕地土壤有效铁属丰富级（表 5-22）。

表 5-22 各乡（镇）耕层土壤有效铁分析统计

乡（镇）	样本数（个）	平均值（毫克/千克）	变化值（毫克/千克）
海青乡	971	53.26	37.50～72.80
寒葱沟镇	236	53.14	37.90～67.40

（续）

乡（镇）	样本数（个）	平均值（毫克/千克）	变化值（毫克/千克）
别拉洪乡	74	55.48	41.00～65.00
通江乡	209	55.84	31.10～67.90
抓吉镇	222	54.35	37.90～64.20
鸭南乡	274	53.35	37.70～66.70
抚远镇	129	55.03	21.50～67.90
全县	2 713	54.23	36.30～67.30

四、土壤有效锰

锰是植物生长和发育的必需营养元素之一。它在植物体内直接参与光合作用，锰也是植物许多酶的重要组成部分，影响植物组织中生长素的水平，参与硝酸还原成氨的作用等。

本次调查结果，抚远县耕地平均值为 33.15 毫克/千克，变化幅度在 15.30～48.70 毫克/千克。根据土壤有效锰的分级标准，土壤有效锰的临界值为 5 毫克/千克（严重缺锰，很低），大于 15 毫克/千克为丰富。调查样本中土壤有效锰都大于 15 毫克/千克丰富级，说明抚远县耕地土壤中有效锰比较丰富（5－23）。

表 5－23　各乡（镇）耕层土壤有效锰分析统计

乡（镇）	样本数（个）	平均值（毫克/千克）	变化值（毫克/千克）
海青乡	971	29.15	15.30～45.10
寒葱沟镇	236	36.24	27.90～48.70
别拉洪乡	74	33.67	26.40～37.80
通江乡	209	33.86	26.50～39.50
抓吉镇	222	34.19	26.00～42.00
鸭南乡	274	36.00	20.50～44.50
抚远镇	129	28.95	17.70～37.80
全县	2 713	33.15	22.60～42.60

第四节　土壤 pH 与土壤容重

一、土壤 pH

抚远县土壤以白浆土、草甸土、暗棕壤为主，因此耕地土壤酸碱度应以偏酸性为主。调查表明，抚远县耕地 pH 平均值为 4.67，变化幅度为 3.50～5.60，第二次土壤普查土壤 pH 为 5.20～5.90，与这次耕地地力调查相比，pH 下降 1.70 个单位。其中（按数字出现的频率计），pH＞5.50 占 11.20%，5.00～5.50 占 50%，4.50～5.00 占 20.70%，

4.00～4.50 占 10.90％，3.50～4.00 占 7.20％，土壤酸碱度多集中在 4.50～5.50。

按照水平分布和土壤类型分析看，土壤 pH 由北向南逐渐降低，但变化幅度不大。东南部多分布着白浆土和暗棕壤，pH 平均为 4.64，变化幅度为 3.50～5.50；西北部多分布着草甸土，pH 平均值为 4.60，变化幅度为 3.80～5.60（表 5 - 24，表 5 - 25）。

表 5 - 24　各类土壤 pH 统计

土壤类型	沼泽土	白浆土	草甸土	暗棕壤	泥炭土
平均值	4.55	4.58	4.61	4.80	4.66
最大值	5.30	5.50	5.60	4.80	4.90
最小值	3.70	3.60	3.80	4.80	4.20

表 5 - 25　各乡（镇）土壤 pH 统计

乡（镇）	样本数（个）	平均值	变化值
海青乡	971	4.46	3.60～5.20
寒葱沟镇	236	4.53	3.50～5.10
别拉洪乡	74	4.78	4.50～5.30
通江乡	209	4.76	4.20～5.60
抓吉镇	222	4.74	4.50～5.00
鸭南乡	274	4.79	4.20～5.50
抚远镇	129	4.78	3.90～5.00
全县	2 713	4.67	4.10～5.20

二、土壤容重

土壤容重是土壤肥力的重要指标。实践证明，随着化肥的大量施用，土壤养分状况对耕地肥力的作用已降为次要地位，而土壤容重等物理性状对地力的影响越来越显著。

抚远县耕地容重平均值为 1.13 克/立方厘米，变化幅度为 0.95～1.25 克/立方厘米。全县主要耕地土壤类型中，白浆土平均值为 1.14 克/立方厘米，暗棕壤平均值为 1.11 克/立方厘米，草甸土平均值为 1.14 克/立方厘米，沼泽土平均值为 1.13 克/立方厘米，泥炭土平均值为 1.15 克/立方厘米。土类间泥炭土容重较高；暗棕壤容重较小。本次耕地调查与第二次土壤普查和 1995 年测土对比，土壤容重有降低趋势（表 5 - 26）。

表 5 - 26　耕层土壤土类容重变化

单位：克/立方厘米

土壤类型	沼泽土	白浆土	草甸土	暗棕壤	泥炭土
平均值	1.13	1.14	1.14	1.11	1.15
最大值	1.25	1.25	1.25	1.11	1.24
最小值	1.05	0.95	1.02	1.11	1.09

第六章 耕地区域配方施肥

耕地地力评价建立了较完善的土壤数据库,科学合理地划分了区域施肥单元,避免了过去人为划分施肥单元指导测土配方施肥的弊端。过去我们在测土施肥确定施肥单元时,多采用区域土壤类型、基础地力产量、农户常年施肥量等粗劣地为农民提供配方。而现在采用地理信息系统提供的多项评价指标,综合各种施肥因素和施肥参数来确定较精密的施肥单元,完成了测土配方施肥技术从估测分析到精准实施的提升过程。

第一节 施肥区划分

抚远县大豆产区、水稻产区,按产量、地形、地貌、土壤类型、≥10 ℃的有效积温、灌溉保证率可划分为 4 个测土施肥区域。

一、高产田施肥区

该区地势平坦、土壤质地松软,耕层深厚,黑土层较深,地下水丰富,通透性好,保水保肥能力强,土壤理化性状优良,高产田施肥区的大豆亩产量为 150~170 千克,该区主要土壤类型为草甸土、泥炭沼泽土,高产田总面积 24 337.89 公顷,占县属耕地面积的14.9%,主要分布在海青乡、抚远镇、浓江乡、通江乡、鸭南乡等乡(镇)。其中,海青乡面积最大,为 5 699.20 公顷,占高产田总面积的 23.42%;其次是抚远镇,为 4 993.36公顷,占高产田总面积的 20.52%。土壤类型主要以草甸土、泥炭沼泽土为主。其中,草甸土面积最大,面积为 10 274.49 公顷,占高产田面积的 42.21%。草甸土中又以中层泛滥地草甸土为主,面积为 6 147.30 公顷,占高产田草甸土面积的 52.75%。该土壤黑土层较厚,一般在 30 厘米左右,有积质含量在 50 克/千克以上,速效养分含量都相对很高。其次是泥炭沼泽土,面积为 7 354.64 公顷,占高产田总面积的 30.22%,该区域内≥10 ℃有效积温为 2 350~2 450 ℃,大都分布在抚远县的北部、西南部和东南部,田间灌溉保证率85%以上,是抚远县大豆高产区也是主产区。此外,除北部外也是抚远县水稻主产区。

二、中产田施肥区

中产田大都分布在漫岗的顶部及低阶平原上,所处地形相对平缓,坡度绝大部分小于2°。部分土壤有轻度侵蚀,个别土壤存在瘠薄等障碍因素。黑土层厚度不一,厚的在 25厘米以上,薄的不足 20 厘米。结构基本为粒状或小团块状结构。质地一般,以中黏土为主。中产田总面积为 40 626.47 公顷,占县属耕地面积的 24.88%。土壤类型主要为草甸土、白浆土。其中，白浆土面积最大，为 24 564.60 公顷，占中产田总面积的 60.46%；其次草甸土面积为 15 182.17 公顷，占中产田总面积的 37.37%。主要分布在海青乡、浓桥镇、别拉洪乡等乡（镇）。其中，海青乡最大，面积为 12 244.18 公顷，占中产田总面积的 30.14%；其次为别拉洪乡，为 6 491.78 公顷，占中产田总面积的 15.98%；浓桥镇 6 007.78 公顷，占中产田总面积的 14.79%。中产田以白浆土为主，该土养分含量较为丰富，全氮平均 3.17 克/千克，碱解氮平均 347.58 毫克/千克，速效磷平均为 28.59 毫克/千克，有效锌为 1.42 毫克/千克，速效钾平均为 185.15 毫克/千克，保肥性能较好，抗旱、排涝能力相对较强。该区域内≥10℃有效积温为 2 300～2 450℃，分布在抚远县的北部和东部。较适合大豆生长发育，是大豆主产区，中产田大豆亩产量为 130～150 千克。

三、低产田施肥区

低产田施肥区总面积为 98 369.09 公顷，占总耕地面积的 60.22%。主要在寒葱沟镇、浓桥镇、海青乡、抓吉镇有零星分布。其中，浓桥镇乡面积最大为 21 452.32 公顷，占低产田总面积的 21.81%，占本乡耕地面积的 77.74%；其次为海青乡，17 451.34 公顷，占低产田总面积的 17.74%，占本乡耕地面积的 49.31%；再次为抓吉镇，17 167.99 公顷，占低产田总面积 17.45%；寒葱沟镇 14 484.30 公顷，占低产田总面积 14.72%；其他乡（镇）均有分布。土壤类型主要为白浆土和草甸土。其中，白浆土面积最大，69 923.88 公顷，占低产田总面积的 71.08%；其次是草甸土，面积为 28 383.72 公顷，占总面积 28.85%。该区域内≥10℃有效积温为 2 300～2 400℃。该区存在的主要问题是春季冷浆、发苗缓慢。土壤质地硬、耕性差，土壤理化性状不良，pH 低，容重大。旱、涝和酸都影响大豆生长发育，是大豆低产区。由于该区主要在抚远县的中部和东部，≥10℃的积温相对较低，再加上田间灌溉保证率低等因素，该区的大豆亩产量在 130 千克以下。不适合种大豆，可以开发成水田，或种植玉米、芸豆等作物。

四、水稻田施肥区

该区主要分布在海青乡海旺村及鸭南乡鸭南村一带，主要土壤类型为白浆土、沼泽土两类。地势低洼，平坦，质地稍硬，耕层适中，保肥保水能力强，土壤理化性状优良，适合水稻生长发育，是水稻高产区。

4 个施肥区土壤理化性状见表 6-1。

表 6-1　区域施肥区土壤理化性状

单位：克/千克

区域施肥区	有机质	全氮	全磷	全钾	pH
旱田高产田施肥区	61.66	3.57	2.85	27.80	5.30
旱田中产田施肥区	58.27	3.17	2.58	21.70	4.80
旱田低产田施肥区	55.29	2.94	1.54	14.60	4.30
水稻田施肥区	53.65	3.00	1.23	17.46	4.50

第二节　施肥分区与测土施肥单元的关联

施肥单元是耕地地力评价图中具有属性相同的图斑。在同一土壤类型中也会有多个图斑——施肥单元。按耕地地力评价要求，全境大豆产区可划分为 3 个测土施肥区域；水稻划为 1 个测土施肥区域。

在同一施肥区域内，按土壤类型一致，自然生产条件相近，土壤肥力高低和土壤普查划分的地力分级标准确定测土施肥单元。根据这一原则，上述 4 个测土施肥区。可划分为 14 个测土施肥单元。其中，大豆高产田沼泽土、泥炭土施肥区划分为 2 个测土施肥单元；大豆中产田草甸土施肥区划分为 2 个测土施肥单元；大豆低产田白浆土施肥区划为 3 个测土施肥单元；水稻田平地草甸土施肥区划为 3 个施肥单元。具体测土施肥单元见表 6－2。

表 6－2　测土施肥单元划分

测土施肥区	测土施肥单元
大豆高产田沼泽土、泥炭土施肥区	薄层芦苇薹草低位泥炭土施肥单元 厚层黏质草甸沼泽土施肥单元 薄层黏壤质草甸土施肥单元 薄层黏壤质潜育草甸土施肥单元
中产田草甸土施肥区	薄层沙底白浆化草甸土施肥单元 薄层黏质草甸白浆土施肥单元
低产田白浆土施肥区	薄层黄土质白浆土施肥单元 薄层黏质潜育白浆土施肥单元 薄层黏质潜育草甸土施肥单元
水稻田白浆土施肥区	白浆土型淹育水稻土施肥单元 薄层黏质潜育白浆土施肥单元 薄层黏质草甸白浆土施肥单元

第三节　施肥分区

抚远县按高产田施肥区域、中产田施肥区域、低产田施肥区域、水稻田施肥区域 4 个施肥区域，按不同施肥单元即 12 个施肥单元，特制订大豆沼泽土、泥炭土区高产田施肥推荐方案，大豆草甸土区中产田施肥推荐方案，大豆白浆土区低产田施肥推荐方案，水稻田白浆土区施肥方案。

一、分区施肥属性查询

本次耕地地力调查，确定评价单元 2 713 个，确定的评价指标 8 个，pH、有机质、耕层厚度、质地、有效磷、速效钾、有效锌和障碍层类型，在地力评价数据库中建立了耕地资源管理单元图、土壤养分分区图。形成了有相同属性的施肥管理单元 102 个，按不同作物、不同地力等级产量指标和地块、农户综合生产条件可形成针对地域分区特点的区域施肥配方；针对农户特定生产条件的分户施肥配方。

二、施肥单元关联施肥分区代码

根据"3414"试验、配方肥对比试验、多年氮磷钾最佳施肥量试验建立起来的施肥参数体系和土壤养分丰缺指标体系，选择适合抚远县域特定施肥单元的测土施肥配方推荐方法（养分平衡法、丰缺指标法、氮磷钾比例法、以磷定氮法、目标产量法），计算不同级别施肥分区代码的推荐施肥量（N、P_2O_5、K_2O）。

三、施肥分区特点概述

（一）大豆高产田沼泽土、泥炭土施肥区

该施肥区域划分为薄层芦苇薹草低位泥炭土施肥单元、厚层黏质草甸沼泽土施肥单元、薄层黏壤质草甸土施肥单元、薄层黏壤质潜育草甸土施肥单元4个施肥单元。

1. 薄层芦苇薹草低位泥炭土施肥单元　薄层芦苇薹草低位泥炭土施肥单元是抚远县主要耕种的土壤，其主要分布在抚远县的浓桥镇、抓吉镇、海青乡、浓江乡等乡（镇），耕地面积为2 046.62公顷，占全县县属耕地面积的1.25%。该土壤有机质含量55.30克/千克、全氮含量3.15克/千克、碱解氮含量354.19毫克/千克、有效磷含量31.43毫克/千克、速效钾含量136.22毫克/千克。该土耕性好，黑土层厚，通透性好，保肥保水能力强，作物苗期生长快，土壤易耕期长。存在的问题是持水能力强，连阴雨天易涝，加强排水会获得高产。

2. 厚层黏质草甸沼泽土施肥单元　厚层黏质草甸沼泽土面积较少，主要分布在海青乡、别拉洪乡、抓吉镇，面积为7 354.64公顷，占县属耕地面积的4.50%。该土壤有机质含量56.27克/千克、全氮含量2.85克/千克、碱解氮含量319.19毫克/千克、有效磷含量26.02毫克/千克、速效钾含量222.94毫克/千克。该土耕性较好，黑土层较厚，有机质含量相对较高，碱解氮和有效磷较低，生产中应增施氮磷肥，耕作中增施有机肥。

3. 薄层黏壤质草甸土施肥单元　薄层黏壤质草甸土面积较少，只在抚远县的梅里斯达斡尔族区有分布，面积为4 662.14公顷，占县属耕地面积的2.85%。该土壤有机质含量66.77克/千克、全氮含量4.01克/千克、碱解氮含量266.72毫克/千克、有效磷含量31.14毫克/千克、速效钾含量242.24毫克/千克。该土碱解氮和有效磷含量相对较低，生产中应增施磷肥，土壤耕性较好，黑土层较薄，通透性好，有机质含量相对较高，有效磷含量相对较低，生产中应增施磷肥，耕作中增施有机肥。

4. 薄层黏壤质潜育草甸土施肥单元　薄层黏壤质潜育草甸土面积较大，主要分布在抚远县的抚远镇、浓江乡、通江乡、海青乡、抓吉镇等乡（镇），面积为10 274.49公顷，占县属耕地总面积的6.29%。该土壤有机质含量53.65克/千克、全氮含量2.94克/千克、碱解氮含量355.17毫克/千克、有效磷含量29.28毫克/千克、速效钾含量173.69毫克/千克。该土耕性较好，沙性较大，保肥保水性能较差，黑土层较薄，温度较高，作物苗期

生长较快，有机质含量相对较低，有效磷较低，生产中应增施氮磷肥，耕作中增施有机肥。

综上所述，大豆高产田泥炭土施肥推荐方案见表 6-3。

表 6-3　高产田泥炭土区施肥分区代码与作物施肥推荐关联查询表

施肥分区代码	碱解氮含量（毫克/千克）	施肥量N（千克/公顷）	施肥分区代码	有效磷含量（毫克/千克）	施肥量P_2O_5（千克/公顷）	施肥分区代码	速效钾含量（毫克/千克）	施肥量K_2O（千克/公顷）
1	>250.00	15.00	1	>60.00	75.00	1	>200.00	15.00
2	180.00~250.00	15.00	2	40.00~60.00	75.00	2	200.00~150.00	15.00
3	150.00~180.00	22.50	3	20.00~40.00	82.50	3	100.00~150.00	22.50
4	120.00~150.00	30.00	4	10.00~20.00	90.00	4	50.00~100.00	30.00
5	80.00~120.00	37.50	5	5.00~10.00	97.50	5	30.00~50.00	37.50
6	<80.00	45.00	6	<5.00	105.00	6	<30.00	45.00

（二）中产田草甸土施肥区

大豆中产田草甸土区施肥区域划分为薄层沙底白浆化草甸土施肥单元、薄层黏质草甸白浆土施肥单元 2 个施肥单元。

1. 薄层沙底白浆化草甸土施肥单元　薄层沙底白浆化草甸土主要分布在浓桥镇、寒葱沟镇、海青乡等乡（镇），是抚远县又一大耕作土壤。该土壤耕地面积为 16 000 公顷，占县属耕地面积的 9.80%。该土壤有机质含量 61.66 克/千克、全氮含量 3.58 克/千克、碱解氮含量 339.99 毫克/千克、有效磷含量 26.79 毫克/千克、速效钾含量 203.89 毫克/千克，黑土层较厚，土质较黏重，干时板结，耕性较差。耕作中应增施有机肥。

2. 薄层黏质草甸白浆土施肥单元　薄层黏质草甸白浆土主要分布在抚远县的鸭南乡、海青乡、浓江乡，耕地面积为 24 564.60 公顷，占县属耕地面积的 15.04%。该土壤有机质含量 57.22 克/千克、全氮含量 3.26 克/千克、碱解氮含量 315.52 毫克/千克、有效磷含量 36.37 毫克/千克、速效钾含量 194.03 毫克/千克，有机质含量相对较低，黑土层较薄，土壤通透性较差，土壤潜在肥力较高，自然肥力很好，地下水丰富。由于所处施肥区≥10℃有效积温较低，大多在 2 400 ℃左右，所以大豆很难获得较高产量。很适宜开发成水田。

综上所述，大豆中产田草甸土区施肥推荐方案见表 6-4。

表 6-4　中产田草甸土区施肥分区代码与作物施肥推荐关联查询

施肥分区代码	碱解氮含量（毫克/千克）	施肥量N（千克/公顷）	施肥分区代码	有效磷含量（毫克/千克）	施肥量P_2O_5（千克/公顷）	施肥分区代码	速效钾含量（毫克/千克）	施肥量K_2O（千克/公顷）
1	>250.00	22.50	1	>60.00	45.00	1	>200.00	22.50
2	180.00~250.00	30.00	2	40.00~60.00	52.50	2	150.00~200.00	30.00
3	150.00~180.00	37.50	3	20.00~40.00	60.00	3	100.00~150.00	37.50
4	120.00~150.00	45.00	4	10.00~20.00	67.50	4	50.00~100.00	45.00

（续）

施肥分区代码	碱解氮含量（毫克/千克）	施肥量N（千克/公顷）	施肥分区代码	有效磷含量（毫克/千克）	施肥量P$_2$O$_5$（千克/公顷）	施肥分区代码	速效钾含量（毫克/千克）	施肥量K$_2$O（千克/公顷）
5	80.00~120.00	52.50	5	5.00~10.00	82.50	5	30.00~50.00	52.50
6	<80.00	60.00	6	<5.00	105.00	6	<30.00	60.00

（三）低产田白浆土施肥区

低产田白浆土施肥区域划分为薄层黄土质白浆土施肥单元、薄层黏质潜育白浆土施肥单元和薄层黏质潜育草甸土施肥单元 3 个施肥单元。

1. 薄层黄土质白浆土施肥单元　薄层黄土质白浆土主要分布在抚远县的浓桥镇、寒葱沟镇、抓吉镇，耕地面积为 18 221.27 公顷，占县属耕地面积的 11.16%。该土壤有机质含量 16.63 克/千克、全氮含量 1.55 克/千克、碱解氮含量 141 毫克/千克、有效磷含量 13.96 毫克/千克、速效钾含量 115 毫克/千克，有机质含量相对较低，并含有较多的可溶性盐，呈酸性反应，质地较黏重，耕性不良，不适宜作物生长，是大豆低产田。应种植抗盐碱作物，增施有机肥和含硫的化肥。

2. 薄层黏质潜育白浆土施肥单元　薄层黏质潜育白浆土面积较大，耕地面积为 51 764.10 公顷，占县属耕地面积的 31.69%。该土壤有机质含量 58.28 克/千克、全氮含量 3.24 克/千克、碱解氮含量 321.71 毫克/千克、有效磷含量 26.36 毫克/千克、速效钾含量 194 毫克/千克，有机质含量相对较低，呈酸性反应，质地较黏重，耕性不良，不适宜旱田作物生长，是大豆低产田。增施有机肥和磷肥，很适宜开发成水田。

3. 薄层黏质潜育草甸土施肥单元　薄层黏质潜育草甸土主要分布在抚远县的共和镇，耕地面积为 28 383.72 公顷，占县属耕地面积的 17.38%。该土壤有机质含量 57.24 克/千克、全氮含量 3.21 克/千克、碱解氮含量 365.81 毫克/千克、有效磷含量 21.67 毫克/千克、速效钾含量 140.19 毫克/千克，有机质含量相对较低，呈酸性反应，耕地沙化较重，耕性不良，土壤保肥性能不佳，发小苗，中后期易脱肥，在生产中要增施有机肥并实施客土压沙，是大豆低产田。

综上所述，大豆低产田白浆土区施肥推荐方案见表 6-5。

表 6-5　低产田白浆土区施肥分区代码与作物施肥推荐关联查询

施肥分区代码	碱解氮含量（毫克/千克）	施肥量N（千克/公顷）	施肥分区代码	有效磷含量（毫克/千克）	施肥量P$_2$O$_5$（千克/公顷）	施肥分区代码	速效钾含量（毫克/千克）	施肥量K$_2$O（千克/公顷）
1	>250.00	30.00	1	>60.00	60.00	1	>200.00	30.00
2	180.00~250.00	37.50	2	40.00~60.00	67.50	2	150.00~200.00	37.50
3	150.00~180.00	45.00	3	20.00~40.00	75.00	3	100.00~150.00	45.00
4	120.00~150.00	52.50	4	10.00~20.00	82.50	4	50.00~100.00	52.50
5	80.00~120.00	60.00	5	5.00~10.00	90.00	5	30.00~50.00	60.00
6	<80.00	67.50	6	<5.00	97.50	6	<30.00	67.50

（四）水稻田白浆土区施肥方案

水稻田白浆土区施肥区域化分为白浆土型淹育水稻土施肥单元、薄层黏质潜育白浆土施肥单元、薄层黏质草甸白浆土施肥单元施肥单元3个施肥单元。

1. 白浆土型淹育水稻土施肥单元 白浆土型淹育水稻土是抚远县的老稻田区，主要分布在海青乡、鸭南乡，耕地面积为11 500公顷。该土壤有机质含量52.73克/千克、全氮含量3.66克/千克、碱解氮含量137.29毫克/千克、有效磷含量22.93毫克/千克、速效钾含量164.10毫克/千克，有机质含量相对较高，由于长期灌水，耕作粗放，表土黏臭，板结，土温较低。在生产上应注意加深耕层，增施热性农家肥，搞好秋翻秋整地，改善土壤理化性状，提高土壤的有效肥力，实现水稻高产稳产。

2. 薄层黏质潜育白浆土施肥单元 薄层黏质潜育白浆土主要分布在抚远县的浓桥镇、寒葱沟镇、别拉洪乡、抓吉镇等乡（镇），耕地面积为51 764.10公顷。该土壤有机质含量58.28克/千克、全氮含量3.24克/千克、碱解氮含量321.71毫克/千克、有效磷含量26.36毫克/千克、速效钾含量194毫克/千克，有机质含量较高，黑土层较厚，土质黏重，土壤潜在肥力较高，自然肥力很好，地下水丰富，保肥保水性能好，耕性较好。不适宜旱田作物生长，很适宜开发成水田。

3. 薄层黏质草甸白浆土施肥单元 薄层黏质草甸白浆土主要分布在抚远县的鸭南乡、海青乡、浓江乡，耕地面积为24 564.60公顷。该土壤有机质含量57.22克/千克、全氮含量3.26克/千克、碱解氮含量315.52毫克/千克、有效磷含量36.37毫克/千克、速效钾含量194.03毫克/千克，有机质含量相对较低，黑土层较薄，土壤通透性较差，土壤潜在肥力较高，自然肥力很好，地下水丰富。由于所处施肥区≥10℃有效积温较低，大多在2 400℃，很适宜开发成水田。

水稻田白浆土区施肥分区代码与作物施肥推荐关联查询表见表6-6。

表6-6 水稻田白浆土区土壤养分含量与作物施肥推荐关联查询

施肥分区代码	碱解氮含量（毫克/千克）	施肥量N（千克/公顷）	施肥分区代码	有效磷含量（毫克/千克）	施肥量P₂O₅（千克/公顷）	施肥分区代码	速效钾含量（毫克/千克）	施肥量K₂O（千克/公顷）
1	>250.00	120.00	1	>60.00	75.00	1	>200.00	15.00
2	180.00~250.00	135.00	2	40.00~60.00	90.00	2	150.00~200.00	30.00
3	150.00~180.00	142.50	3	20.00~40.00	97.50	3	100.00~150.00	37.50
4	120.00~150.00	150.00	4	10.00~20.00	105.00	4	50.00~100.00	45.00
5	80.00~120.00	157.50	5	5.00~10.00	112.50	5	30.00~50.00	52.50
6	<80.00	165.00	6	<5.00	120.00	6	<30.00	60.00

四、施肥配方实例

1. 高产田区配方施肥（表6-7）。

表 6-7　高产田区配方施肥

土样采集地点：寒葱沟镇农富村　　农户姓名：李向安　　种植作物：大豆

化验项目	有效氮 （毫克/千克）	有效磷 （毫克/千克）	速效钾 （毫克/千克）	有机质 （克/千克）	pH	适宜性
化验结果	253.17	37.20	236.00	59.40	4.20	高度适宜
关联代码	1	3	1	备　注		
养分纯量	N（克/千克）	P_2O_5（克/千克）	K_2O（克/千克）			
	15.00	21.00	11.00			
折合商品量	尿素 （千克/公顷）	过磷酸钙 （千克/公顷）	60%氯化钾 （千克/公顷）			
	33.00	44.00	18.00			
N、P、K 比例 （%）	1.00	1.41	0.73			

2. 中产田配方施肥 （表6-8）。

表 6-8　中产田区配方施肥表

土样采集地点：浓桥镇东方红村　　农户姓名：马春林　　种植作物：大豆

化验项目	有效氮 （毫克/千克）	有效磷 （毫克/千克）	速效钾 （毫克/千克）	有机质 （克/千克）	pH	适宜性
化验结果	332.74	26.70	264.00	65.70	4.30	适宜
关联代码	1	3	1	备　注		
养分纯量	N（克/千克）	P_2O_5（克/千克）	K_2O（克/千克）			
	22.50	33.00	20.00			
折合商品量	尿素 （千克/公顷）	过磷酸钙 （千克/公顷）	60%氯化钾 （千克/公顷）			
	49.00	69.00	32.00			
N、P、K 比例 （%）	1.00	1.48	0.86			

3. 低产田配方施肥（表6-9）。

表 6-9　中产田区配方施肥

土样采集地点：浓桥镇建设村　　农户姓名：刘成立　　种植作物：大豆

化验项目	有效氮 （毫克/千克）	有效磷 （毫克/千克）	速效钾 （毫克/千克）	有机质 （克/千克）	pH	适宜性
化验结果	313.25	21.40	197.00	55.30	4.00	勉强适宜
关联代码	1	3	2	备　注		

（续）

化验项目	有效氮 （毫克/千克）	有效磷 （毫克/千克）	速效钾 （毫克/千克）	有机质 （克/千克）	pH	适宜性
养分纯量	N（克/千克）	P_2O_5（克/千克）	K_2O（克/千克）			
	30.00	46.00	29.70			
折合商品量	尿素 （千克/公顷）	过磷酸钙 （千克/公顷）	60%氯化钾 （千克/公顷）			
	65.00	95.00	49.00			
N、P、K比例 （%）	1.00	1.52	0.99			

4. 水稻田配方施肥（表6-10）。

表6-10　中产田区配方施肥表

土样采集地点：鸭南乡鸭南村　　　农户姓名：张喜彬　　　种植作物：水稻

化验项目	有效氮 （毫克/千克）	有效磷 （毫克/千克）	速效钾 （毫克/千克）	有机质 （克/千克）	pH	适宜性
化验结果	318.50	27.20	137.00	43.30	4.70	适宜
关联代码	1	3	3	备　注		
养分纯量	N（克/千克）	P_2O_5（克/千克）	K_2O（克/千克）			
	120.00	97.50	37.50			
折合商品量	尿素 （千克/公顷）	过磷酸钙 （千克/公顷）	60%氯化钾 （千克/公顷）			
	261.00	202.50	63.00			
N、P、K比例 （%）	3.20	2.60	1.00			

第七章 耕地利用改良分区

农业生产是以一定规格的地块或生产单位进行布局的，而不是以土壤界线作为生产布局的界线。因此，需要把具有共同生产特性和改良利用方向相一致的耕地组合，分区划片，才便于生产应用。这也是在耕地地力评价过程中，查清耕地质量后必须解决的问题。

第一节 分区的原则和依据

耕地利用改良分区，是耕地组合及其他自然生态条件的综合性分区。抚远县耕地利用改良分区，是在充分分析耕地地力评价各项成果的基础上，根据耕地组合、肥力属性及其自然条件、农业经济条件的内在联系，综合编制而成的。

一、分区原则

一是在同一区域内，成土条件、耕地组合、土壤属性和肥力水平具有相似性；二是同一区域内，生产中存在的主要问题及改良利用方向基本一致；三是为了便于生产应用和管理，分区保持了村界的完整性。抚远县耕地利用改良分区分为二级，即耕地区和亚区。耕地区：根据自然景观单元，耕地等级的近似性和改良利用方向的一致性划分。亚区：主要是在同一区内，根据耕地组合、肥力状况及改良利用措施的一致性，并结合小地形、水分状况等特点划分的。

二、分区命名土区

区级突出反映自然景观和改良利用方向，辅以耕地区的地理位置而命名。亚区：以主要土壤类型或亚类命名。根据上述分区原则、抚远县耕地利用改良分区，共划 3 个区，7个亚区。

第二节 分区概述

一、低山丘陵林农区（Ⅰ）

该区属于完达山余脉，位于黑龙江南岸，面积为 62 279.47 公顷，占抚远县县属面积的 20.36%。

该区利用方向是以林为主，林农结合，该区按土壤特点进一步划分为北部低山丘陵暗棕壤和白浆土亚区，中部山前漫岗白浆土亚区。

（一）北部低山丘陵暗棕壤和白浆土亚区（I₁）

该亚区是抚远县最北部一个区，包括抚远镇、浓江乡，面积为 13 130.73 公顷，占该区面积的 21.08%。

该亚区的主要地貌类型是完达山余脉，是极好的天然林业用地，以阔叶林为主，针叶林较少，现有林地 0.87 万公顷，占全县木材总量的 11.30%。地下水埋藏较深，水源不足，春季干旱，低温，≥10 ℃的活动积温 2 200～2 300 ℃；山地以天然次生杂木林为主，山产资源丰富，是抚远县的木材和多种经营生产基地。土壤以白浆土为主，占该亚区的 64.90%，其次是暗棕壤，占 28.40%。白浆土类表层养分平均，有机质为 133.20 克/千克，全氮为 5.19 克/千克，碱解氮为 510.60 毫克/千克，速效磷为 9.40 毫克/千克，速效钾为 306.30 毫克/千克。暗棕壤土类表层有机质为 101.90 克/千克，全氮为 3.80 克/千克，碱解氮为 364 毫克/千克，速效磷为 12.90 毫克/千克，速效钾为 231.78 毫克/千克。土壤肥力较好，黑土层薄，森林覆盖较高，该区经营单一。今后改良利用意见是：一是合理采伐，促进天然更新。该区天然林集中成片，要加强采伐管理，对有培育前途的林木要采取抚育采伐的方式促进林木更新。对残破林相要进行带状或块状改造，逐步实现针阔混交林，向红松、落叶松、樟子松等用材林区和阔叶林区方向发展，尽快建成抚远县的用材林生产基地。二是充分利用山区资源，发展兔、蜂和木耳，山葡萄、山野菜以及人工种植的天麻等多种经营项目。

（二）中部低漫岗白浆土亚区（I₂）

该亚区位于抚远县中部，是农业人口和农业生产集中的主产区，包括浓桥镇、抓吉镇、寒葱沟镇大部分，面积 49 148.74 公顷，占该区面积的 78.92%。

该亚区的主要地貌类型是：北部低山向南延伸的垄状漫岗，土壤以潜育白浆土为主，占该亚区面积 97.80%；其次是白浆化草甸土。耕地白浆土质地黏重，通水性差，易内涝。其耕层养分含量：有机质为 105 克/千克，全氮为 3.80 克/千克，碱解氮为 373 毫克/千克，速效磷为 13.40 毫克/千克，速效钾为 316 毫克/千克，由于开发年限短，土壤自然肥力很高。人均耕地多，管理粗放，单产不高。

为了进一步提高单位面积产量，充分发挥土壤的增产潜力，在改土增肥和作物种植上应抓以下措施：一是浅翻深松改土，多施有机肥。该亚区耕层厚度在 15～18 厘米，由于连年平翻，有部分白浆层翻上表面，肥力不高。因此，要采取深松的办法逐步加深耕作层，杜绝湿耕湿耙，改善土壤的通透性。有条件的地方可掺沙或炉灰改土。要特别强调增施有机肥和磷肥的数量及质量。二是平整土地，修条田。三是建立合理的耕作制度。要大力推行轮作、轮耕、轮施的四区或三区轮作制度。建立以豆—麦—玉米—杂粮，豆—麦—杂，麦—麦—豆为主的轮作制，同时要保持一定数量的豆科养地作物。

二、冲积低平原农牧区（II）

该区位于抚远县南部，包括海青乡、别拉洪乡和寒葱沟镇部分地段。面积 91 867.33 公顷，占抚远县县属总面积的 30.03%。该区利用方向应以农为主，农牧结合。按其土壤特点可分南部白浆土和草甸土亚区，西部白浆土和沼泽土亚区。

（一）南部白浆土和草甸土亚区（Ⅱ₁）

该亚区位于抚远县南部的低平原地带，面积 58 852.60 公顷，占该亚区面积的 64.06%。

该亚区地势平坦，微地形复杂，古河道、沼泽及平、洼地交错，地表水丰富。地下水位 1～3 米。气候属南部温凉早霜半温凉农业气候。垦前是以小叶樟为主的草甸植被。土壤以潜育白浆土为主，占 63%；其次是白浆化草甸土，占 23.80%。此外，还有草甸白浆土、草甸土、白浆化暗棕壤等。由于开发较晚，土质比较肥沃，潜育白浆土耕层养分平均含量：有机质为 81.90 克/千克，全氮为 3.90 克/千克，碱解氮为 383.48 毫克/千克，速效磷为 13.35 毫克/千克，速效钾为 315.06 毫克/千克。白浆化草甸土有机质平均为 118.30 克/千克，全氮为 5.10 克/千克，碱解氮为 467.66 毫克/千克，速效钾为 382 毫克/千克。耕层土壤通气透水能力差，土质黏杓、冷浆、地下水位高，不抗旱，不抗涝。在土壤改良利用上应抓以下措施：一是浅翻深松，多施有机肥。采取深松的办法逐步加深耕作层，打破犁底层，促进养分转化，改变土硬、土板、土黏、改善土壤理化性状；对于黏杓潜育白浆土和白浆化草甸土，以增加土壤有机质为重点，提倡秸秆还田，沤格荛，高温造肥。发展家畜饲养业，积造有机肥改土，做到以畜造肥，以肥改土。提高耕作土壤生产能力，增施有机肥，建设高产稳产农田。二是加强农田基本建设，促进排水，促进土壤熟化。要搞好以排水为重点的水利工程建设，开沟引流，修筑条田，排出地表水，减少内涝，提高地温。有水源条件的地方，要扩大水田面积。

（二）西部白浆土和沼泽土亚区（Ⅱ₂）

该亚区位于寒葱沟西部，包括寒葱沟镇、良种场一部分村队。面积 33 014.73 公顷，占该亚区面积的 35.94%。

该亚区地势低平，海拔 42～53 米，呈现蝶形洼地，自然植被以小叶樟、白桦树、杨树及灌木丛等为主。土壤类型，潜育白浆土为主，约 19 621.60 公顷，占该区面积的 59.43%；其次是生草沼泽土，面积 5 912.60 公顷。此外，还有草甸白浆土、白浆化草甸土、沼泽化草甸土等。潜育白浆土表层养分平均含量：有机质为 107.60 克/千克，全氮为 4.90 克/千克，碱解氮为 460.42 毫克/千克，速效磷为 15.65 毫克/千克，速效钾为 367.20 毫克/千克。生草沼泽土有机质为 193.30 克/千克，全氮为 9.50 克/千克，碱解氮为 795 毫克/千克，速效磷为 35.25 毫克/千克，速效钾为 634.50 毫克/千克。由此可见，土壤基础肥力是很高的，除潜育白浆土外，生草沼泽土各项含量均高于其他区。由于土壤本身底土黏重，渗透微弱，加之坡降为 1/10 000，径流滞缓，则排水条件差，易内涝。为了更好地利用本亚区资源，提高改良利用意见是：一是搞好农田基本建设。易涝地要修筑条田，排出地表水，减少内涝，提高土温。二是合理耕作，实行合理的耕作制度。当前，可建立以小麦、玉米、大豆为主要的作物的三区三制的耕作制。黑土层薄的白浆土，要实行深松，适期耕翻，不要把白浆层翻上来。通过深松，打破白浆层和犁底层，逐渐加深耕作层，改善土壤不良性质，促进土壤熟化。三是以农为主，农牧结合。同时发展养牛、羊；以便秸秆还畜，增加有机肥的数量，提高粪肥质量。四是充分发挥该亚区资源优势和水利优势，扩大水稻种植面积，建成抚远县水稻主要产区之一。

三、沿江农牧渔区（Ⅲ）

该区位于黑龙江和乌苏里江两江的沿岸地带，包括抚远镇、通江乡、浓江乡、抓吉镇、海青乡的一部分。面积 151 813.2 公顷，占抚远县县属总面积的 49.61％。该区地势低洼，海拔 43～50 米；利用方向应是农牧渔全面发展，根据该区特点，可划分为东北部泛滥地草甸土和泥炭土亚区、东南部泛滥地草甸土和沼泽土亚区、西北部泛滥地草甸土亚区。

（一）东北部泛滥地草甸土和泥炭土亚区（Ⅲ₁）

该亚区位于抚远县东北部，是黑龙江和乌苏里江汇合处。面积 86 099.10 公顷，占该区面积的 56.71％。海拔高度一般在 34～55 米，地形自西向东倾斜，坡降为 1/10 000～1/6 000。自然植被以小叶樟、芦苇、灌木等构成草甸植被，土壤以冲积母质上发育的泛滥地草甸土为主。沙性大，土体实，有粗沙，保水，保肥性差。黑土层薄，一般在 13～16 厘米。有机质含量不高，平均值为 2 克/千克左右，全氮平均值为 0.81～1.64 克/千克，潜在肥力不高，有效性高，土壤热潮。据本次土壤化验分析表明，该亚区普遍少磷素，全磷为 1.20 克/千克左右，速效磷为 10 毫克/千克，普遍低于其他土壤。泥炭土有机质平均含量 317.80 克/千克，全氮为 15.61 克/千克，碱解氮为 1 044.90 毫克/千克，速效磷为 52.64 毫克/千克，速效钾为 446.60 毫克/千克。泥炭土由于冷湿，水分过多，农牧业均未利用，但泥炭土是很好的天然资源，用泥炭改造白浆土，效果良好，经过处理是一种很好的有机肥料。

该区由于地势低平，易受洪水威胁，即保证不了收成。如 1984 年秋，一场洪水，全部被淹没。为了充分发挥该亚区的资源优势，改良利用方向是：一是增肥改土，提高地力。增施有机肥，提高土壤有机质含量和改良土壤性状，防止土壤板结，不断提高土壤肥力。合理增施化肥，在增氮肥的基础上要增施磷肥，氮磷肥结合，化肥施用宜秋翻深施或种肥、迫肥结合，化肥量大时要分期施用，以防苗期过多浪费，后期肥力不足。二是加固防洪大坝，防除洪水威胁，搞好田间排水工程，根除内涝危害。三是充分发挥该亚区泥炭资源优势，改良土壤，减轻土壤黏杧，冷浆，增加土壤温度，增加土壤通透性，促进有机质分解和养分转化。四是深耕深松改土。土壤耕层由于黏杧、冷浆、通透性差，采取定期深耕逐年加深耕层。开展深松，促进生土变熟土，加速土壤熟化，改变土壤物理性状。消除内滞积水、提高土壤肥力。

（二）东南部泛滥地草甸土和沼泽土亚区（Ⅲ₂）

该亚区位于抚远县东南部，乌苏里江沿岸，属海青乡内。面积 23 926.80 公顷，占该区面积的 15.76％。地貌以江河漫滩和低阶地为主，海拔高度 42～50 米。地表水和地下水皆丰富，水源条件好，地下水位较高，为 0.50～2.00 米。由于地势低平易受洪水威胁。自然植被以小叶樟、芦苇、沼柳等组成的草甸植被为主。

土壤类型以泛滥地草甸土为主，黑土层较薄。面积 19 278.20 公顷，占该区面积的 12.67％；其次是白浆化草甸土，面积 477.73 公顷，占该区面积的 0.31％。还有泥炭土等。泛滥地草甸土表层养分含量：有机质为 57 克/千克，全氮为 2.75 克/千克，碱解氮为

271.22毫克/千克，速效磷为19.80毫克/千克，速效钾为245.16毫克/千克。白浆化草甸土有机质为74.40克/千克，全氮为3.71克/千克，碱解氮为338毫克/千克，速效磷为16毫克/千克，速效钾为375毫克/千克。泥炭土有机质为469.40克/千克，全氮为28.39克/千克，碱解氮为182毫克/千克，速效磷为16毫克/千克，速效钾为689毫克/千克，该亚区属临江易受洪水泛滥地带，今后主要改良利用意见是：一是农、牧、林结合，做到宜农则农，宜牧则牧，宜林则林。对已开垦农田要根据效益情况，对不宜农耕的改种植牧草，优化再生草场。凡不宜开垦的要严禁毁草开荒，保护草场资源，使其逐步成为抚远县的牧业基地。要以生物措施和水利工程措施相结合的办法，解决沿岸国土流失，因此，要营造护岸林和修建护岸工程。二是发展水田，利用该亚区水源充沛条件和地势平坦优势发展水稻生产。

（三）西北部泛滥地草甸土亚区（Ⅲ₃）

该亚区为黑龙江沿岸的季节性洪水泛滥地带，位于抚远县西北，属抚远镇、浓江乡、浓桥乡所有，面积41 787.30公顷，占该区面积的27.53%，虽有部分耕地，因受洪涝灾害影响无丰收保证。

该区地势平坦，微地形复杂，泡沼星罗棋布，水量充沛，生长着繁茂的以小叶樟杂草类为主的草甸植被。土壤以冲积母质河沙上发育的泛滥地草甸土为主，面积17 450公顷，占该亚区面积的41.76%；其次是泥炭土，面积2.70公顷，占该亚区面积的0.006%；草甸土和沼泽化草甸土呈复区分布，面积14 610.40公顷，占该亚区面积的34.96%。由于土质热潮，养分有效程度较高，在1980年以后，枯水时期，农田面积较大。由于地势低平，易受洪水威胁，收成无保证，而且破坏了草甸植被和灌丛林。在今后改良利用上要做到：利用该区繁茂的草场，充足的水源条件发展畜牧业。对未开垦的草场，要保护好，对已开垦的耕地要根据效益情况逐年退耕还牧，种植牧草，优化再生草原，发展养牛、养羊，建设牧业基地。

附　录

附录1　抚远县耕地地力评价及作物种植适宜性评价报告

作物适宜性评价是农作物的生产和布局的基本依据，也是种植模式调整和设计的重要依据，对实现作物种植效益目标有着重大影响。本次评价是在测土配方施肥项目的支持下，利用地理信息系统平台，计算机和数学的方法结合田间采样和调查数据来完成的。目的是要回答对于抚远县来说种什么作物、种在哪里最适宜、种多少最合适等问题。为抚远县农业生产宏观布局提供决策依据。

第一节　大豆种植适宜性评价

位于黑龙江省三江平原的抚远县，自然环境条件好、生态优势强，农业发展历史短，环境污染程度低，土质肥沃、蓝天碧水、绿洲净土。农作物生育季节雨量适中，雨热同期，植物生长繁茂，适宜种植各种作物。

抚远县是粮食生产大县，县属耕地面积16.33万公顷。其中，大豆历年播种面积11.50万公顷，占县属耕地面积的71.03％，是黑龙江省为数不多的大豆生产基地县之一。抚远县自然条件好、生态环境优越、环境污染程度低、土质肥沃、地势平坦，光照资源丰富，且土质肥沃，有机质含量较高，农作物生育期间雨量充沛，很适合大豆种植，是生产绿色大豆的理想之处。

大豆适宜性评价数据来源于2010年土壤采样和化验分析，在耕地地力评价的同时，进行了大豆适宜性评价，采用的采样点数据与耕地地力评价相同，共采集样点数据1 500个。

一、大豆评价指标的选择和权重

大豆种植和产量的主要限制因素是气候条件、土壤、水资源状况、生物性条件（如种子、虫害等）和社会经济条件，以及增加大豆单产途径的新的耕作技术、综合作物管理、养分管理、灌溉农业中水资源的有效利用。

（一）大豆适宜性评价的指标

根据大豆生长对土壤和自然环境条件的需求，我们在选择评价因素时，依据以下原则因地制宜地进行了选择，诸如选取的因子对耕地地力有较大影响；选取的因子在评价区域内的变异较大，便于划分等级；同时必须注意因子的稳定性和对当前生产密切相关的因素。如抚远县大豆适宜性评价指标，根据影响大豆种植的主要因子，选定评价指标为8项。包括有机质、有效磷、有效锌、速效钾、pH、质地、障碍层厚度、耕层厚度、障碍层类型。各指标的隶属度为：

1. 有机质　土壤有机质的高低是评价土壤肥力高低的重要指标之一。有机质是植物养分的给源，在有机质分解过程中将逐步地释放出植物生长所需要的氮、磷和硫等营养元素；有机质能改善土壤结构性能以及生物学和物理、化学性质。通常在其他条件相似的情况下，在一定含量范围内，有机质含量的多少反映了土壤肥力水平的高低。土壤有机质的含量越高，专家评估值越高（附表1-1）。

附表1-1　专家对土壤有机质隶属度评估值

有机质（克/千克）	10.00	20.00	30.00	40.00	50.00	60.00	70.00	80.00	90.00
专家评估值	0.50	0.60	0.70	0.80	0.85	0.92	0.95	0.98	1.00

2. 速效钾　地壳的平均含钾浓度约为25克/千克（Sheldrick，1985），相当于地壳磷浓度的20倍，是地球最巨大的钾存储库。氮、磷、钾3个元素中，钾在自然界的活跃程度远不如氮，钾几乎不进入大气，不能形成有机态。但钾较磷易于在环境中迁移流动，因此在某种意义上钾在自然界的活跃程度可超过磷。尽管如此，钾在农业系统中的循环过程依然十分简单。专家给钾的分值为越高越好，属于戒上型函数（附表1-2）。

附表1-2　专家对土壤速效钾隶属度评估值

速效钾（毫克/千克）	30.00	60.00	90.00	120.00	150.00	200.00	250.00	300.00
专家评估值	0.40	0.50	0.60	0.70	0.80	0.90	0.98	1.00

3. 有效磷　生物圈磷循环属于元素循环的沉积类型（E. P. Odum，1971），这是因为磷的贮存库是地壳。磷极易为土壤所吸持，几乎不进入大气。因此，磷在农业系统中的迁移循环过程十分简单。它远不如氮那么活跃和难以控制。一般情况下，在一定的范围内，专家目前认为有效磷越多越好，属于戒上型函数（附表1-3）。

附表1-3　专家对土壤有效磷隶属度评估值

有效磷（毫克/千克）	10.00	15.00	20.00	25.00	30.00	35.00	40.00	45.00	50.00	55.00	60.00
专家评估值	0.35	0.40	0.45	0.50	0.60	0.70	0.80	0.90	0.95	0.98	1.00

4. pH　pH是评价土壤酸碱度的重要指标之一。对作物生长至关重要，影响土壤各种养分的转化和吸收，对大多数作物来讲偏酸和偏碱都会对作物生长不利。所以pH符合峰型函数模型（附表1-4）。

附表1-4　专家对土壤pH隶属度评估值

pH	3.60	3.90	4.20	4.50	4.80	5.10	5.50	5.90	6.20
专家评估值	0.38	0.40	0.50	0.60	0.70	0.80	0.94	0.98	1.00

5. 耕层厚度　反映耕地土壤的容量指标是耕地肥力的综合指标，属于概念型指标（附表1-5）。

附表1-5 专家对耕层厚度隶属度评估值

分级编号	土壤耕层厚度	隶属度评估值
1	土壤耕层厚度>24.00厘米（深厚）	1.00
2	土壤耕层厚度22.00～24.00厘米（厚层）	0.99
3	土壤耕层厚度20.00～22.00厘米（中层）	0.98
4	土壤耕层厚度18.00～20.00厘米（薄层）	0.88
5	土壤耕层厚度16.00～18.00厘米（薄层）	0.75
6	土壤耕层厚度14.00～16.00厘米（薄层）	0.65
7	土壤耕层厚度12.00～14.00厘米（薄层）	0.50
8	土壤耕层厚度<10.00厘米（破皮、露黄）	0.42

6. 质地 土壤质地是指土壤中各种粒径土粒的组合比例关系，也被称为机械组成，根据机械组成的近似性，划分为若干类别，称之为质地类型。

7. 障碍层厚度 是指构成植物生长障碍的土层距地表的厚度，土层厚度对耕地地力有较大影响，对作物生长极为不利。这个指标属于概念型，专家给出的评估值见附表1-6、附表1-7。

附表1-6 土壤质地分类及其隶属度专家评估

分类编号	土壤质地	隶属度评估值
1	松沙土	0.35
2	紧沙土	0.70
3	沙壤土	0.80
4	轻壤土	0.90
5	中壤土	0.95
6	重壤土	1.00
7	轻黏土	0.90
8	中黏土	0.70
9	重黏土	0.60

附表1-7 专家对障碍层厚度隶属度评估值

障碍层厚度	<12.00	14.00	16.00	18.00	20.00	>21.00
隶属度评估值	0.70	0.80	0.90	0.94	0.98	1.00

8. 障碍层类型 是指构成植物生长障碍的土层类型。主要有盐积层、沙砾层、白浆层等。这些土层对耕地地力有较大影响，对作物生长极为不利。这个指标属于概念型（附表1-8）。

附表 1-8　专家对障碍层类型隶属度评估值

障碍层类型	黏盘层	潜育层	白浆层	沙砾层
专家评估值	1.00	0.85	0.75	0.65

9. 有效锌　反映耕层土壤中能供给作物吸收的锌的含量，属数值型（附表 1-9）。

附表 1-9　专家对有效锌隶属度评估值

有效锌	1.00	1.50	2.00	2.50	3.00
专家评估值	0.75	0.85	0.92	0.98	1.00

（二）评价指标权重

以上指标确定后，通过隶属函数模型的拟合，以及层次分析法确定各指标的权重，即确定每个评价因素对耕地地力影响的大小。根据层次化目标，A 层为目标层，即玉米适宜性评价层次分析；B 层为准则层，C 层为指标层。然后通过求各判断矩阵的特征向量求得准则层和指标层的权重系数，从而求得每个评价指标对耕地地力的权重。其中，准则层权重的排序为：有效锌＞pH＞障碍层次类型＞有机质＞耕层厚度＞速效磷＞速效钾。

层次分析结果见附图 1-1，附表 1-10。

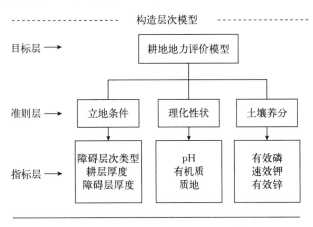

附图 1-1　大豆适宜性评价层次模型

附表 1-10　层次分析结果

层次 A	层次 C			
	理化性状 0.276 6	土壤养分 0.594 9	剖面组成 0.128 5	组合权重 $\sum C_i A_i$
有机质	0.314 3			0.086 9
pH	0.460 6			0.127 4
质地	0.225 1			0.062 3

（续）

层次 A	层次 C			
	理化性状 0.276 6	土壤养分 0.594 9	剖面组成 0.128 5	组合权重 $\sum C_i A_i$
有效锌		0.125 9		0.074 9
速效钾		0.402 3		0.239 3
有效磷		0.471 7		0.280 6
障碍层厚度			0.181 8	0.023 4
耕层厚度			0.545 5	0.070 1
障碍层类型			0.272 7	0.035 0

对大豆适宜性评价根据隶属函数和层次分析模型进行计算和分析。

二、大豆适宜性评价结果分析

对大豆影响同样采用累加法计算各评价单元综合适宜性指数，通过计算得出抚远县大豆适宜性评价划分为 4 个等级，高度适宜属于高产田面积为：31 890.33 公顷，占抚远县县属耕地面积的 19.52%。适宜属于中产田面积为 73 684.67 公顷，占抚远县县属耕地面积的 45.11%。勉强适宜属于低产田面积为：52 381.48 公顷，占抚远县县属耕地面积的 32.07%。不适宜属于低产田面积为：5 376.97 公顷，占抚远县县属耕地面积的 3.29%（附表 1 - 11）。

附表 1 - 11　大豆适宜性地块数及面积统计

适宜性	地块数	面积（公顷）	占县属耕地比例（%）
高度适宜	827	31 890.33	19.53
适宜	1 015	73 684.67	45.11
勉强适宜	803	52 381.48	32.07
不适宜	68	5 376.97	3.29

从适宜性等级的分布特征来看，等级的高低与地形部位、土壤类型及养分等密切相关。高中产土壤主要集中在中部，行政区域包括海青乡、鸭南乡、抚远镇。其中，海青乡高度适宜耕地面积最大（附图 1 - 2、附图 1 - 3、附表 1 - 12、附表 1 - 13）。

附表 1 - 12　大豆适宜性指数分级

地力分级	地力综合指数分级（IFI）
高度适宜	>0.79
适宜	0.71～0.79
勉强适宜	0.63～0.71
不适宜	<0.63

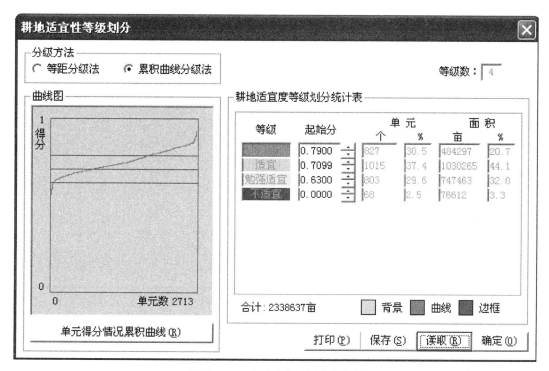

附图 1-2　大豆适宜性评价等级图

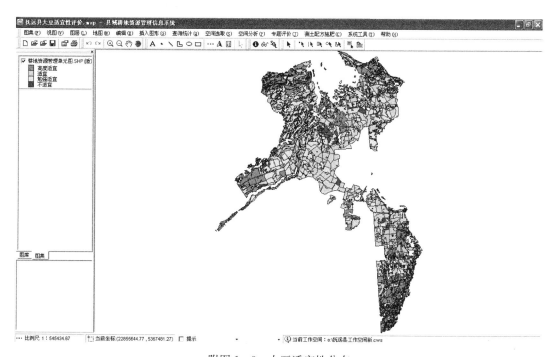

附图 1-3　大豆适宜性分布

附表 1-13　各乡（镇）大豆适宜性耕地面积统计

单位：公顷

乡（镇）	高度适宜	适宜	勉强适宜	不适宜
海青乡	11 768.66	17 095.05	5 934.20	596.81
浓江乡	2 421.23	2 929.82	6 020.15	208.63
浓桥镇	2 527.31	11 546.51	11 211.51	2 308.05
寒葱沟镇	1 254.30	11 612.57	5 975.13	0.20
别拉洪乡	2 547.42	10 276.40	1 133.56	355.95
通江乡	2 206.48	5 103.87	2 906.61	148.08
抓吉镇	178.67	10 652.14	10 774.30	821.58
鸭南乡	4 665.52	3 841.09	8 386.32	931.97
抚远镇	4 320.74	627.22	39.70	5.70
全县	31 890.33	73 684.67	52 381.48	5 376.97

下面对大豆适宜性评价的不同等级分别进行讨论。

（一）大豆种植高度适宜耕地

1. 面积与分布　大豆高度适宜耕地面积 31 890.33 公顷，占抚远县县属耕地面积的 19.53%，主要分布在海青乡、鸭南乡、抚远镇。超过千公顷以上的有 8 个乡（镇），各乡（镇）均有分布。其中，海青乡高度适宜耕地面积最大，海青乡是抚远县大豆种植的重点乡（镇），大豆种植面积达 1 万多公顷（附表 1-14）。

附表 1-14　各乡（镇）大豆高度适宜耕地面积分布

乡（镇）	耕地面积 （公顷）	高度适宜耕地面积 （公顷）	占高度适宜耕地面积比例 （%）	占乡（镇）耕地面积 （%）
海青乡	35 394.72	11 768.66	36.90	33.25
浓江乡	11 579.83	2 421.23	7.59	20.91
浓桥镇	27 593.38	2 527.31	7.93	9.16
寒葱沟镇	18 842.20	1 254.30	3.93	6.66
别拉洪乡	14 313.33	2 547.42	7.99	17.80
通江乡	10 365.04	2 206.48	6.92	21.29
抓吉镇	22 426.69	178.67	0.56	0.80
鸭南乡	17 824.90	4 665.52	14.63	26.17
抚远镇	4 993.36	4 320.74	13.55	86.53
全县	163 333.45	31 890.33		19.53

2. 高度适宜耕地土壤养分　大豆高度适宜耕地耕层土壤养分含量较丰富，土壤质地适宜，排涝能力强。有机质含量较高，平均值为 58.86 克/千克，幅度在 28.40～80.20 克/千克，种植大豆产量高。

大豆高度适宜地块所处地形平缓，侵蚀和障碍因素很小，耕层土壤各项养分含量高。结构较好，多为粒状或小团粒状结构。土壤大都呈弱酸性，pH 为 4.50～5.50。养分含量丰富，有效锌为 1.37 毫克/千克，有效磷为 41.01 毫克/千克，速效钾为 210.72 毫克/千克。保肥性能较好，有一定的排涝能力。该级地适于种植大豆，产量水平高。总体上讲，高度适宜耕地区农田基础设施配套，排涝能力较强，地势高岗，土壤养分和其他条件都较好（附表 1-15）。

附表 1-15　大豆高度适宜耕地相关指标统计

项　　目	平均	最大	最小
有效锌（毫克/千克）	1.37	2.35	0.70
速效钾（毫克/千克）	210.72	637.00	78.00
有效磷（毫克/千克）	41.01	55.70	26.70
有机质（克/千克）	58.86	80.20	28.40
有效氮（毫克/千克）	338.12	609.00	112.00
pH	4.60	5.50	3.90

（二）大豆种植适宜耕地

1. 面积与分布　大豆适宜耕地面积 73 684.67 公顷，占抚远县县属耕地面积的 45.11%，各乡（镇）都有分布。按面积大小排序为：海青乡＞寒葱沟镇＞浓桥镇＞抓吉镇＞别拉洪乡＞通江乡＞鸭南乡＞浓江乡＞抚远镇（附表 1-16）。

附表 1-16　各乡（镇）大豆适宜耕地面积分布

乡（镇）	耕地面积（公顷）	适宜耕地面积（公顷）	占适宜耕地面积比例（%）	占乡（镇）耕地面积（%）
海青乡	35 394.72	17 095.05	23.20	48.30
浓江乡	11 579.83	2 929.82	3.98	25.30
浓桥镇	27 593.38	11 546.51	15.67	41.85
寒葱沟镇	18 842.20	11 612.57	15.76	61.63
别拉洪乡	14 313.33	10 276.40	13.95	71.80
通江乡	10 365.04	5 103.87	6.93	49.24
抓吉镇	22 426.69	10 652.14	14.46	47.50
鸭南乡	17 824.90	3 841.09	5.21	21.55
抚远镇	4 993.36	627.22	0.85	12.56
全县	163 333.45	73 684.67		45.11

2. 适宜耕地土壤养分　大豆适宜耕地耕层土壤养分含量也较丰富，土壤质地较适宜，排灌能力较强。有机质含量平均值为 23.20～80.60 克/千克。海青乡、寒葱沟镇、浓桥镇、抓吉镇、别拉洪乡都有高值出现。平均值最高在寒葱沟镇附近区域（附表 1-17）。

附表1-17　大豆适宜耕地相关指标统计表

项　目	平均值	最大值	最小值
有效锌（毫克/千克）	1.45	2.50	0.71
速效钾（毫克/千克）	207.57	566.00	55.00
有效磷（毫克/千克）	25.80	47.80	10.10
有机质（克/千克）	59.01	80.60	23.20
pH	4.58	5.40	3.60

大豆适宜地块所处地形平缓，侵蚀和障碍因素很小，耕层土壤各项养分含量均高。结构较好，多为粒状或小团粒状结构。土壤大都呈弱酸性，pH为4.50～5.40。养分含量丰富，有效锌为1.45毫克/千克，有效磷为25.80毫克/千克，速效钾为207.57毫克/千克。与高度适宜区相比，大豆适宜耕地区排涝能力稍差，地面坡度稍大，土壤养分等综合指标分值相对较低。

（三）大豆种植勉强适宜耕地

1. 面积与分布　大豆勉强适宜耕地面积52 381.48公顷，占抚远县县属耕地面积的32.07%，各乡（镇）均有分布。主要分布在浓桥镇、抓吉镇、鸭南乡、浓江乡、寒葱沟镇、海青乡等地（附表1-18）。

附表1-18　各乡镇大豆勉强适宜耕地面积分布

乡（镇）	耕地面积（公顷）	勉强适宜耕地面积（公顷）	占勉强适宜耕地面积比例（%）	占乡（镇）耕地面积（%）
海青乡	35 394.72	5 934.20	11.33	16.77
浓江乡	11 579.83	6 020.15	11.49	51.99
浓桥镇	27 593.38	11 211.51	21.40	40.63
寒葱沟镇	18 842.20	5 975.13	11.41	31.71
别拉洪乡	14 313.33	1 133.56	2.16	7.92
通江乡	10 365.04	2 906.61	5.55	28.04
抓吉镇	22 426.69	10 774.30	20.57	48.04
鸭南乡	17 824.90	8 386.32	16.01	47.05
抚远镇	4 993.36	39.70	0.08	0.80
全县	163 333.45	52 381.48		32.07

2. 勉强适宜耕地土壤养分　大豆勉强适宜耕地土壤有机质平均含量为21.40～78.70克/千克，最高平均值出现在浓桥镇附近，最低平均值出现在鸭南乡附近。

大豆勉强适宜地块所处地形低洼，侵蚀和障碍因素较大，耕层土壤各项养分含量偏低。结构较差，多为粒状或小块状结构。土壤大都呈酸性，pH在3.60～5.6。养分含量不丰富，有效锌平均1.41毫克/千克，有效磷平均21.18毫克/千克，速效钾平均147.58毫克/千克。保肥性能较差，没有排涝的能力。该级地不适于种植大豆，产量水平较低。

相比较而言，大豆勉强适宜耕地整体排涝能力差，地面坡度更缓，坡度更大，综合打分更低（附表1-19）。

附表1-19 大豆勉强适宜耕地相关指标统计表

项 目	平均值	最大值	最小值
有效锌（毫克/千克）	1.41	2.10	0.54
速效钾（毫克/千克）	147.58	380.00	29.00
有效磷（毫克/千克）	21.18	36.50	10.20
有机质（克/千克）	54.33	78.70	21.40
pH	4.61	5.60	3.60

（四）大豆种植不适宜耕地

1. 面积与分布 大豆不适宜耕地面积5 376.97公顷，占抚远县县属耕地面积约3.29%，各乡（镇）均有分布。面积最大区域在浓桥镇（附表1-20）。

附表1-20 各乡镇大豆不适宜耕地面积分布

乡（镇）	耕地面积 （公顷）	不适宜耕地面积 （公顷）	占不适宜耕地面积 比例（%）	占乡（镇）耕地面积 （%）
海青乡	35 394.72	596.81	11.10	1.69
浓江乡	11 579.83	208.63	3.88	1.80
浓桥镇	27 593.38	2 308.05	42.92	8.37
寒葱沟镇	18 842.20	0.20	0	0.001
别拉洪乡	14 313.33	355.95	6.62	2.49
通江乡	10 365.04	148.08	2.75	1.43
抓吉镇	22 426.69	821.58	15.28	3.66
鸭南乡	17 824.90	931.97	17.33	5.23
抚远镇	4 993.36	5.70	0.11	0.11
全县	163 333.45	5 376.97		3.29

2. 不适宜耕地土壤养分 大豆不适宜耕地土壤有机质平均含量为15.50～78.70克/千克，最高平均值出现在抓吉镇附近，最低平均值出现在鸭南乡附近。

大豆不适宜地块所处地形起伏较大，侵蚀和障碍因素影响很大，耕层土壤各项养分含量偏低。结构不良，多为块状结构。土壤大都呈酸性，pH为3.70～5.19。养分含量不丰富，有效锌平均1.41毫克/千克，有效磷平均19.65毫克/千克，速效钾平均150.46毫克/千克。大豆不适宜耕地灌溉能力更差，地面坡度最大（附表1-21）。

附表 1 - 21　大豆不适宜耕地相关指标统计

项　　目	平均值	最大值	最小值
有效锌（毫克/千克）	1.41	2.00	0.75
速效钾（毫克/千克）	150.46	334	17.00
有效磷（毫克/千克）	19.65	33.60	11.50
有机质（克/千克）	53.65	78.70	15.50
pH	4.27	5.19	3.70

第二节　抚远县种植业合理布局的若干建议

通过开展抚远县耕地地力调查与质量评价，基本查清了全县各种耕地类型的地力状况及农业生产现状，为抚远县农业发展及种植业结构优化提供了较可靠的科学依据。种植业结构调整除了因地因区域种植外，还要与县域的经济、社会发展紧密相连。

一、结构调整势在必行

由于农业生物技术的发展，种植业单产、总产稳步提高。粮食需求出现了相对过剩的局面，导致大部分农产品价格下跌。即使某种农产品的市场供给稍微紧俏些，也会立即诱发众多地区一哄而上，很快出现滞销积压的局面。面临市场经济的汪洋大海，特别是我国加入 WTO 后，农民们很难把握应该种什么、种多少。在这种情况下，农业产业结构调整不能简单地理解为多种点什么、少种点什么，必须从实际出发，严格按照市场经济规律进行科学决策，寻找新的突破口，从优质、高产、高效品种上寻求新的发展，就成为农业产业结构调整的重要内容。

二、品种结构调整重在转变观念

农业产业结构调整的关键首先是要抓好品种结构的调整，重在实现以下 4 个观念的转变：

（一）由产量型农业观念向质量效益型农业观念转变

随着人民生活水平的不断提高和农产品加工业的发展，人们对农产品的品质要求越来越高，某种农产品是否适应市场需求，不能仅从数量上看，还要从质量上看，只有在数量和质量方面都能满足消费者的需要，才能适应市场需求。更要看到，农产品的优质是一个相对的动态概念，它受各种自然环境条件的制约和品种退化影响较大，这就要求农业科研部门不断地研究、开发、推广新品种，农业技术推广部门不断地提供先进的生产技术和方法，以满足农资市场及农产品市场的需求，达到农业增效、农民增收的目的。

（二）由传统种植二元结构观念向多元结构观念转变

目前，传统的粮食作物、经济作物二元结构已不能满足迅猛发展的畜牧业、水产业对优质蛋白质饲料的需求。我国生产的大豆总产量的 78% 用于生产油脂。即便如此，油料作物资源仍然匮乏，每年仍须大量从国外进口，尤其是缺少高蛋白质和高油脂的大豆。所以有目的地引进优质高蛋白、高油脂品种资源，利用其特点，改善传统食品的营养状况。这不仅能扩大消费，还能缓解粮食生产供大于求的矛盾。同时，还应大力发展优质牧草，增加饲料源，还可以改善自然生态环境，促进农业可持续发展。

（三）由粮食观念向食物观念转变

现代农业发展表明，粮食问题解决之后，人们的生活质量就会发生很大的变化，生活水平提高，膳食结构必然会从过去单纯的大米、面食等传统的温饱型食物结构逐步向高营养、有保健作用以及新、奇、特、色、香、味、形并重的小康、富裕型方向转变，形成食物多样化特点，特别是对动物食品、水果、蔬菜、瓜果的需求量的增加，粮食消费大幅度下降，这就要求必须对农业产业结构进行调整，优化农作物品种结构，加大对其他动、植物品种的开发，由传统的粮食观念向现代食物观念转变，以满足市场的需要。

（四）由封闭型农业观念向市场型农业观念转变

随着农产品短缺时代的结束，农产品相对过剩，价格下降，增产不增收现象日趋严重。即使当前市场看好的、质量优异的农产品，也不能过多过快地盲目发展，而是应当在对市场需求进行深入调查分析的基础上科学决策，生产市场适销对路的产品，力求保持市场供需基本平衡，尽量避免供大于求的局面。"以销定产，实行合同经济"，这个在工业上应用了多少年的经济方针，对现在乃至今后农业的发展将发挥越来越重要的作用。但是，"以销定产"不能只停留在口头和一般号召上，必须付诸行动。这种行动就是要全面推行农产品生产合同制，并维护合法合同的法律效力，通过广泛利用购销合同，即"订单农业"，确保农产品的销路，同时也是防止农业结构调整时期出现盲目性的基本保证。

所以，作物品种结构调整的重要目标不仅仅是粮经比例的调整，还应是品质调优，作物调新，最终实现效益调高才是目的。

三、作物品种结构调整的措施

要充分利用自然资源，积极开展新品种，实现大宗农作物生产优质化、专用化和杂交化。在水稻上要在基本稳定现有单产的基础上重点开发适口性、商品性好的优质品种。以推广高蛋白玉米为例，除其优良的食用价值外，其饲料价值更不可忽视。

随着农业市场化、农产品优质化、农作物多样化和专用化进程的加快，更要注重新品种的开发，以适应和促进农业产业化经营的发展。一是对粮油大宗作物，在加大优质高产新品种示范和宣传力度的同时，种子部门要和农产品收购部门分工协作，实行区域化供种，连片种植，农产品优质优价收购。二是对小宗作物，要注重品种多样化，发展外销队伍，在促进初级产品销售的同时，积极开发农产品深加工，运用高科技，提高产品附加值，抢占外销市场，对能够形成规模生产的作物门类，逐步打出品牌和"拳头"产品，建立起适应现代农业的产供销一体化产业。

建立完善新品种开发、示范和推广网络。种植业结构调整，首先是品种结构的调整。为此，必须加快各类新作物、新品种的引进速度，建立相应的引种基地和生产基地。为在引种上做到规范有序，避免引种上的盲目性和不必要的低水平重复劳动，有效控制检疫性病虫害的迁入，应建立完善的县级示范基地和乡村推广分工负责的引种示范网络。

农业结构调整是一个长期的动态的过程。要充分认识品种结构调整工作的长期性和艰巨性。农作物种类及其品种的确定是经过长期人工选择和自然选择的结果。要改变这种结构就必须有适宜抚远县栽培并适销对路的品种，而一般选育或引进一个可推广应用的新品种需要相当长的时间。加之农产品供求时常在不断变化，对品种会不断提出新的要求。再则，抚远县目前农业产业化经营仍属社会大分化阶段，"公司＋基地＋农户"的产供销一体化模式尚未形成。在今后相当长的时期内要进行种植业品种结构的调整。

近年来，各级［包括乡（镇）农技站］对新品种的引进热情高涨，纷纷通过各种渠道大量引进新品种（系），引进后又不经过正规试种和正确的市场分析，盲目扩大种植规模，不仅扰乱了种子市场秩序，违反了《中华人民共和国种子法》。同时，给新品种的推广带来了严重影响，使广大种植农户损失严重，即使有的丰产了但却找不到销路，甚至有的还将检疫性病虫害引入而造成重大损失的现象。因此，要力求避免引种的盲目性和随意性，要严格按照引种规程科学决策。

四、种植业结构的调整

为适应加入世贸组织的新形势、提高农产品竞争能力、促进农业和农村经济的持续发展，应精心规划，在农业结构调整中，品种调优、规模调大、效益调高。

（一）粮豆作物

根据耕地土壤及生态条件的要求进行作物面积的调整。生态条件适宜双季稻生长的地区，应继续巩固和发展双季稻；确系生态条件不宜于种植双季稻的，应改种单季稻。提倡实行粮经作物合理轮作间作套种，提高复种指数。

1. 水稻 水稻是抚远县的主要粮食作物，20 年来已走出一条"稳定面积，优化结构，提高单产，稳定总产，改善品质，提高效益"的路子。通过改进耕作制度，依靠科技进步，使单产总产有了大幅度提高。抚远县水稻适宜的种植面积为 69 540 公顷，占耕地总面积的 42.58%；近几年，抚远县水稻种植面积大致在 15 000 公顷左右，根据水稻适宜性评价和水资源特点，抚远县水稻种植面积应在 6.30 万公顷以下。

2. 大豆 大豆面积一般占粮豆面积的 86% 左右，产量占粮豆总产量的 64%。自 1990年参加省"丰收计划"竞赛，普及"良种匀植，双肥深施，防治病虫，不重不迎"的大豆综合栽培模式以来，使大豆公顷单产突破了 2 250 千克。推行大豆密植技术全部采用精量播种深松，分层施肥，窄行等技术，大豆行间覆膜技术，大豆重迎茬防治技术，使大豆产量有较大提高。通过大豆适宜性评价，抚远县大豆高度适宜和适宜种植面积为 10.56 万公顷，占耕地总面积的 64.65%；近几年，抚远县大豆种植面积大致在 11.50 万公顷左右，根据大豆适宜性评价、避免大豆重迎茬和市场价格，抚远县大豆种植面积应在 6.50 万公顷。

（二）经济作物

1. 芸豆 抚远县芸豆生产历史较早，但因品种质差，产量低，发展缓慢。引进优质芸豆，使芸豆生产迅速发展。到 2009 年，芸豆种植面积已达 0.67 万公顷，产值大幅度提高。

2. 蔬菜作物　实现陆地蔬菜、地膜覆盖、棚室蔬菜相结合的蔬菜生产模式。抚远县在建设"菜园子"，丰富"菜篮子"工程中，通过建立基地、引进新品种、加强技术指导等措施，改变了品种单一，上市时间晚，价格高的问题，不但满足了城镇居民的需求，而且蔬菜生产也成为农民致富的一门产业。

在抚远镇建起日光节能温室 20 栋 5 000 平方米，引进国内外 30 多个特色品种，每平方米比普通棚室效益提高 1 倍。使蔬菜保护地形成了日光节能温室、普通温室、塑料大、中棚的格局。保证全县蔬菜生产面积在 1 000 公顷以上。

附录 2　抚远县耕地地力评价与土壤改良利用报告

耕地质量是指耕地在农业生态系统界面内维持生产，保障农业环境质量，促进动物与人类健康行为的能力。耕地质量主要是依据耕地功能进行定义的，即目前和未来耕地功能正常运行的能力：一是耕地上作物持续生产能力；二是耕地质量概念的内涵包括作物生产力，耕地生态环境。

第一节　耕地地力建设与土壤改良培肥

从 1989 年开始，黑龙江省政府在全省范围内组织开展了"耕地培肥计划"活动，并结合贯彻实施了农业部提出的"沃土工程"。为了加强耕地资源的管理，1996 年，黑龙江省人大常委会（以下简称黑龙江省人大）在全国率先颁布了《黑龙江省耕地保养条例》，在全省贯彻实施。2001 年以来，由黑龙江省人大、省政府法制主管部门牵头，农业部门主持起草了《肥料条例》（草稿），正准备提交省人大会议讨论通过。在实施"沃土工程"和"耕地培肥计划"活动中，县财政每年拿出 15 万元作为耕地培肥计划专项资金，用于鼓励耕地养护工作开展好的乡（镇）。1989—2001 年，由此吸引和带动全县各级投资累计达 34.57 万元。其中，县财政投资 20.80 万元；乡（镇）、村集体投资 13.77 万元。这些投资大部分用在了积肥基础设施建设和有机肥源开发上，新建、维修厕所达 435 个；新建、维修圈舍 737 个；新建贮灰仓 256 个；新建集体积肥场 20 个；新建沤肥坑 263 个。实现了人有厕所、畜禽有圈舍、户有贮灰仓和沤肥坑、村有积肥场。粪肥回收率由 1988 年的 30％逐步提高到 50％以上。2005 年，抚远县有机肥施用总量为 223 万吨，比 2001 年的 166 万吨增加了 34.34％。粪肥有机质含量平均达到 7.50％左右，比 1988 年的 5％提高了 2.50 个百分点。

抚远县把秸秆还田作为有机肥源开发的突破性措施，纳入"耕地培肥计划"中实行目标管理，围绕畜牧大省建设，大力提倡秸秆过腹还田，积极探索秸秆直接还田和生物造肥技术，不断提高秸秆综合利用率。建立了玉米、小麦、大豆、水稻四大作物秸秆还田示范区，在全县不同地区形成了不同的秸秆还田模式。推广了麦秸、豆秸粉碎还田和小麦高茬收割还田技术；玉米秸秆、根茬粉碎还田和玉米秸秆造肥还田技术；充分利用稻草资源，进行过腹、高茬收割、稻草造肥等形式还田。2008 年，抚远县农作物秸秆、根茬还田面积 2 800 公顷，还田的秸秆量 110.40 万吨，占秸秆总量的 43.60％。其中，秸秆过腹还田 48.97 万吨，占秸秆还田总量的 44.36％，比 10 年前增长 50％；秸秆直接还田数量为 35.81 万吨，占 32.44％；秸秆堆沤还田 25.62 万吨，占 23.21％。玉米秸秆还田量最大，数量 38 万吨，占秸秆还田总量 34.42％。通过直接或间接还田归还的氮素为 42 万千克，比 1983 年的 6 万千克增加 7 倍；归还的磷素为 13 万千克，比 1983 年的 2 万千克增加 6.50 倍；归还的钾素为 33 万千克，比 1983 年的 4 万千克增加 8.30 倍。3 种养分归还率由 1983 年的 18％提高到 30％。

针对抚远县施肥结构不合理，化肥利用率低的问题，从 20 世纪 70 年代后期就开始抓平衡施肥工作。近 20 年来，我们在抚远县不同类型土壤多点试验示范，不断探索经验，完善技术措施，逐步提高平衡施肥效果。现在推广平衡施肥技术，一般可以提高化肥利用率 5％～10％；实现增产率 10％～15％，高的可达 20％以上。实践证明，推广应用平衡施肥技术，不但能促进作物增产、提质，而且能达到节肥、节支、增收的效果。平衡施肥技术已成为抚远县农业五大重点技术之一，在调整农业结构，建设节本增效农业中发挥了积极作用。

由于抚远县上下采取了可行的用地养地措施，有效地扼制了耕地土壤有机质下降的速度，耕地养护搞得好的地方，保持了土壤有机质的平衡。为提高耕地质量，抚远县十几年来坚持实施"耕地培肥计划""铁牛杯"和"黑龙杯"，大搞土壤深松，推行"三·三"轮耕轮作制，加强农田水利建设，开展水土保持，建设生态农业，提高了土地产出能力，促进了农业生态向着良性循环的方向发展。据多点试验证明，在通常产量水平情况下，在作物根茬全部还田的基础上，公顷施厩肥 37 500 千克或施秸秆肥 7 500 千克以上，耕地土壤有机质保持平衡。

第二节　抚远县耕地质量变化特征

一、区域气候趋于干旱、地下水位持续下降

（一）气候干旱、雨量减少

抚远县平均年降水量为 500～650 毫米，最大年降水量可达 800 毫米。近十几年来，一方面在大气环流的影响下；另一方面在人为活动的作用下，特别是由于湿地的大面积开垦、水面减少，气候发生了显著变化。从试验中可以得出：10 年为一代的前 5 年与后 5 年中，自然降水的增减呈明显的周期性（阶段性）。20 世纪 50 年代，呈"前少后多"增减方式。前 5 年降水少，全区为 551 毫米，其中发生 2 个多雨年。后 5 年降水增多，全区为 643 毫米，其中发生 4 个多雨年。20 世纪 60 年代，转换为"前多后少"增减方式后，前 5 年全区平均降水增至 598 毫米，平均发生 3.50 个多雨年。后 5 年全区平均降水减至 502 毫米，其中平均发生 1.30 个多雨年。由此看出，以 10 年为一代 5 年为一阶段的自然降水周期性增减明显。据气象资料表明，三江平原的年降水量比过去减少了 180 毫米左右，比其他可比地区多减少了 100 毫米，在同一纬度带内黑龙江省的松嫩平原降水量每年递减 4 毫米，而三江平原每年递减 9 毫米左右。1990 年以来，黑龙江春夏持续高温，燥热无雨，干旱更加严重。三江平原连续 7 年干旱，1993 年、1998 年、2000 年春季发生大旱。2000 年，春夏遇到百年未遇大旱，降水量比历史同期减少 70％～80％，农业损失惨重。分析三江平原每 10 年的平均气温变化，20 世纪 50 年代至今，每 10 年以 0.40 ℃的平均速度增长，42 年增长 1.60 ℃，特别是 20 世纪 70 年代后期，变为正距平增温，与全球气候变暖趋势一致。

（二）水资源减少、地下水位持续下降

由于湿地的退化，引起气候变干，地表水减少，人们为了高产增效，大量开采浅层地下水，从而引起地下水位持续下降。据资料分析，本区地下水平均降速为 0.50～1.00 米，

局部地区 2.20～2.80 米。与 20 世纪 80 年代中期相比，本地区水位下降了 10～12 米，二级阶地地区降了 4～9 米，一级阶地区降了 2 米。局部地段由于超采，还出现了降落漏斗，面积达 680 公顷。

二、人为影响因素

农业是唯一的、不可代替地将人们不能储存、不能利用的太阳能转化为能储存、能利用的化学能的产业。土壤是农业生产最基本的生产资料，人们为了生存和生活而不断地对土壤进行干预和改造。在人为影响下，土壤的变化要比自然情况下迅速得多，而变化的方向有积极地向着更有利方向发展的，也有消极地使土壤受到破坏的。"治之得宜，肥力常新"的农业思想就是从我国几千年农业发展历史中总结出来的。但是，粮田变沙漠，沃土变荒田的例子在人类历史上也不少见。据记载，抚远县自 1906 年就有人集居开荒，但大面积开垦荒地却在中华人民共和国成立之后。

1949 年，抚远县仅有耕地 482 公顷，到 1983 年已达 22 560 公顷，增加 46.80 倍。粮豆薯总产量，1983 年比 1949 年增加 12 倍。35 年间，粮食总产平均递增 34.30％。人口增加 372％。随着开荒面积的扩大，人口的增加，居民点、道路及排灌工程相应地增加，改变了原来的生态平衡，明显地影响着土壤的发展变化，主要表现在以下几个方面。

（一）土壤肥力下降

开垦之前，因抚远县夏季温暖多雨，所以植物生长繁茂，每年遗留于土壤中的有机物质很多。据有关资料记载，小叶樟—薹草—丛桦植被，每年遗留于土壤干物质为 300 千克左右，每公顷 1 米土层内根量为 12 000 千克；小叶樟—薹草—丛桦草群落，地表部每年每公顷生长 3 000 千克干物质。由于荒地土壤在含林植被覆盖下，土壤含水量大，滞水性强，土壤通气不良，冻结时间长，做生物活动弱，这些有机物质得不到充分分解，而以腐殖质为形式储存于土壤之中，从而形成深厚的腐殖质层。事物都具有两重性，并在一定条件下向对立面转化。开垦之后，由于消除和降低了滞水及地下水位，改善了土壤通气条件，提高了地温，土壤微生物的种类、数量增多和活动能力的增强，加速了腐殖质的分解，提高了土壤肥力，促进了作物生长。但耕种日久，取之于土壤的物质大于归还给土壤中的物质，土壤中的养分日益减少。据本次调查，草甸土荒地有机质平均 112 克/千克，耕种 40 年下降到 59.90 克/千克，沼泽土荒地有机质平均 165.90 克/千克，耕种 50 年下降到 58.40 克/千克。其他养分也有明显下降。

（二）土壤侵蚀加剧

在自然植被保护下的荒地土壤，土壤的受蚀程度极为微弱。随着土地的不断开垦，抚远县荒地面积已由 1949 年 23.50 万公顷下降到 21.30 万公顷（1983 年）；森林连年采伐，有林地面积大幅度缩小，1962—1980 年 18 年间，林业用地减少 1.60％，平均每年减少 0.14 万公顷，有林地减少 35.60％。坡耕地面积的增加，加重了土壤侵蚀，使之在坡度较大的地方，出现了一些"挂画地"、弃耕地以及生产能力极低的低产土壤。特别是地形起伏较大的白浆土、草甸土地区，耕地土壤侵蚀更为严重，致使某些地块的黑土层变薄而演变成黄土，部分岗地白浆土腐殖质层已剥蚀到 10 厘米，使土壤资源遭到严重破坏。抚远县水土流失面积达 8.50 万公顷，占总土壤面积的 13.57％。其中，耕地占 7.25 万公顷，占抚远县县属耕地面积 44.39％。风蚀的危害在抚远县也日趋加重。

（三）灌溉与排涝

随着耕地面积的扩大和农业生产的发展，抚远县修筑了大量农田水利工程。全县建成 500 公顷以上灌区 8 处，实际灌溉面积 8 万公顷。在灌溉条件的影响下，有些土壤脱离了原来成土过程，增加了新的内容。如方威、二道村的一些地块，经过多年种植水稻，土壤就增加了一些水稻土的新内容，如草甸土型水稻土潜水位升高，腐殖质层上部便有锈纹锈斑，下部潜育斑块增多；白浆土型水稻土的黑土层由原来的灰黑色变为灰色，并有一定数量的锈斑，白浆层锈斑也明显增多。兴修水利工程，到 1997 年，抚远县共兴修大型水库 1 座，建成了 12 座电灌站，总装机容量 3 795 千瓦；全县建成 500 公顷以上灌区 8 处，实际灌溉面积 8 万公顷；修筑江河堤防 150 千米，黑龙江、乌苏里江抚远段堤防改造五十年一遇标准，基本上解除了洪涝威胁。

（四）土壤耕作

耕作对表层土壤（0～20 厘米）的影响最急剧、最深刻。合理耕作能调节土壤水、肥、气、热四性，加厚熟化层，创造较好的土体构造，从而有利于增强土壤上、下层有机质的腐殖化、矿化和土壤养分的有效化，加速土壤熟化，促进增产。反之，则会破坏土壤结构，加剧土壤侵蚀、黏朽化、沙化的发展，形成紧实致密的犁底层。抚远县土壤耕作随着农机具的改革，而相应发展。中华人民共和国成立初期使用畜力和木犁，以垄作为基础，以扣种为中心的"杯、扣、搅"轮作制。垄作虽有利于提高地温，排出多余的水分，但耕层浅，久之则形成三角形犁底层，土壤生产能力不高。20 世纪 60 年代，实行了农具改革，在"机、马、牛"相结合，新农具和畜力农具并存的条件下，又采取了"翻、扣、糠"结合、垄作平作并存的轮作制，打破了三角形犁底层，加深了耕层，作物产量显著提高。但由于长期同一深度的机械耕翻，又形成了平面的犁底层。70 年代后期，又发展了深松耕法，实行了"深、翻、耕、扣、耙"相结合的轮作制，加深了耕层，打破了犁底层，改善了土壤物理性质。但目前各乡、村之间发展不平衡，多数乡、村尚未建立起合理的耕作制，在土壤耕作上仍存在平翻过多、翻耙脱节的问题。

（五）施肥

增施肥料是调节和改善土壤养分状况，改良和培肥土壤，保证农作物丰收的基本措施。但抚远县历史以来施肥水平就很低，这可能与土壤基础肥力高、耕地面积多以及可以从开荒扩大耕地面积来增加粮食总产，而不注重提高单产的粗放经营思想有关。20 世纪 50 年代主要依靠土壤的自然肥力发展农业生产，对土壤完全是一种掠夺式的经营。20 世纪 60 年代农家肥的积造工作有了发展，生产先进的乡、村开始施用少量化肥，农业生产仍然是以消耗自然肥力为主。到了 70 年代，由于认识到土壤肥力的减退和受开荒面积的限制，有机肥积造数量才有了明显增加，化肥施用数量也有了一定的发展。1957—1972 年 15 年间，平均公顷施农家肥 60 千克、化肥 30 千克（指商品量）。但是，抚远县自 1983 年全面落实农业生产责任制以来，充分地调动了农民的生产积极性，在广大农村出现了学科学、用科学的高潮，施肥数量和质量都有明显的提高。1983 年，抚远县公顷施用化肥量提高到 150 千克。但与省内外其他地方相比，施肥量也是极低的，所以增施粪肥，提高产量的潜力很大。

总的来说，抚远县土壤在人为因素影响下，土壤肥力在减退，这是事实，但这并不是说土壤肥力减退是不可抗拒的。它可以通过科学技术的发展和人们对土壤肥力演变认识的提高，对土壤进行定向培肥，使之永续利用。

三、抚远县耕地质量问题

如果说，在 20 世纪 80 年代之前，限制抚远县耕地土壤生产能力的问题是土壤氮磷养分不足，那么随着 20 多年来化肥投入量和作物产量的持续增长，耕地土壤氮磷养分供应状况的较大改进，"低、费"的问题已经逐步成为耕地土壤质量新一轮的核心问题。

这里"低"主要是指基础地力低。基础地力是指不施肥时农田靠本身肥力可获取的产量。由于耕地基础地力下降，保水保肥性能、耐水耐肥性能差，对干旱、养分不均衡更敏感，对农田管理技术水平更渴求，导致"费"，即土壤更加"吃肥、吃工"，增加产量或维持高产，主要靠化肥、农药、农膜的大量使用。

造成抚远县耕地质量下降技术层面最大的问题是缺少适合农村和农民使用的耕地质量管理技术。一方面，农民经营技术水平低，农村劳动力人均耕地 3.35 公顷，并且文化水平和专业化程度较低，许多行之有效的农田施肥和耕作技术，在抚远县农村难以推广。另一方面，不同土壤、气候、农田轮作方式、农作技术等自然和生产条件相差很大，再好的技术也不可能适合所有地区，需要通过当地田间试验摸清其使用条件和应用效果，建立分区规范与技术标准。实际上，通过大田试验了解各项措施在不同气候、土壤和栽培条件下的效率，明确告知农民，在当地条件下的各项技术规范也仍然是提高农民整体技术水平最重要的方式。

抚远县耕地质量存在的主要问题是土壤干旱、低洼地经常受洪涝灾害、作物布局不合理、土壤存在黏、板、硬结构不良。

（一）土壤干旱

干旱是抚远县主要自然灾害之一。抚远县土壤干旱主要是气候、土壤和人为活动等因素综合作用的结果。抚远县由于地处三江平原最下游，属冷型的低温平原区，粮食产量多受洪涝的影响，所以，历来被人们称作涝区。可是前十几年旱情不断加重，尤其进入 20 世纪 90 年代干旱十分严重，个别地块达到毁种以至颗粒无收的程度。

据调查，抚远县除沿江地区部分土壤受地下水影响外，其他均为大气降水补给。绝大部分的低地潜育白浆土和沼泽化土壤形成的水分条件是地表积水或表层储水，与地下水无关。土壤干旱的根本原因是土壤的土体构造不良。一是白浆土层夹层型构造，由于白浆层障碍土层的存在，使得土壤的蓄水库容有效只限于表层 20 厘米左右，所以，既不抗涝也不抗旱，属于表旱表涝型。二是黏质草甸土，整个土体又黏又紧，透性差，对水分反应也十分敏感，稍多就涝，稍少就旱，也是一种不担旱涝的土壤。三是乌苏里江沿岸土壤属下松型构造，在浅薄的土层之下，就是沙层，漏水漏肥，历来就是抚远县主要受旱区，地下水位下降，旱灾更加突出。

随着三江平原的开发，排水工程的兴建，几条河流的治理，地表径流的增大，抚远县整个生态系统向着干旱方向发展。其速度之快甚至要超出人们意想的范围，抚远县的白浆土占 43.90%，沼泽化草甸土和白浆化草甸土占 2.90%，地表水排完之后，必然使这些受涝土壤急转为受旱土壤，并随着降水丰枯的变换而旱涝交错。另外，这些年来，由于荒地的开垦，森林破坏，风口不断增加，风力加大，也加重了干旱的程度，加快了自然生态平衡失调的速度。因此，抚远县必须解决因土排水和排灌结合问题。

（二）土壤湿涝

土壤湿涝形成受综合因素的影响，既有自然因素，也有人为因素。土壤湿涝与地形变化密切相关，地形类型和地形部位的不同引起水文条件的变化，各种来水在不同的地形产生不同的再分配。抚远县易涝土壤主要分布在平原区的低平地、碟形洼地、水线沟谷旁。这些地形低洼平缓，有汇水条件，地表径流非常缓慢，造成土壤根水成涝。

成土母质直接影响着土壤的质地，抚远土壤主要发育于第四纪中不同时期的沉积物和江河冲积物。黏土层厚一般为 1～17 米，黏土层渗水性差，渗透系数每昼夜平均为 0.10～0.20 厘米，使地表水与地下水无静力联系，严重阻碍地表水的下渗，有利于上层滞水形成。上层滞水和洼地地面积水，促使土壤湿涝。抚远水系发达，湖泡星罗棋布，沼泽连片，汛期地下水（潜水）位抬高。据资料记载，潜水位 1～6 米，江河漫滩 1～2 米，低洼地小于 1 米，加上汛期江水泛滥，造成土壤周期性过湿或积水，形成湿涝。在湿涝区潜水是补给土壤水分的重要源泉。例如尿炕地、哑巴滞的土壤即是潜水活动的结果。一般春涝也主要是由于潜水补给的大量水分融化引起的。气候对土壤湿涝的影响主要表现在降水不均。全年 70% 的降水集中在 7 月、8 月、9 月这 3 个月，造成秋涝。由于秋雨连绵不断，积水来不及排泄，即行结冻，春季冻融期土壤含水量将会更高，这是造成春涝的主要原因。降水的高度集中，不仅使平原土壤受涝，岗坡地土壤也常有短期的涝情。

从土壤调查中看到，在相同的降水量的气候条件下，各种土壤有不同的旱涝情况，在相同的区域水文地质、地形等自然环境条件下，不同的土壤也反映出不同湿涝情况。这说明决定土壤湿涝的原因还是在土壤本身。抚远县耕地大部分易涝土壤质地偏黏。因此，持水量大，释水量小。土体内部的水分运行能力太低，故每逢雨季稍有阵雨就过湿成涝。白浆层、潜育层和犁底层具有紧实、无结构、透性更差等特性，因而隔水作用就更为明显，雨季托水，湿涝成灾。土质黏重和隔水层的存在就成为抚远县耕作湿涝土壤成涝的内因，而且前两者往往并存。

（三）耕地用养失调

抚远县沿乌苏里江一带的通江、抓吉、海青等乡（镇）耕地开发历史一般都在 50 年以上，由于开发的年限较长，采取广种薄收的耕作方法，不施肥或施肥很少，轮作制度不合理，重迎茬严重，岗坡地水土流失较严重，造成土壤养分偏耗，肥力下降。以中层低地潜育白浆土为例：有机质下降幅度，开垦 10 年的为 36%（以荒地基数，下同）；开垦 30 年的为 31%；开垦 40 年的为 50%。氮素的储量（同样以荒地基数，下同）下降幅度：开垦 10 年的为 37%；开垦 30 年的为 29%；开垦 40 年的为 45%。

土壤有机质比全氮下降速度要快，有机质和全氮含量 30 年以上下降速度最快，30 年以内的下降速度较慢。但总的看来，随着开垦年限的增加，土壤肥力逐渐下降。尽管增加良种面积和增加化肥用量以及水利、机械化水平的提高，但单产始终在 100 千克上下徘徊。原因是耕地用养失调，只顾用地，不注意养地，土壤养分消耗得多、补充得少，地力减退的同时农家肥数量少、质量差，这样年积月累就逐渐减少了土壤养分的储量。用养失调，生态系统严重失衡。这是造成肥力急剧下降的重要原因。

（四）土壤黏板硬

土壤黏板硬是表层土地壤结构遭到破坏，造成土质黏粒、死板，坚硬的不良土壤状态使土地壤肥力下降，生产能力减弱。抚远县耕作土壤主要是白浆土，母质为冲积母质亚黏土，这次土壤调查化验分析：物理黏粒 53.60%～56.80%，物理沙粒 46.40%～43.20%，土质黏重。容重 1.37～1.56 克/立方厘米，由此可见土壤黏重是土壤易板结的主要根源。

自开垦以来，一是由于长期耕种，同一深度耕翻便形成一个坚硬的犁底层，这个犁底层改变了透水性能，土壤结构呈片状，这就使耕层积水变黏，干时硬成块。二是耕作粗放。土壤过湿耕作，破坏土壤结构，起黏条。三是耕作过浅，使犁底层和白浆层增厚，透水性显著减弱，造成土壤板结。四是连年重茬平播平翻管理，破坏了土壤团粒结构。由于水稳性团粒破坏，遇雨积水土粒松，更容易造成土壤板结。五是只用地不养地，施肥不足，使土壤肥力不断下降，有机质不断减少，土壤结构被破坏，使土壤板结。

四、耕地养分变化

根据历史资料和以往的化验分析，抚远县耕地土壤有机质含量平均为 133.50 克/千克，变化幅度为 106.20%～317.80 克/千克；本次耕地地力调查土壤有机质平均含量为 56.23 克/千克，变化幅度为 15.52～86.60 克/千克；比第二次土壤普查下降了 57.88%。土壤有机质含量为一级地的占县属耕地面积的 36.39%，比第二次土壤普查时面积减少 39.11%；土壤有机质含量为二级地的占县属耕地面积的 58.32%，比第二次土壤普查时面积增加 41.22%。土壤有机质含量为三级地的占县属耕地面积的 4.04%，比第二次土壤普查时面积增加 0.85%；土壤有机质含量为四级地的占县属耕地面积的 1.23%，比第二次土壤普查时面积增加 0.03%。

抚远县耕地土壤中氮素含量平均为 3.00 克/千克，变化幅度在 1.04～5.50 克/千克。在抚远县各主要类型的土壤中，沼泽土全氮最高，平均为 3.24 克/千克，暗棕壤最低，平均为 3.07 克/千克。第二次土壤普查时抚远县土壤全氮含量，最高的为草类泥炭土，达 15.70 克/千克；最低的是平地草甸土，仅 3 克/千克；平均为 6.24 克/千克，与这次耕地地力调查相比土壤全氮平均含量下降 51.85%。

根据历史资料和以往的化验分析，抚远县耕地土壤中磷素含量平均为 1.93 克/千克，变化幅度在 1.10～5.02 克/千克；本次耕地地力调查土壤全磷平均含量为 2.49 克/千克，比第二次土壤普查提高了 29.01%。调查结果还表明，抚远县全磷含量最高的土壤是薄层平地泛滥地草甸土，平均达到 5.03 克/千克，最低是薄层平地白浆化草甸土，平均含量为 1.11 克/千克。土壤全磷含量暗棕壤在第二次土壤普查时为 1.88 克/千克，本次调查为 1.55 克/千克，下降了 17.55%；土壤全磷含量白浆土在第二次土壤普查时为 2.33 克/千克，本次调查为 2.64 克/千克，提高了 13.30%；土壤全磷含量草甸土在第二次土壤普查时为 1.74 克/千克，本次调查为 2.38 克/千克，提高了 36.78%；土壤全磷含量沼泽土在第二次土壤普查时为 3.78 克/千克，本次调查为 2.82 克/千克，下降了 25.40%；土壤全磷含量泥炭土在第二次土壤普查时为 2.53 克/千克，本次调查为 3.07 克/千克，提高了 21.34%。

抚远县耕地土壤中全钾含量平均为 22.20 克/千克，变化幅度在 15.40~28.00 克/千克。在抚远县各类型的土壤中全钾略有差异，含量最高的是薄层平地泛滥地草甸土，平均含量为 27.30 克/千克；最低的是洼地草甸沼泽土，平均含量为 15.40 克/千克。土壤全钾含量暗棕壤在第二次土壤普查时为 23.90 克/千克，本次调查为 26.50 克/千克，增加了 10.88%；土壤全钾含量白浆土在第二次土壤普查时为 22.10 克/千克，本次调查为 21.59 克/千克，下降了 2.31%；土壤全钾含量草甸土在第二次土壤普查时为 26.10 克/千克，本次调查为 22.57 克/千克，下降了 13.52%；土壤全钾含量沼泽土在第二次土壤普查时为 15.60 克/千克，本次调查为 21.51/千克，提高了 37.88%；土壤全钾含量泥炭土在第二次土壤普查时为 13.80 克/千克，本次调查为 20.14 克/千克，提高了 45.94%。

调查表明，抚远县耕地沼泽土、白浆土、草甸土等几个主要耕地土壤碱解氮平均为 342.97 毫克/千克，变化幅度在 77.00~59.02 毫克/千克，第二次土壤普查时土壤碱解氮平均含量为 539.76 毫克/千克，这次耕地地力调查土壤碱解氮平均含量下降 36.50%。土壤中泥炭土含量最高，平均达到 354.19 毫克/千克，含量最低为白浆土，平均 321.61 毫克/千克。

本次调查表明，抚远县耕地有效磷平均为 28.27 毫克/千克，变化幅度在 8.03~30.3 毫克/千克，第二次土壤普查全县土壤中速效磷含量普遍偏低，平均 18.92 毫克/千克，耕地平均 13.05 毫克/千克。其中，沼泽土含量较高，平均为 36.44 克/千克，暗棕壤最低，平均为 22.60 克/千克。主要原因是沼泽土的腐殖质层较厚而暗棕壤的腐殖质层较薄，尽管近十几年大量施用磷肥，但磷肥的有效性不同。

与第二次土壤普查的调查结果进行比较，抚远县耕地磷素状况总体上有增加的趋势，平均提高 33.07%。30 年前，抚远县耕地土壤有效磷多在 20 毫克/千克以下。这次调查，按照含量分级数字出现频率分析，土壤有效磷在 20 毫克/千克范围内，大于 20 毫克/千克的面积也明显的增加了。

抚远县耕地土壤多发育在黄土母质上，土壤有效钾比较丰富。调查表明，全县有效钾平均在 166.25 毫克/千克，变化幅度在 17.93~672.56 毫克/千克，第二次土壤普查时全县各类土壤速效钾含量很高，平均为 370.05 毫克/千克，耕地土壤速效钾平均含量为 92.42 毫克/千克，土壤速效钾平均含量下降 55.07%。其中，白浆土最高，平均为 193.32 毫克/千克；其次为草甸土，平均为 185.15 毫克/千克；最低为泥炭土和暗棕壤，平均为 130 毫克/千克。

抚远县土壤以白浆土、草甸土、暗棕壤为主，因此耕地土壤酸度应以偏酸性为主。调查表明，全县耕地 pH 平均为 4.69，变化幅度为 3.60~5.60，第二次土壤普查土壤 pH 一般为 5.20~5.90，与这次耕地地力调查相比 pH 下降 1.70。其中（按数字出现的频率计），pH>5.50 占 11.20%，5.00~5.50 占 50.0%，4.50~5.00 占 20.70%，4.00~4.50 占 10.90%，3.50~4.00 占 7.20%，土壤酸度多集中在 4.50~5.50。从化验结果来看，各乡（镇）pH分布不均，但有下降的趋势，这主要与多年来施用肥料和不同的利用方式有关。

第三节　耕地合理利用与保护的建议

土壤是天、地、生物链环中的重要一环，是最大的生态系统之一，其生成、发育受自然因素和人类活动的综合影响。它的变化会影响人类的生存、生活和生产各个领域。耕地资源是我国乃至世界的宝贵耕地资源，加强对抚远县耕地资源的养护意义十分重大。今后，抚远县耕地质量建设要继续抓好以下几个方面。

第一，我国粮食问题，虽然出现地区性、结构性的供大于求，储备比较充裕。但随着耕地面积的减少、调整农业结构、经济特产和养殖面积的扩大，粮食总产量也已经降到近10年的最低水平，供给缺口将日渐扩大。我国加入WTO后，虽然可以通过国际市场利用国外粮食资源，但市场风云变幻莫测，我们是个拥有13亿人口的泱泱大国，粮食不可以有一日短缺问题，引导"藏粮于库"向"藏粮于地"转变，在耕地上建设永不衰竭的"粮仓"，才能使粮食供给立于不败之地。这样，加强耕地质量建设就显得越来越重要了。

第二，加强耕地质量保护，加快实施"沃土工程"。由于过量施用化肥、农药等农资物品，使得耕地质量遭受严重破坏，变得越来越贫瘠而耕作困难，甚至出现土壤板结硬化，耕作层变浅，保水保肥功能下降等现象，直接影响农作物的生长。因此，必须大力提高耕地的地力水平，加强防治土壤的环境污染。农作物生长以土壤为基础，优质土壤才能生长出"优质、高产、高效、安全"的农产品。这就要求实施"沃土工程"。对土壤增补有机质，培肥地力，加强土壤保肥保水功能，改变土壤理化性状，增强农业发展后劲，坚持走有机农业的发展道路。实现这个要求，就要保护基本农田，制止占用基本农田植树、挖塘养鱼和毁田卖沙等现象。要改善农业生产条件，加强农田基本建设，大力兴修农田水利，增强防洪抗旱功能，提倡节约用水，实现旱涝保收。要推广先进适用的耕作技术，增加科技在农作物中的含量，加强农业机械装备，发展设施农业，逐步改变"亚细亚"小农手工操作的生产方式。要加强农田生态环境的治理，加大绿化造林力度，特别是加强水源林、防护林等建设，涵养水源，护土防风，净化空气，制止水土流失，确保耕地永续利用。

第三，改造中产田，搞好土地整理。抚远县中产田占耕地面积绝大多数，又地处粮食主产区，对提高粮食综合生产能力至关重要。但长期以来，中产田由于农田投入不足，有机肥施用面积大减，用水管理不善，土层日渐变薄，有机质含量衰减，土壤污染盐化酸化加重，很有必要通过工程、生物、农艺等措施加以改造。这是保护和建设耕地质量的重点，是提高粮食综合生产能力的关键所在，必须通过全面规划，分期分批进行改造，努力建设高标准农田，扩大高产稳产耕地面积。通过土地整理，重新规划田间道路，通水沟渠和防护林建设，实行山、水、田、林、路综合治理。不仅扩大了一定比例的耕地面积，而且改善农业生产环境，提高耕地质量，有利于发展规模经营。抓好了这项工程，就为提高农业综合生产能力，特别是粮食综合生产能力打下了坚实基础。

第四，切实遏制弃耕抛荒，实行耕地有占有补。由于农业特别是粮食效益比较低，粮价低，成本高，农民负担重，加之城市化发展过程中，有的耕地征而不用，是一些地方出现弃耕抛荒现象的主要原因。2010 年以来，各地运用各种经济手段，采取优惠政策，提高农民种粮效益，并且开展查荒灭荒，对圈地不用者由征用单位承担复耕费用，提倡按照"依法、自愿、有偿"原则流转土地。采取这一系列措施后，弃耕抛荒现象开始得到遏制，粮食种植面积已经出现恢复性增加。这项工作要坚持不懈地抓下去。近年来，对耕地有占有补，力争占补平衡，虽然做了大量工作，但由于我国人多地少，土地后备资源有限，占用的耕地大部是旱涝保收的农田，而补充的耕地多数是土壤瘦薄的山地丘陵。因此，实现占补平衡仅仅体现在数量上。今后，除了继续通过农业综合开发，造田造地，扩大耕地面积外，耕地质量保护的各项措施也要跟上去，才能改变占优补劣状况，实现真正意义的占补平衡。

第五，建立耕地质量保护机制，实施耕地质量保护工程。要开展耕地质量的全面调查，摸清不同地区耕地污染和地力衰减状况，为全面治理耕地防止污染提供科学依据。要推进"沃土工程"、中低产田改造工程、土地整理工程，改造土壤，培肥地力，平衡生态，全面提高耕地质量。要实行最严格的耕地保护制度，严格审批、严格监督、严格执法，对违反《土地管理法》《基本农田保护条例》《农村土地承包法》等法律法规的，要坚决予以制止和纠正，情节严重，构成犯罪的要追究刑事责任。要建立耕地质量监测网络，建立定期报告制度，提出针对性的防治措施，把耕地质量建设的各项措施真正落到实处。

第四节　白浆土的低产原因及改良

一、白浆土低产原因

白浆土是抚远县的主要耕地土壤之一，面积近 16 647.80 公顷，占总耕地面积的 10.19%。由于白浆土在农业生产中表现有一定的不利因素，对作物生长发育极为不利，因此把白浆土列为低产土壤。其低产原因归纳为以下几个方面：

（一）耕层构造不良

白浆土的表层是肥力状况较好的黑土层，但土层很薄，一船只有 10～18 厘米，表层下面是一个养分非常贫瘠的白浆层，再下面是一个土质黏紧的不透水的蒜瓣土层，很硬，像铁板一样，植物根系很难向下伸展。因而，白浆土上生长的作物，80%～90% 的根系分布于浅薄的表土层中，不能吸收足够的养分，作物产量很低。所以，改良白浆土的根本任务是改造贫瘠、保水保肥力极差的白浆土层。积极的创造深厚（厚于作物主要根群分布深度，即 30～40 厘米）的供肥、保肥、供水与保水力较强的耕作层。

（二）养分贫瘠

在耕作白浆土中多为低地潜育白浆土，地势低平，易涝。黑土层薄，有的不够一犁深。随着耕翻，贫瘠的白浆层被翻到上边与黑土混合，表土颜色越来越浅，性质越来越坏。据本次土壤普查化验分析测定，白浆土的表层有机质含量为 51.99 克/千克，全氮含量 2.90 克/千克，全磷含量 1.51 克/千克，碱解氮 383.48 毫克/千克，有效磷 23.50 毫克/千克，速效钾 315.06 毫克/千克。表层下面的白浆层，养分特别贫瘠，有机质、全氮相差 3～6 倍，所以白浆土的肥力分布不均匀。

（三）水分状况不稳

白浆土的母质以重黏土—黏土为主。虽然表层容量较小，透水较好，但浅薄的表层以下，结构不良，容重增大，透水性显著下降。而淀积层（蒜瓣层）很硬，几乎不透水，又加上冻层的存在，因而在春季化冻时，不煞浆；夏秋雨季，不渗汤，易形成上层滞水，甚至地表积水。上层滞水深度一般是 10～15 厘米，最浅的可到 3 厘米或更少些。这种状况易引起土壤进行潜育化过程，氧化状态转变为还原状态，由高价铁还原为低价铁，对作物产生不利影响。当土壤上层滞水时，易发生内涝。

白浆土本身的保水能力较差，所以很薄的表层（0～10 厘米）的水分状况，主要受气候条件所左右，春季降水少时，表现明显干旱。而在夏秋两季降水比较集中的时期内，则出现内涝。一般 12～13 天不下雨就发生干旱现象。白浆土的水分状况很不稳定，经常处于干湿交替状态。所以，白浆土是一个不渗汤，不保水，又怕旱，又怕涝的土壤。

（四）冷浆、板结，耕性不良

白浆土母质黏重而深厚，土壤的通气透水性均不良。作物生长表现出，春天返浆时地冷土温低，易粉种，不保苗，小苗发锈不爱长。但伏雨后土温增高（微生物活动旺盛，养分增多），庄稼才会长起来。群众说，白浆土"干时硬邦邦，雨后水汪汪"。因而，给耕作管理带来许多困难，春天返浆时，影响播种期，雨后泥泞陷脚、陷犁，不能及时铲蹚，湿时起明条，干时起硬盖，铲蹚费劲，易出现地裂子，伤小苗，土质板结，耕性不良。

二、白浆土的改良

通过前面对白浆土的基本性质和低产原因的分析，对于白浆土的特性与作物需求之间的矛盾，有了更深地了解。对于白浆土的改良，就是针对作物与土壤之间的矛盾，发挥人的主观能动性，因地制宜，采取综合措施，把白浆土存在的不利因素转化为有利因素，从而为作物的丰产、稳产创造良好的土壤条件。

（一）种水稻改土

白浆土特别是平地白浆土和低地白浆土，所处地形低平，遇雨易涝，无雨易旱，受水的影响很大，作物产量不稳。如能改种水稻，则可变不利因素为有利因素，充分发挥土壤生产潜力，提高作物产量。白浆土在淹水条件下，有机质积累很多，土壤中磷有效化增强，起到了改良白浆土的作用。所以水分条件充足的地方，应当尽力将低地潜育白浆土开发为水田。

（二）草炭改土

草炭是抚远县埋藏量大，分布面积广，有机质和养分含量都较丰富的主要改土物资。据本次土壤普查，全县分布有四处，埋深多在 1.00～1.20 米，属低位草炭土，埋藏 5 000 万立方米以上。草炭有机质一般在 400～500 克/千克，全磷 3.39～4.22 克/千克，有效磷 16.00～97.40 毫克/千克，含氮量等于或超过马粪，所以也是一种优质的有机肥料。群众说，"草炭是个好肥料，就地取材容易搞，土松暄地肥效高，增产粮食无价宝"。

草炭吸水、保肥力强，所以施用新鲜草炭当年增产效果玉米不如大豆，而且玉米青棒率增加。但翌年增产很明显，一般玉米增产 22.50%。

草炭施用量每公顷不应少于 75 立方米，一般以 10～20 立方米破垄夹肥为宜。最好在头年夏秋把草炭挖出，堆放风干再施用。低地潜育白浆土施用时，含水率不应超过 75%，腐熟不好的应堆积闷烧后，粉碎再施效果更好。草炭与农家肥混合高温发酵后施用，或草炭过圈后施用，增产效果均很显著。

风干草炭粉碎后与化肥混合制成有机无机复合肥料，如草炭混磷矿粉（草炭 5 千克＋磷矿粉 5 千克），草炭混碳酸氢铵（草炭 50 千克＋硝酸铵 5 千克），公顷施 7 500 千克，一般增产 10%～20%。以磷肥为主的草炭混合肥（草炭 65%，尿素 15%，过磷酸钙 20%）做底肥、种肥、追肥均可，公顷施量 750 千克（底肥用量可多些），改土增产效果显著。

（三）以肥改土

1. 分量施用有机肥　白浆土是一种低产土壤，肥力低，土质黏板，离了肥庄稼长不好，土壤也改不好。施用有机肥料可以增加养分，提高肥力，改善土壤的理化性状，使土壤变暗为不断提高作物产量创造条件。白浆土冷浆，最喜欢热性肥料，如马粪、炕洞土等。平地白浆土和低地白浆土施马粪和堆肥，一般作物增产 50%。

经验证明，质量低的土杂肥，公顷施肥量不应少于 7.50 万千克（75 立方米），质量较好的土杂肥施 1 500 千克，当年增产显著。但从改土增加耕层厚度来看，还以大量撒施为好。

2. 增施磷肥　据本次土壤普查化验结果分析，抚远县白浆土速效磷含量较低，一般为 9～17 毫克/千克，因此增施磷肥对改良白浆土，是提高作物产量的一项重要措施。磷肥与有机肥或硝酸铵配合施用均比单施效果好。

关于氮肥和磷肥比例问题。构成作物高产的营养条件是氮、磷须有一定的比例。全区传统的计算氮、磷比是指种肥。根据多年试验和生产实践，其最佳比例为 1∶（1～3），主要因气候而不同。我们知道，氮肥和磷肥是性质完全不同的两种肥料。氮肥容易流失，宜分次施用，如果一次施用往往前期过多，后期脱肥。而磷肥就不存在这个问题。所以氮肥和磷肥均一次施用是不够科学的。如果氮肥分次施用便可以增大施用量。

（四）秸秆还田改土

从抚远县提高机械化耕作的前景看，秸秆还田是取之不尽，用之不竭的有机质来源，秸秆还田的推广及普及势在必行，行之有效，大有作为。

具体做法是：小麦、玉米等秸秆粉碎翻入土中盖严，防止跑墒，加速分解，但麦秸还田对于麦翻有一定影响，可采取人工散开先耙后翻或者大犁带固盘犁刀的方法来解除麦翻中存在的问题。

（五）深松改土

浅翻深松，犁底深松，垄沟深松等是耕作措施，只是改土手段。同时，施加有机肥和其他改土材料，可以加厚耕层，提高肥力，是改良白浆土的有效措施。据资料记载，浅翻 16～18 厘米，深松 25 厘米，大豆单产比浅翻区增产 32.70%，浅翻深松土结合公顷施有机肥 60 000 千克，掺沙 45 000 千克，盖沙 1 500 千克，大豆单产比浅翻区增产 61.70%。

浅翻深松改良白浆土的作用可归纳如下：

1. 不打乱土层，加厚耕层，打破犁底层，上翻下松不能打乱土层，适于白浆土耕作。据调查，这种耕法能打破多年来五铧犁平翻而形成的 5～7 厘米的犁底层，白浆层冲破 10～15 厘米，耕层由原来 15～18 厘米，增加到 25～30 厘米。

2. 抗旱耐涝 白浆土田间持水量低，透水性差，不抗旱，不担涝。深松突破了犁底层，增加了土壤孔隙，扩大了透水蓄水范围，使田间持水量和毛管持水量增加。深松后，涝时渗水快，水土流失减轻，同时利于田间作业。

3. 深松后地温普遍提高，因而促进了微生物的活动，加速了养分转化，增加了速效养分含量。

4. 促进微生物生长 深松后土壤容重降低，增强了土壤的通透性，有效养分增加，促进了植物根系发育，植物生长旺盛。

可见浅翻深松结合施用有机肥料，改土材料等措施，应在白浆土上大力推广。

(六) 巧施化肥

合理施用化肥涉及土壤、作物耕作等多方面因素。从土壤角度而言，主要是因土经济施用氮磷肥。抚远县土壤磷素，特别是有效磷贫乏，施用磷素普遍具有良好的增产效果，特别是白浆土和冷浆型土壤（沼泽化草甸土）的耕垦初期，效果尤为显著。这是因为白浆土中磷素奇缺，新垦耕地氮丰磷缺，比例不调，由此推理，在条件相反的情况下效果必然较差。氮肥的施用，反映和磷相似，在大部分土壤上均有明显增产效果。其中，又以氮素显著下降的老耕地、瘠薄的低产土壤，保肥性差的热燥型土壤表现大为突出。所以，施用化肥要注意因地、因时巧施化肥，充分发挥化肥的作用。

现在抚远县的化肥平均施用量在 150～300 千克/公顷的水平，再加上氮磷搭配不合理，全县缺磷问题尚没有得到解决。所以，今后施用化肥应抓住测土施用，缺什么补什么，不要盲目施用。同时，要抓住定量施用，知道地中含量和作物用量以此确定化肥施用种类与数量，真正做到巧用化肥，既经济又增产。

附录3　抚远县耕地地力评价与平衡施肥专题报告

第一节　概　况

20世纪60年代以前，抚远县耕地主要依靠有机肥来维持作物生产和保持土壤肥力，作物产量不高，70—80年代，仍以有机肥为主、化肥为辅，化肥主要靠国家计划拨付，80年代以后，随着化肥在粮食生产中作用的显著提高，化肥开始大面积推广应用，而施用有机肥的耕地面积和数量逐年减少。随着化肥大量和不合理的施用，抚远县耕地地力明显减退，土壤有机质含量已由垦初的12％下降到现在的平均不到5％，而且土壤养分失调，作物产量和品质下降，有些地块的作物开始出现缺素症状，如大豆缺铁、玉米缺锌的地块逐渐增多，而且化肥的大量和不合理施用也导致了耕地土壤板结、理化性状变差、耕地环境被污染，制约了土地生产力水平的发挥和提高，制约了抚远县农业生产和农村经济的发展。如何施用好肥料，既促进粮食增产，又不导致耕地土壤地力改变或板结，保护好耕地土壤环境，用养结合，节本又增加效益，这就需要运用耕地地力调查的结果，运用平衡施肥技术，根据不同作物、目标产量、耕地地力条件和作物需肥规律，行之有效的给作物施肥，使肥料发挥最大性能，维持农业可持续发展。

一、开展专题调查的背景

（一）抚远县肥料应用的历史

抚远县土地垦殖已有100多年历史，肥料应用也有近50年历史。从历史年代来看，抚远县应用肥料发展过程如下：

1. 20世纪80年代　推广肇源丰产经验开始施用农家肥。从1955年开始，抚远县各农业社建立了专人、专马、专车积肥组，使积肥、施肥有了发展。主要肥料是牛马粪、房框土、大坑底子等肥料，比较粗糙；另一种是细肥，主要以人粪尿、炕洞子灰和牛羊粪混合发酵而成的粉碎细肥，多做淹肥和追肥。抚远县使用化学肥料的历史较短，1983年开始有少量使用。1984年才开始推广到农村，当年化肥用量才60吨。1986年，化肥用量稍有增加，为67吨，也没有引起人们的更大重视。主要的化学肥料有硝酸铵、尿素、磷酸二铵等。几种化肥使用情况是：硫酸铵多用于水田和蔬菜，其次是玉米、高粱、谷子，因是速效肥料，多用于追肥。硝酸铵含氮较多，适合幼苗生长期追肥用。80年代后期菌肥开始应用，主要是根瘤菌，用于大豆。随着耕地面积的增加，施肥数量也有所增加，但还是以农肥为主，化肥的施用只是在小面积示范试验阶段。

2. 20世纪90年代　是农肥、化肥比例变化最大的时期。80年代初期，以农肥为主，十一届三中全会后，农民有了土地的自主经营权，由于化肥在粮食生产中作用的显著提高，农民对化肥逐渐认识，化肥开始被大面积推广应用，施用农家肥的面积和数量逐渐减少。由于土壤肥力下降，影响了粮豆单产的提高，大部分社、队开始大量施用化学肥料，每年施氮、磷化肥 3 500 吨左右，部分先进社队基本做到了 3 年一茬底肥，对恢复和增加土壤肥力起到了一定的作用。

3. 化肥用量增长速度极快，品种多样化，农肥用量极少 1990 年，抚远县全年化肥施用量按实物量计算为 6 139 吨。其中，氮肥 2 374 吨，磷肥 2 479 吨，钾肥 50 吨，复合肥 1 236 吨。随着生产水平的提高，肥、药投入不断增加，到 1999 年，农用化肥施用量达 18 960 吨。其中，氮肥 6 163 吨，接近 1990 年用量的 2.60 倍；磷肥 9 397 吨，也接近 1990 年用量的 3.80 倍；由于 1993 年以前，农民认为土壤有机质含量高，大多不施用钾肥，但由于随着土地开发的年限逐渐加大，使得土壤中缺钾现象逐年增加，尤其是大豆，所以 1994 年开始，农民逐渐加大钾肥用量，到 1999 年钾肥用量已达 400 吨，是 1990 年的 8 倍；复合肥的应用到 1999 年也达 3 000 吨，是 1990 年的 2.40 倍。

4. 2000 年至今 2000 年，化肥应用量 22 000 吨，农肥下降到 1 万吨，到目前只有几千立方米。2001 年，化肥应用量 27 000 吨，是 1990 年的 4.40 倍，氮肥 4 600 吨，是 1990 年的 1.94 倍，磷肥达 12 000 吨，是 1990 年的 4.84 倍，钾肥 3 200 吨，是 1990 年的 64 倍，复合肥用量 7 200 吨，是 1990 年的 5.83 倍，2009 年，化肥应用量达 45 000 吨，是 1990 年的 7.33 倍。

（二）农肥与化肥在抚远县农业生产历史中施用量的演变

20 世纪 50 年代抚远县开始施用农肥，农作物的产量和效益都得到了提高，农肥的施入量开始逐年增加，到 80 年代达到顶峰，平均每年约施入 20 万～30 万立方米。1984 年，农肥施用量为 26.10 万吨，以后随着化肥逐渐被农民认识和接受，农肥的施用量慢慢减少，1990 年，施用量为 12.80 万吨，与 5 年前相比减少一半。1996 年，农肥施用量减少为 6.20 万吨，与 1990 年相比又减少一半。到 2000 年，农家肥施用量仅为 1.10 万吨。到 2007 年，施用农肥的地块在抚远县只是零星分布，只有县郊菜地及浓江、寒葱沟等乡（镇）的经济作物田中施用农家肥，年施用量仅 2 000 吨。

化肥在 20 世纪 80 年代后开始推广到农村。1984 年，抚远县化肥用量才 60 吨，以后缓慢发展，到 80 年代还是小面积示范试验。90 年代，开始大量施用。到 1990 年，施用量为 5 800 吨，而到 2000 年施用量为 22 000 吨。10 年的时间里化肥施用量增加了 3.80 倍。到 2009 年，施用量为 45 000 吨，与 2000 年比又翻了一番（附表 3-1，附图 3-1）。

附表 3-1 化肥施用量与农肥统计

单位：吨

年度	1984 年	1990 年	2000 年	2009 年
化肥施用量	60	5 800	22 000	45 000
农肥用量	261 000	128 000	11 000	2 000

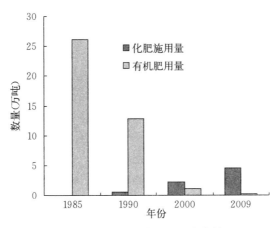

附图 3-1　农肥与化肥投入变化情况

（三）抚远县化肥肥效与粮食产量关系分析

从 1984 年以来，随着化肥肥料投入的增加，以农家肥为主过渡到以化肥为主导，并且化肥用量连年大幅度增加，农家肥用量大幅度减少，粮食产量也连年大幅度提高（附表 3-2，附图 3-2）。

附表 3-2　化肥施用量与粮食总产统计

单位：万吨

年度	1984 年	1990 年	2000 年	2009 年
化肥施用量	0.006	0.58	2.20	4.50
粮食总产	2.40	7.10	15.00	40.00

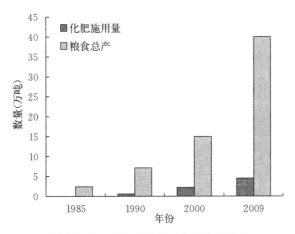

附图 3-2　化肥用量与粮食总产的关系

二、开展专题调查的必要性

土地是人类生存和社会发展的基础，随着人口的增长，人均耕地面积越来越少，农业资源承载力也越来越重，生态环境日益恶化，土地资源的退化加速，大量化肥残渣的存在使土壤中毒和酸化现象日趋严重，导致土壤营养流失，肥力衰退，环境质量不断恶化，造成环境污染和生态破坏。因此，实施平衡施肥，即根据土壤的供肥性能、作物需肥规律和肥料效应，在有机肥为基础的条件下，合理供应和调节作物必需的各种营养元素，以满足作物生长发育的需要，达到提高产量、改善品质、减少肥料浪费和防止环境污染的目的，才能最终维持农业可持续发展。

1. 提高作物经济产量和生物产量　在提高耕地质量的同时，保证粮食生产安全。通过土壤养分测定，根据作物需要，正确确定施用肥料的种类和用量，可增加作物的经济产量和生物产量，改善土壤理化性状，提高易耕性和保水性能，保持和增加土壤孔隙度及持水量，避免板结情况的发生，增强土壤养分供应能力，使作物获得持续稳定的增产，从而保证粮食生产安全。

2. 改善农产品品质　农产品品质包括外观、营养价值（蛋白质、氨基酸、维生素等）、耐储性等，都与作物施肥密切相关。施肥对农产品品质产生正面影响还是负面影响，取决于施用方法。过多地施用单一化肥，会对农产品品质产生负面影响。但如果能够平衡施肥，则会促进农产品品质的提高。如氮磷配施能提高糙米中蛋白质含量；施钾后茶叶中茶多酚、茶氨酸含量提高。钾对水果、蔬菜中糖分、维生素 C、氨基酸等物质的含量和耐贮性、色泽等都有很大影响。

3. 确保农产品安全　我国加入 WTO 后对农产品提出了更高的要求，农产品流通不畅就是由于质量低、成本高造成的，农业生产必须从单纯地追求高产、高效向绿色（无公害）农产品方向发展，这对施肥技术提出了更高、更严的要求，如控制硝酸盐的过多积累，是无公害农产品生产的关键。农产品中硝酸盐超标主要是过量施用氮肥所致，而合理施肥可大大降低硝酸盐含量，因此，平衡施肥能有效控制硝酸盐积累，实现优质高产。

4. 降低农业生产成本，增加农民收入　肥料在农业生产资料的投入中约占 50%，但是施入土壤的化学肥料大部分不能被作物吸收，未被作物吸收利用的肥料，在土壤中发生挥发、淋溶，被土壤固定。因此提高肥料利用率，减少肥料的浪费，对提高农业生产的效益至关重要。

5. 节约资源，保证农业可持续发展　采用平衡施肥技术，提高肥料的利用率是构建节约型社会的具体体现。据测算，如果氮肥利用率提高 10%，则可以节约 2.5 亿立方米的天然气或节约 375 万吨的原煤。在能源和资源极其紧缺的时代，进行平衡施肥具有非常重要的现实意义。

6. 减少污染，保护农业生态环境　不合理的施肥会造成肥料的大量浪费，浪费的肥料必然进入环境中，造成大量原料和能源的浪费，破坏生态环境，如氮、磷的大量流失可造成大气的富养分化。由于平衡施肥技术考虑了土壤、肥料、作物三方面的关系，考虑了有机肥与无机肥的配合施用，考虑了无机肥中氮、磷、钾及微量元素的合理配比，因此作物能均衡吸收利用养分，提高了肥料利用率，减少了肥料流失，使施入土壤中的化学肥料尽可能多的被作物吸收，尽可能减少在环境中滞留，对保护农业生态环境也是有益的。

第二节　调查方法和内容

一、成立专题调查组

为了保证本次专题调查工作的质量，由农业技术推广中心主任担任组长，由两名副主任和土壤肥料管理站长作片长带领全体推广中心技术人员 20 名，组成 3 个工作小组，分 3 片展开工作，每组负责 3~4 个乡（镇），由各镇政府部门配合深入各采样村，共同完成调查任务。

二、技术路线

依据布置地力评价的采样点，由专题调查组到采样点所属的行政村屯，逐户调查，详细调查农户施肥情况，对地块不是户主而是承包出去的，要对承包户调查，不能漏掉任何一个采样点。调查的同时搞好记录，回到单位填写施肥调查表。

三、调查内容

对农户详细调查施肥情况，有无施农家肥或有机肥，如施农家肥，要调查农户是牲畜过圈肥、秸秆肥、堆肥、沤肥、绿肥、沼气肥中的哪种农家肥，如施有机肥，要调查是有机肥还是有机无机复合肥；化肥使用情况，要弄清楚肥料的种类，是单质肥还是复合肥还是复混肥，不仅要调查大量元素氮、磷、钾肥料的施用情况，也要调查微量元素肥料的施用情况。所有肥料都要调查用量及施用方法，购买肥料的价格。同时，借此机会大力宣传测土配方施肥技术。

第三节　调查结果与分析

一、对采样点的理化性状分析

本次耕地地力评价工作，对采样点的有机质、全磷、全钾、速效磷、速效钾、有效锌、有效铁、有效锰等进行了分析（附表 3-3）。

附表 3-3　抚远县耕地养分含量平均值

项目	有机质（克/千克）	全磷（克/千克）	全钾（克/千克）	有效磷（毫克/千克）	速效钾（毫克/千克）	有效锌（毫克/千克）	有效铁（毫克/千克）	有效锰（毫克/千克）
平均值	56.23	2.82	22.20	28.27	184.10	1.47	54.23	33.15
变幅	15.20~86.60	1.10~5.02	14.20~28.50	10.10~55.70	17~637	0.54~2.15	21.50~72.80	15.30~48.70

二、根据评价后的结果对耕地的理化性状分析

依据此次采样点调查结合地理信息系统的分析:

1. 有机质 根据评价结果分析,抚远县耕地土壤有机质含量总的分布趋势是东南部高,中、西部低。有机质平均含量为 56.23 克/千克,最大值为 86.60 克/千克,最小值为 15.20 克/千克,极差值为 64.70 克/千克。与 1984 年相比,有机质含量水平明显下降,下降 31.86 个百分点,一级水平有机质含量＞60 克/千克的耕地面积占全县耕地总面积的 36.39%,1984 年占耕地总面积的 75.20%,2010 年比 1984 年下降了 38.81%;二级水平有机质含量为 40~60 克/千克的耕地面积占全县耕地总面积的 58.32%,1984 年占耕地总面积的 17.10%,2010 年比 1984 年增加 41.22%;三级水平有机质含量为 30~40 克/千克的耕地面积占全县耕地总面积的 4.04%,1984 年占耕地总面积的 3.2%,2010 年比 1984 年增加 0.84%;四级水平有机质含量为 20~30 克/千克的耕地面积占全县耕地总面积的 1.23%,1984 年占耕地总面积的 1.20%,2010 年与 1984 年基本持平。一级水平有机质含量的耕地面积严重下降,有机质含量二级、三级水平的耕地面积增加。通过这次调查说明,第二次土壤普查到现在的 20 多年有机质已严重下降。

水旱田的有机质含量进行对比,旱田比水田略高些,旱田的有机质含量平均值是 57.39 克/千克,水田有机质含量平均值是 57.90 克/千克,水田比高旱田 0.51 克/千克;旱田有机质最大值比水田高 0.60 克/千克,旱田有机质最小值比水田低 15.80 克/千克,有机质极差值旱田比水田多 16.40 克/千克。

2. 碱解氮 根据评价结果分析,全县耕地碱解氮总体分布趋势是:南部高,中、西部低,含量较高的土壤主要是沼泽土和草甸土。全县耕地碱解氮平均值为 334.41 毫克/千克,最大值为 735 毫克/千克,最小值为 77 毫克/千克,与 1984 年碱解氮平均含量 552.18 毫克/千克相比,碱解氮含量水平相差很大,下降 39.44 个百分点。碱解氮含量＞200 毫克/千克即一级水平的耕地,2010 年面积为 147 438.10 公顷,占耕地总面积的 90.27%,1984 年占耕地总面积的 82.40%,2010 年与 1984 年相比,增加了 7.87%,说明碱解氮高含量水平的耕地面积有所上升;碱解氮含量 150~200 毫克/千克即二级水平的耕地,2010 年面积为 13 851.98 公顷,占耕地总面积的 8.48%,1984 年占耕地总面积的 1.60%,2010 年与 1984 年相比,增加了 6.88%;碱解氮含量 120~150 毫克/千克即三级水平的耕地,2010 年面积为 1 550.91 公顷,占耕地总面积的 0.95%,1984 年占耕地总面积的 0.30%,2010 年与 1984 年相比,增加了 0.65%;碱解氮含量 90~120 毫克/千克以下的在 2% 左右,说明碱解氮极低含量水平的耕地面积很少。

水旱田的碱解氮含量对比,旱田比水田高 7.33 毫克/千克,旱田的碱解氮平均含量是 335.17 克/千克,水田碱解氮平均值是 327.84 毫克/千克;旱田碱解氮含量最大值比水田高 259 毫克/千克,旱田碱解氮含量最小值比水田低 119 克/千克,旱田碱解氮极差值比水田多 378 毫克/千克。

3. 有效磷 根据评价结果分析,有效磷总体分布趋势是:南部稍高,东部稍低,含量较高的土壤主要是草甸土和白浆土。有效磷平均值为 28.91 毫克/千克,最大值为

55.70 毫克/千克，最小值为 10.10 毫克/千克。由平均值看，抚远县目前土壤中的磷元素含量属中下等水平。此次调查与第二次土壤普查 1984 年时相比，第二次土壤普查时有效磷平均含量为 13.05 毫克/千克，现在的耕地有效磷平均含量为 55.70 毫克/千克，2010 年比 1984 年上升了 42.65 毫克/千克，原因是近年来由于大豆连作且大量单一施用磷肥形成的，磷肥进入土壤后除被作物吸收利用部分外，还有一部分被土壤固定。

从分级水平看，有效磷含量＞100 毫克/千克即一级水平的耕地，2010 年没有，1984 年占耕地总面积的 0.50%；40～100 毫克/千克即二级水平的耕地，2010 年面积为 14 520.87公顷，占耕地总面积的 8.89%，1984 年占耕地总面积的 1.30%，2010 年与 1984 年相比，增加了 7.59%；20～40 毫克/千克即三级水平的耕地，2010 年面积为 105 357.73公顷，占耕地总面积的 64.50%，1984 年占耕地总面积的 18.10%，2010 年与 1984 年相比，增加了 46.40%；10～20 毫克/千克即四级水平的耕地，2010 年面积为 43 454.85公顷，占耕地总面积的 26.60%，1984 年占耕地总面积的 63.10%，2010 年与 1984 年相比，减少了 36.50%；5～10 毫克/千克即五级水平的耕地，2010 年面积没有，1984 年占耕地总面积的 16.00%；二级水平的耕地与 1984 年相比，所占面积比例略微上升，大部分有效磷养分含量的耕地都集中在三级水平，即 20～40 毫克/千克，四级水平10～20 毫克/千克的耕地比例也较高。此次调查结果说明，目前有效磷整体水平在 20 多年间变化很大，第二次土壤普查时有效磷含量极高水平和极低水平的耕地所占比例都很大，如五级至十级水平占 16%，目前这个有效磷含量水平的耕地已很少，以 20～40 毫克/千克水平的耕地较多，现在的土壤已不缺磷，甚至有些耕地由于磷酸二铵施用过多，磷已出现过剩。

水旱田的有效磷含量相差不多，水旱田的有效磷含量对比，旱田比水田低 0.07 毫克/千克，旱田的有效磷平均含量是 28.91 毫克/千克。水田有效磷平均值是 28.98 毫克/千克；旱田有效磷最大值比水田高 9.30 毫克/千克，旱田有效磷最小值比水田低 8.70 毫克/千克，旱田有效磷极差值比水田多 18 毫克/千克。

4. 速效钾　根据评价结果分析，抚远县耕地土壤速效钾平均含量为 189.35 毫克/千克，最高值为 637 毫克/千克，最小值为 17 毫克/千克。土壤速效钾总体分布趋势是：南部地区高，东部地区低，含量较高的土类主要是沼泽土、白浆土，含量较低的土类主要是草甸土。

从各含量等级养分水平看，＞200 毫克/千克即一级水平的耕地，2010 年面积为 65 736.86公顷，占耕地总面积的 40.25%，1984 年占耕地总面积的 79.10%，2010 年与 1984 年相比，降低了 38.85%，说明速效钾高含量水平的耕地面积明显下降；150～200 毫克/千克即二级水平的耕地，2010 年面积为 51 168.25 公顷，占耕地总面积的 31.33%，1984 年占耕地总面积的 17.90%，2010 年与 1984 年相比，增加了 13.43%；100～150 毫克/千克即三级水平的耕地，2010 年面积为 39 850.67 公顷，占耕地总面积的 24.40%，1984 年占耕地总面积的 1%，2010 年与 1984 年相比，增加了 23.40%；≤100 毫克/千克即四级水平的耕地，2010 年面积为 5 928.83 公顷，占耕地总面积的 3.63%，2010 年与 1984 年相比，增加了 1.63%。此次调查结果说明，第二次土壤普查到现在的 20 多年速效钾养分含量已下降，目前抚远县速效钾处于中等水平。

水旱田的速效钾相差不多，水旱田的速效钾含量对比，旱田比水田高 1.36 毫克/千克，旱田的速效钾平均含量是 189.49 毫克/千克；水田速效钾平均值是 188.13 毫克/千克；旱田速效钾最大值比水田高 231 毫克/千克，旱田速效钾最小值比水田低 18 毫克/千克，旱田速效钾极差值比水田多 249 毫克/千克。

第四节　施肥方面存在的问题

科学施肥是提高作物产量，改善品质，降低生产成本的重要因素。但目前抚远县普遍存在盲目施肥的现象，主要根据历年的施肥习惯和肥料市场价格来施肥，造成施肥上存在许多问题。

一、重化肥轻有机肥，化肥的用量不够

生产条件的改善，投入能力的提高和化肥施用的简捷方便，再加上抚远县养殖场数量少、规模小，农村养殖牲畜也大量减少，使得粪肥资源不足，导致了农民重化肥轻农肥，认为农肥可有可无，因而大田几乎不施农肥。其他有机肥应用很少，秸秆还田也只有大豆地机械还田一部分，也很少，只有 3 万公顷左右，商品有机肥用量也很少。

二、施肥方法不当，肥料利用率降低

1. 底肥问题　抚远县大部分旱田都不进行分层施肥，只是一次性施入口肥，并且深度不变，易造成作物中后期脱肥。抚远县的农机具以小四轮为主，施肥的深度最多只能施到耕层 8 厘米处，大部分只能施到耕层 3~5 厘米，做不到深施肥，造成肥料利用率低。这种施肥方法，如果施用的肥料是尿素，由于在土壤中分解的最终产物是碳酸铵，碳酸铵很不稳定，在土壤或土壤表面分解形成游离氮，易挥发损失；而施磷肥，由于磷元素移动性特别差，只施表层，到作物生长中后期，作物的植物根系已经扎下去了，而磷肥还在上面，利用不上，造成浪费。

2. 追肥问题　抚远县作物根部追肥，主要以尿素为主，尿素易挥发，在土下 10 厘米以下，才不易挥发，由于抚远县追肥的深度都不够，大部分只有 3~5 厘米，普遍存在施尿素过浅，肥料大部分都浪费了，追肥一般结合蹚二遍地，所以要尽量蹚得深一些。关于玉米追肥，除了深度不够外，还有两个问题，一是玉米不追肥，造成玉米生长中后期脱肥；二是追肥与底肥比例的问题，有的农民为了防止烧苗，施底肥时，不施尿素，只在追肥时，一次施入，造成苗期玉米缺氮，中后期玉米节间伸长，易倒伏。

三、施肥结构不合理

1. 氮磷钾比例问题　抚远县农民在施肥上存在很大误区，氮磷钾比例失调严重。在大豆上磷肥施用量过大，氮钾施用量偏少，造成氮磷钾比例不合理，有很多地方施用五氧

化二磷每公顷用量高达 76 千克，而钾肥用量很低，大部分每公顷只施氧化钾 16.50 千克；玉米也存在钾肥投入量不足的问题，玉米植株高大，需钾量大，抚远县大部农民每公顷也只施氧化钾 16.50 千克左右，用量不够，造成玉米易倒伏；水稻存在钾肥施用量不足，而氮肥施用量过大的问题，有些农户甚至每公顷施入尿素 400～500 千克，不仅造成氮素浪费，而且使水稻稻瘟病加重，水稻品质下降。

2. 钾肥施用问题　抚远县施用钾肥存在很大误区，在钾肥的应用上存在两大问题：一是钾肥用量不够；二是钾肥应用方法不正确。由于销售生物钾利润远远大于硫酸钾或氯化钾等化学钾肥，因此抚远县有很多商家在大力宣传施钾时只施用生物钾，不施硫酸钾或氯化钾。另外，由于施用颗粒生物钾，播种时易下肥，而硫酸钾相对有些发黏不易下粒，因此有些农民也喜欢施用生物钾，使得只施用生物钾的不科学施钾方法现象逐渐增多。生物钾只是可以分解转化土壤中含钾物质，使土壤中固定的钾被释放出来为植物吸收选用的钾元素，但生物钾本身并不含有钾，如果土壤中没有钾就不能分解，抚远县的土壤中含钾量虽然较为丰富，但还没有达到可以只施生物钾的程度，有很多地块甚至缺钾，抓吉镇、通江乡、海青乡这 3 个乡（镇）都是缺钾地区，只用生物钾释放土壤中的有效钾，量根本不够，生物钾只能提高钾肥的利用率而不能代替全部钾肥，必须另外施用硫酸钾或氯化钾。

3. 微量元素施用不当　中微量元素在作物生长、发育中的作用不可忽视，在满足作物氮磷钾需求的前提下，根据不同作物、不同生长期及时补充中微量元素也是确保高产、优质的必要条件。目前，抚远县对微肥的使用普遍存在问题，有人认为没用，干脆不用，有的虽然施用，但很大一部分施用不合理，尤其是叶面肥，不知道哪种作物应选用哪种叶面肥，也不知道什么样的叶面肥是好的，盲目购买。

第五节　平衡施肥规划和对策

一、平衡施肥规划

根据本次对抚远县耕地现状的调查结果，结合抚远县生产实际，制定平衡施肥总体规划。

（一）耕地肥力水平的划分

根据各类耕地的肥力水平评定等级标准，把抚远县各类耕地划分为 3 个区，即：

高肥力区：主要集中在一级地。

中肥力区：主要在二级地。

低肥力区：主要在三级地和四级地。

（二）三种水平肥力区所处耕地的现状

1. 一级地　一级地所处地形条件：高平地、缓坡地，坡度<5°，基本无侵蚀现象；土壤类型及养分状况：草甸土，沼泽土耕层在 20 厘米以上，有机质含量在 40 克/千克以上（二级以上），供肥能力较好。利用现状及植被类型：耕地、荒地植被杂草类草甸，五

花草塘及小叶樟草甸等；无明显限制因素；易于改造，改良成本较低，增施有机肥。一级地耕层深厚，大多数在 20 厘米以上，团粒结构较好，质地适宜。保肥性能好，抗旱排涝能力强，适于种植各种作物，产量水平高。一级地主要分布在抚远镇、海青乡、通江乡、鸭南乡、浓桥镇，一级地面积最大的是海青乡。一级地土壤类型主要有草甸土、泥炭土、沼泽土、白浆土，以草甸土类面积最大，暗棕壤一级地仅有 13.90 公顷。

一级地土壤理化性状较好，有机质平均含量为 58.67 克/千克，范围为 29.80～80.60克/千克；碱解氮平均为 329.01 毫克/千克，变化幅度为 182～735 毫克/千克；有效磷平均为 27.63 毫克/千克，变化幅度为 10.20～55.20 毫克/千克；速效钾平均为 198.18 毫克/千克，变化幅度为 35～573 毫克/千克；有效锌平均为 1.42 毫克/千克，变化幅度为0.70～2.50 毫克/千克；土壤 pH 平均为 4.67，pH 在 4.00～5.50（附表 3-4）。

附表 3-4 一级地理化性状统计

项目	平均值	最大值	最小值
有机质（克/千克）	58.67	80.60	29.80
碱解氮（毫克/千克）	329.01	735.00	182
有效磷（毫克/千克）	27.63	55.20	10.20
速效钾（毫克/千克）	198.18	35.00	573.00
有效锌（毫克/千克）	1.42	2.50	0.70
pH	4.64	5.50	4.00

2. 二级地 二级地所处地形条件：平地、低平地；土壤类型及养分状况：草甸土、白浆化草甸土，有机质含量在二级以上，供肥能力较好。利用现状及植被类型：耕地、荒地植被小叶樟为主的草甸植被群落；限制因素：黏重、内涝、冷浆；改良措施是兴修一定的排涝工程。保肥性能较好，抗旱排涝能力相对较强，基本适于种植各种作物，产量水平较高。二级地主要分布在海青乡、鸭南乡、浓桥镇、抓吉镇、寒葱沟镇、别拉洪乡，二级地占本镇面积都超过 50%，说明抚远县的土壤以二级地居多，二级地面积最大的镇是海青乡。二级地土壤类型主要有白浆土、草甸土、沼泽土，以白浆土类面积最大。二级地土壤有机质平均含量为 58.01 克/千克，比一级地的值低 0.66 克/千克，变化幅度为28.90～80.00 克/千克，最小值比一级地的值低；碱解氮平均为 337.44 毫克/千克，比一级地的值高 8.43 毫克/千克，变化幅度为 182～735 毫克/千克；有效磷平均为 19.27 毫克/千克，变化幅度为 12.27～29.56 毫克/千克；及最大值比一级地的值低，说明抚远县土壤有效磷含量超过 31.50 毫克/千克，就不影响速效钾平均含量为 128.86 毫克/千克，比一级地的值低 69.32 毫克/千克，变化幅度为 50.20～535.00 毫克/千克，最小值比一级地的值低；有效锌平均含量为 1.41 毫克/千克，比一级地的值低 0.01 毫克/千克，变化幅度为0.54～2.35 毫克/千克，最大值比一级地的值低；土壤 pH 平均为 4.61，比一级地的值低 0.03，pH 在 3.60～5.60，最小值比一级地的值低（附表 3-5）。

附表3-5　二级地理化性状统计

项目	平均值	最大值	最小值
有机质（克/千克）	58.01	80.00	28.90
碱解氮（毫克/千克）	337.44	735.00	182.00
有效磷（毫克/千克）	19.27	29.56	12.27
速效钾（毫克/千克）	128.86	535.20	50.20
有效锌（毫克/千克）	1.41	2.35	0.54
pH	4.61	5.60	3.60

3. 三级地　三级地所处地形条件：平地、低平地；土壤类型及养分状况：潜育白浆土、泛滥地草甸土、草甸沼泽土，有机质含量20克/千克以上。利用现状及植被类型：耕地、荒地植被小叶樟为主草甸群落等。限制因素：白浆层不透水，易受洪涝灾害；改良措施：平地兴建排水设施，岗坡地防止水土流失，增施有机肥。保肥性能较差，抗旱排涝能力相对较弱，适于种植抗逆性强的作物，产量水平较低。三级地主要分布在抓吉镇、鸭南乡、浓桥镇、浓江乡，说明这几个镇的土壤相对较瘠薄，鸭南乡三级地面积分布最大。三级地的土壤类型主要有草甸土和白浆土，以白浆土类面积最大。三级地土壤有机质平均含量为56.68克/千克，变化幅度为15.50～80.60克/千克；碱解氮平均含量为327.42毫克/千克，变化幅度为77～609毫克/千克；有效磷平均含量为29.35毫克/千克，范围为10.10～55.70毫克/千克；速效钾平均含量为189.08毫克/千克，比一级、二级地的含量低，变化幅度为87～637毫克/千克，最小值及最大值均比一级、二级低；有效锌平均含量为1.42毫克/千克，变化幅度为0.71～2.50毫克/千克；土壤pH平均为4.55，pH为3.60～5.30（附表3-6）。

附表3-6　三级地理化性状统计

项目	平均值	最大值	最小值
有机质（克/千克）	56.68	80.60	15.50
碱解氮（毫克/千克）	327.42	609.00	77.00
有效磷（毫克/千克）	29.35	55.70	10.10
速效钾（毫克/千克）	189.08	637.00	87.00
有效锌（毫克/千克）	1.42	2.29	0.71
pH	4.55	5.30	3.60

4. 四级地　四级地是抚远县最差的地力，所处地形条件：低平洼地；土壤类型及养分状况：潜育白浆土、泛滥地草甸土，土壤黏重过湿，土壤养分贮量丰富，有机质10克/千克以上。利用现状及植被类型：荒地植被为草甸沼泽及沼泽。改良措施：修建排水工程和防洪堤。结构较差，多为质地不良、保肥性能差，抗旱排涝能力差，适于种植耐瘠薄作物，产量低。全县四级地分布在二龙山浓桥镇、抓吉镇、寒葱沟镇、浓江乡，其他乡（镇）也有少量四级地，说明这几个乡（镇）有抚远县最瘠薄的耕地。四级地土壤类型主

要有草甸土、白浆土，以白浆土类面积最大，四级地没有沼泽土、泥炭土、暗棕壤土类。

四级地土壤所有相关属性的养分含量都是全县最低的，表现缺乏。四级地土壤有机质平均含量为 55.93 克/千克，比一级地的值低 2.74 克/千克，比二级地的值低 2.08 克/千克，比三级地的值低 0.75 克/千克，变化幅度为 10.00～79.50 克/千克，最小值比一级、二级地、三级地的值都低；碱解氮平均为 363.39 毫克/千克，变化幅度为 233.3～623 毫克/千克；有效磷平均为 30.31 毫克/千克，变化幅度为 10.50～55.70 毫克/千克；速效钾平均为 188.45 毫克/千克，变化幅度为 148～458 毫克/千克，最大值均比一级、二级、三级地的值都低；有效锌平均为 1.36 毫克/千克，比一级地的值低 0.08 毫克/千克，比二级地的值低 0.05 毫克/千克，比三级地的值低 0.08 毫克/千克，水平为 0.54～2.10 毫克/千克；土壤 pH 平均为 4.55，比一级地的低 0.09，比二级地低 0.06，与三级地含量低持平，pH 为 3.70～5.10，最大值比一级、二级、三级地都低（附表 3-7）。

附表 3-7 四级地理化性状统计

项目	平均值	最大值	最小值
有机质（克/千克）	55.93	79.50	10.00
碱解氮（毫克/千克）	363.39	623.00	233.00
有效磷（毫克/千克）	30.31	55.70	10.50
速效钾（毫克/千克）	188.45	458.00	148.00
有效锌（毫克/千克）	1.36	2.10	0.54
pH	4.55	3.70	5.10

（三）对各肥力区的施肥建议

1. 高肥力区 大豆可公顷施氮肥（N）40.50 千克、磷肥（P_2O_5）57 千克、钾肥（K_2O）30 千克，N、P、K 比例为 1.00：1.41：0.74；水稻可公顷施氮肥（N）106.50 千克、磷肥（P_2O_5）46.50 千克、钾肥（K_2O）49.50 千克，N、P、K 比例为 1.00：0.44：0.46；玉米可公顷施氮肥（N）133.50 千克、磷肥（P_2O_5）57 千克、钾肥（K_2O）45 千克，N、P、K 比例为 1.00：0.43：0.34。

2. 中肥力区 大豆可公顷施氮肥（N）43.50 千克、磷肥（P_2O_5）64.50 千克、钾肥（K_2O）37.50 千克，N、P、K 比例为 1.00：1.48：0.86；水稻可公顷施氮肥（N）109.50 千克、磷肥（P_2O_5）46.50 千克、钾肥（K_2O）63 千克，N、P、K 比例为 1.00：0.42：0.58；玉米可公顷施氮肥（N）165 千克、磷肥（P_2O_5）69 千克、钾肥（K_2O）60 千克，N、P、K 比例为 1.00：0.42：0.36。

3. 低肥力区 大豆可公顷施氮肥（N）45.00 千克、磷肥（P_2O_5）69 千克、钾肥（K_2O）45 千克，N、P、K 比例为 1.00：1.53：1.00；水稻可公顷施氮肥（N）115.50 千克、磷肥（P_2O_5）45.50 千克、钾肥（K_2O）75.00 千克，N、P、K 比例为 1.00：0.39：0.65；玉米可公顷施氮肥（N）174 千克、磷肥（P_2O_5）69 千克、钾肥（K_2O）90 千克，N、P、K 比例为 1.00：0.40：0.52。

（四）制定三大作物的配方施肥技术指导意见

依据土壤肥力水平，各作物生育特性和需肥规律，提出配方施肥技术指导意见。

1. 大豆平衡施肥技术　根据土壤肥力水平，大豆的生育特性和需肥规律及抚远县农民大豆施肥方法、施肥量，提出配方施肥技术指导意见（附表 3-8、附表 3-9）。

附表 3-8　大豆推荐施肥量参考

地力等级	实际产量水平（千克）	有机肥（千克/公顷）	N（千克/公顷）	P₂O₅（千克/公顷）	K₂O（千克/公顷）	N、P、K 比例
高肥力区	2 625.00	19 500.00	40.50	57.00	30.00	1.00：1.41：0.74
中肥力区	2 325.00	21 000.00	43.50	64.50	37.50	1.00：1.48：0.86
低肥力区	2 205.00	22 500.00	45.00	69.00	45.00	1.00：1.53：1.00

附表 3-9　抚远县大豆配方

碱解氮（毫克/千克）	施肥量全氮（千克/公顷）	有效磷（毫克/千克）	施肥量（千克/公顷）	速效钾（毫克/千克）	施肥量（千克/公顷）
>250.00	15.00	>60.00	75.00	>200	15.00
180.00~250.00	15.00	40.00~60.00	75.00	150.00~200.00	15.00
150.00~180.00	22.50	20.00~40.00	82.50	100.00~150.00	22.50
120.00~150.00	30.00	10.00~20.00	90.00	50.00~100.00	30.00
80.00~120.00	37.50	5.00~10.00	97.50	30.00~50.00	37.50
<80.00	45.00	<5.00	105.00	<30.00	45.00

2. 水稻平衡施肥技术　根据抚远县水田土壤肥力水平及水稻生育特性和需肥规律，提出水稻施肥技术指导意见。

氮肥：30% 做底肥，分蘖肥占 30%，调节肥占 10%，孕穗肥占 20%，粒肥占 10%。磷肥：全部做底肥一次施入。钾肥：底肥占 60%，拔节肥占 40%。除氮、磷、钾肥外，水稻对硅、锌等微量元素需要量也较大，因此要适当施用硫酸锌和含硅等微肥，每公顷施用量 1 千克左右（附表 3-10、附表 3-11）。

附表 3-10　抚远县水稻推荐施肥量参考

地力等级	实际产量水平（千克）	有机肥（千克/公顷）	N（千克/公顷）	P₂O₅（千克/公顷）	K₂O（千克/公顷）	N、P、K 比例
高肥力区	10 500.00	19 500.00	106.50	46.50	49.50	1.00：0.44：0.46
中肥力区	8 550.00	21 000.00	109.50	46.50	63.00	1.00：0.42：0.57
低肥力区	7 995.00	22 500.00	115.50	46.50	75.00	1.00：0.40：0.65

附表 3-11 抚远县水稻配方

碱解氮 毫克/千克	全氮 (千克/公顷)	有效磷（P） (毫克/千克)	P_2O_5 (千克/公顷)	速效钾（K） (毫克/千克)	K_2O (千克/公顷)
60.00～100.00	124.50～150.00	＜4.36	82.50～97.50	＜75.00	120.00～135.00
100.00～130.00	117.00～124.50	4.36～10.00	82.50～75.00	75.00～108.30	105.00～120.00
130.00～160.00	109.50～117.00	10.00～15.00	75.00～67.50	108.30～141.70	90.00～105.00
160.00～200.00	97.50～109.50	15.00～25.00	52.50～78.00	141.70～183.30	60.00～90.00
＞200.00	97.50	25.00～39.30	52.50～60.00	183.30～200.00	45.00～75.00
		＞39.30	45.00～52.50	＞200.00	30.00～45.00

3. 玉米平衡施肥技术 根据抚远县土壤肥力水平，玉米种植方式，产量水平，确定抚远县玉米平衡施肥指导意见（附表 3-12）。

附表 3-12 抚远县玉米推荐施肥量参考

地力等级	实际产量水平 (千克)	有机肥 (千克/公顷)	N (千克/公顷)	P_2O_5 (千克/公顷)	K_2O (千克/公顷)	N、P、K 比例
高肥力区	9 300.00	19 500.00	133.50	57.00	45.00	1.00：0.43：0.34
中肥力区	8 745.00	21 000.00	165.00	69.00	60.00	1.00：0.42：0.36
低肥力区	7 800.00	22 500.00	174.00	69.00	90.00	1.00：0.40：0.52

玉米在肥料施用上，提倡分层分次施肥，底肥、口肥和追肥相结合。底肥可结合整地，起垄夹肥，由于抚远县目前生产中应用的都是小型农机具，很难达到要求的深度，可以用小铧子在沟底耙一下，然后再破垄夹肥，这样玉米施底肥深度就可以在种下 15 厘米左右。氮肥：全部氮肥的 1/3 做底肥，2/3 做追肥；磷肥：全部磷肥的 70% 做底肥，30%做口肥；有机肥、钾肥全部做底肥（附表 3-13）。

附表 3-13 抚远县玉米配方

碱解氮 (毫克/千克)	全氮 (千克/公顷)	有效磷（P） (毫克/千克)	P_2O_5 (千克/公顷)	速效钾（K） (毫克/千克)	K_2O (千克/公顷)
＜90.00	180.00	＜4.36	90.00～105.00	＜58.30	135.00～150.00
90.00～120.00	165.00～180.00	4.36～13.10	82.50～90.00	58.30～83.30	105.00～135.00
120.00～150.00	142.50～165.00	13.10～19.00	78.00～82.50	83.30～108.30	90.00～105.00
150.00～180.00	127.50～142.50	19.00～26.20	75.00～78.00	108.30～133.30	75.00～90.00
180.00～250.00	105.00～127.50	26.20～39.30	67.50～75.00	133.30～150.00	60.00～75.00
＞250.00	90.00～105.00	＞39.30	60.00～67.50	150.00～180.00	49.50～60.00
				＞180.00	37.50

二、平衡施肥的对策与建议

抚远县针对开展耕地地力评价、施肥情况调查和推广平衡施肥技术中存在的问题，根据抚远县生产实际，围绕农业生产制定出抚远县平衡施肥相应对策和建议。

（一）平衡施肥对策

1. 强化推广，避免技术中途隔断　要做好平衡施肥技术的推广工作：一是确保财政支持。平衡施肥技术是当前抚远县提高作物产量和收益的重要技术之一，政府要从人、财、物，尤其是财政上支持推广普及作物平衡施肥技术。二是加强队伍建设。县、镇两级农业技术推广部门要通过进修学习等手段提高作物平衡施肥技术推广人员的专业素质，以提高作物平衡施肥技术的推广应用效果。三是搞好试验田、示范田和推广田"三田"配套。推广作物平衡施肥技术须"三田"配套，尤其是要种好示范田，因为示范田是宣传作物平衡施肥技术的活教材，广大农民通过示范田可以真正了解作物平衡施肥技术的增产潜力。四是坚持送科技下乡，强化培训指导，利用广播、电视、报刊等媒体加大对作物平衡施肥技术的推广，提高农民的平衡施肥技术水平。

2. 做好跟踪工作，确保施肥技术常新　平衡施肥技术是一种动态变化技术，一方面是因为土壤营养状况、作物生产目标和作物生产条件都是在不断变化的；另一方面，在市场经济条件下，肥料价格和农作物产品价格是变化的。因此，要根据土壤营养状况的变化，根据肥料价格和产品价格的变化，跟踪调查研究作物平衡施肥技术实施过程中出现的一些新问题，及时改进作物平衡施肥技术，使作物平衡施肥技术常新。

3. 实行一条龙配套服务　测土配方和配方肥生产脱节是抚远县作物平衡施肥技术实施进程中存在着的严重问题。农业技术推广中心只负责测土配方，而配方肥如何生产和供应则几乎不管。另一方面，配方肥的生产厂家很少对作物土壤养分进行调查，故没有生产出科学的配方肥。今后，应该实施一条龙配套服务，农技推广中心和肥料生产厂家联合，共同搞好配方肥的生产和销售工作。目前，配方肥的生产，可以进行区域配方。根据此次调查结果和地力评价结果分成3个区域，即高肥力区、中肥力区、低肥力区，针对这3个区域，对特定作物生产配方肥。销售配方肥应以服务农民为根本宗旨，不以追求高额利润为目的，生产的肥料价格要低廉，施惠于农，坚持微利或保本的经营方针。

4. 搞好培肥地力工作　实施作物平衡施肥有2个重要的目标：一是实现当季或当年的作物高产；二是用地养地相结合，培肥地力，实现作物长期可持续增产。培肥地力，就要增加有机肥用量。作物平衡施肥技术本来就是以增施有机肥为基础的一种施肥技术，因此，要提高作物平衡施肥技术水平，就应该从最基本的增施有机肥环节抓起，需要做的工作：一是大力推广有机肥积造新技术。二是抓好季节性积肥，重点抓好夏季积肥。三是搞好农村的厕所改造，并抓好"三圈"（猪、羊、鸡）、"一坑"（粪坑）的积肥工作，搞好常年性积肥。四是大力开展秸秆还田技术。

（二）对施肥的几点建议

1. 有机肥和无机肥配合施用，适宜增加化肥用量　农肥肥效缓慢而持久，培养地力，而化肥肥效快，易控制。目前，农家肥量少，可以用生物有机肥代替一部分农家肥，有机肥中除含有氮、磷、钾和各种中微量元素以外，还含有大量的有益微生物和有机胶体，具有改土保肥等重要作用，可弥补单施化肥所造成的养分单一、易被土壤固定和易淋失等缺点，同时减少污染。但要强调一点，如果是纯有机肥单施是不行的，因为养分不够用，会造成减产，而且成本也很高，如果是有机无机复混肥，用量也要够，否则也要减产。因此，最好是有机肥、无机肥配合施用，这样科学地供给作物各种营养成分，增强土壤保肥供肥能力，降低成本，减少污染，增加作物产量。

2. 调整施肥结构 改变过去施肥比例不合理的状况，调整磷肥用量，稳定氮肥用量，全面增施钾肥及其他中微量元素。由于氮磷资源特征显著不同。因此应采取不同的管理策略。大豆施肥因氮磷钾等养分的资源特征显著不同，因此应采取不同的管理策略。大豆不但能吸收土壤和肥料中的氮，还能通过根瘤菌固定大气中的氮，固定的氮量可达到大豆所需氮量的 $40\%\sim60\%$，甚至更多。所以，大豆的氮素管理比较复杂，应采取实地养分管理，同时磷钾采用恒量监控技术，中微量元素做到因缺补缺。玉米施肥也由于氮磷钾等养分的资源特征显著不同。因此，在玉米上也要采取不同的管理策略。具体是：氮素管理采用总量控制、分期实时、实地精确监控技术；磷钾采用恒量监控技术；中微量元素做到因缺补缺。

对微肥的选用要因作物需要有目的地选择，在基肥施用不足的情况下，可以选用氮、磷、钾为主的叶面肥；在基肥施用充足时，可选用微量元素为主的叶面肥；也可根据作物的不同选用含有一些生长调节物质的叶面肥。低温冷害后应选择能刺激作物生长、增强抗性的叶面肥，如含氨基酸、海藻酸的叶面肥，以及选择能改善作物营养状况的水溶性肥料，如尿素、磷酸二氢钾等。要选用质量好的肥料，不能用低劣产品。目前，叶面肥种类繁多，成分复杂，但要注意元素对作物是有针对性的，有些元素对作物根本没有作用，甚至还可能产生毒害。所以，必须强调叶面肥的配方要科学，施用叶面肥要有针对性。大豆选用含硼、钼、铁、硫、锰、镁等微量元素的，水稻选用含硅、锌的，玉米选用含锌、钙、锰的叶面肥。有些缺素严重的地块，只施叶面肥是不够的，在底肥时就要施，如玉米缺锌严重的地块，底肥就应施硫酸锌，施水稻底肥时可以施入锌肥、硅肥，硅肥可促使水稻茎叶增加硬度而抗倒伏，有利于抗病虫的危害。着重补施易缺的微量元素，使氮、磷、钾微肥合理搭配使用，使作物吃上"全营养大餐"。

3. 要做到分层施肥，秋深施肥 分层施肥最好能做到秋施底肥、春施底肥、深施底肥，施入后马上上冻，可以减少肥料挥发，如果春施地温高，肥料易挥发。秋施底肥结合秋起垄、破垄夹肥，有机肥可一次性施入。根据抚远县实际，可以把总肥量的 2/3 做底肥，1/3 做种肥，施底肥可以结合整地施入。大豆将肥施在垄沟里，然后破垄夹肥；玉米施底肥深度在种下 15 厘米左右，可以用小铧子在沟底犁一下，然后再破垄夹肥，这样就能做到深施，玉米在分层施肥的同时，也要注意追肥。

4. 大力推广配方施肥技术 利用各种宣传手段大力推广测土施肥技术，让农民了解测土配方施肥技术的优点，转变传统施肥观念，实现科学施肥，从而节本增效，最终实现农业的可持续发展。

附录4　抚远县耕地地力评价与种植业布局专题报告

第一节　概　　况

黑龙江省自第二次土壤普查以来，随着这些年农村经营体制、耕作制度、作物品种、种植结构、产量水平、肥料和农药的使用等情况的显著变化，导致全县耕地土壤肥力与环境质量状况的相应改变，实现了种植业在改革中加速发展，在发展中深化改革，大幅度提高了粮食生产水平和土壤供给能力。为此，农业部农技中心部署开展"抚远县耕地地力评价"工作，目的就是查清抚远县耕地地力及其障碍因素、土壤环境质量状况等，强化耕地保护与提高管理水平、指导地力建设与培肥、发展绿色有机农业、特色农业，推进现代农业进程，促进区域种植业结构不断调整优化、发展无公害农产品生产和农业可持续发展。

抚远县耕地地力调查及质量评价是严格按照《耕地地力调查与质量评价技术规程》规定的程序及技术路线实施的。调查对象为基本农田保护区的耕地，调查内容为耕地地力与环境、蔬菜地地力与环境。

第二节　调查结果与分析

一、耕地地力评价结果

抚远县县属耕地面积为163 333.45公顷，旱田面积为125 382.96公顷，占耕地面积的76.77%，水田面积为37 950.49公顷，占县属耕地面积的23.23%。本次耕地地力评价只对各乡（镇）的耕地进行评价，不对其他面积进行评价。将抚远县县属耕地面积163 333.45公顷划分为4个等级，一级地面积为24 337.89公顷，占县属耕地面积的14.90%；二级地面积40 626.47公顷，占县属耕地面积的24.88%；三级地面积为74 665.04公顷，占县属耕地面积的45.71%；四级地面积为23 704.05公顷，占县属耕地面积的14.51%。一级地属本县域内高产土壤，二地属中产土壤，三级、四级地属低产土壤。按照《全国耕地类型区耕地地力等级划分标准》进行归并，抚远县的一级地、二级地、三级地、四级地分别对应国家的四级地、五级地、六级地，各级别耕地面积，所占耕地总面积的比例同上。

二、作物适宜性评价结果与分析

大豆适宜性评价结果。此次将抚远县的耕地划分为高度适宜、适宜、勉强适宜、不适宜4个等级对大豆进行适宜性评价。高度适宜属于高产田，面积为：31 890.33公顷，占抚远县总耕地面积的19.53%。适宜属于中产田，面积为73 684.67公顷，占抚远县总耕地面积的45.11%。勉强适宜属于低产田面积为52 381.48公顷，占抚远县总耕地面积的

32.07％。不适宜属于低产田，面积为：5 376.97公顷，占抚远县总耕地面积的3.29％。

从适宜性等级的分布特征来看，等级的高低与地形部位、土壤类型及养分等密切相关。高中产土壤主要集中在中部，行政区域包括抚远镇、海青乡、鸭南乡。其中，鸭南乡高度适宜面积最大。

（一）大豆种植高度适宜耕地

1. 面积与分布　大豆高度适宜耕地面积31 890.33公顷，占抚远县县属耕地面积的19.53％，主要分布在抚远镇、海青乡、鸭南乡。超过千公顷以上的有8个乡（镇），各乡（镇）均有分布。其中，海青乡高度适宜耕地面积最大，海青乡是抚远县大豆种植的重点乡（镇），大豆种植面积达1万多公顷。

2. 高度适宜耕地土壤养分　大豆高度适宜耕地耕层土壤养分含量较丰富，土壤质地适宜，排涝能力强。有机质含量较高，平均值为58.86克/千克，幅度在28.40～80.20克/千克，种植大豆产量高。

大豆高度适宜地块所处地形平缓，侵蚀和障碍因素很小，耕层土壤各项养分含量高。结构较好，多为粒状或小团粒状结构。土壤大都呈弱酸性，pH为4.50～5.50。养分含量丰富，有效锌平均1.37毫克/千克，有效磷平均41.01毫克/千克，速效钾平均为210.72毫克/千克。保肥性能较好，有一定的排涝能力。该级地适于种植大豆，产量水平高。总体上讲，高度适宜耕地区农田基础设施配套，排涝能力较强，地势高岗，土壤养分和其他条件都较好。

（二）大豆种植适宜耕地

1. 面积与分布　大豆适宜耕地面积73 684.67公顷，占抚远县县属耕地面积45.11％，各乡都有分布。按面积大小排序为：海青乡＞寒葱沟镇＞浓桥镇＞抓吉镇＞别拉洪乡＞通江乡＞鸭南乡＞浓江乡＞抚远镇。

2. 适宜耕地土壤养分　大豆适宜耕地耕层土壤养分含量也较丰富，土壤质地较适宜，排灌能力较强。有机质含量平均值为23.20～80.60克/千克。海青乡、寒葱沟镇、浓桥镇、抓吉镇、别拉洪乡都有高值出现。平均值最高在寒葱沟镇附近区域。

大豆适宜地块所处地形平缓，侵蚀和障碍因素很小，耕层土壤各项养分含量高。结构较好，多为粒状或小团粒状结构。土壤大都呈弱酸性，pH为4.50～5.40。养分含量丰富，有效锌平均1.45毫克/千克，有效磷平均25.80毫克/千克，速效钾平均207.57毫克/千克。

（三）大豆种植勉强适宜耕地

1. 面积与分布　大豆勉强适宜耕地面积52 381.48公顷，占抚远县县属耕地面积32.07％，各乡（镇）均有分布，主要分布在浓桥镇、抓吉镇、鸭南乡、浓江乡、寒葱沟镇、海青乡等地。

2. 勉强适宜耕地土壤养分　大豆勉强适宜耕地土壤有机质平均含量为21.40～78.70克/千克，最高平均值出现在浓桥镇附近，最低平均值出现在鸭南乡附近。

大豆勉强适宜地块所处地形低洼，侵蚀和障碍因素较大，耕层土壤各项养分含量偏低。结构较差，多为粒状或小块状结构。土壤大都呈酸性，pH为3.60～5.60。养分含量不丰富，有效锌平均1.41毫克/千克，有效磷平均21.18毫克/千克，速效钾平均147.58

毫克/千克。保肥性能较差，没有排涝能力。该级地不适于种植大豆，产量水平较低。比较而言，大豆勉强适宜耕地整体排涝能力差，地面坡度更缓或坡度更大。

（四）大豆种植不适宜耕地

1. 面积与分布　大豆不适宜耕地面积 5 376.97 公顷，占抚远县县属耕地面积约为 3.29%，各乡（镇）均有分布。面积最大区域在浓桥镇。

2. 不适宜耕地土壤养分　大豆不适宜耕地土壤有机质平均含量为 15.50～78.70 克/千克，最高平均值出现在抓吉镇附近，最低平均值出现在鸭南乡附近。

大豆不适宜地块所处地形起伏较大，侵蚀和障碍因素影响很大，耕层土壤各项养分含量偏低。结构不良，多为块状结构。土壤大都呈酸性，pH 为 3.70～5.19。养分含量不丰富，有效锌平均 1.41 毫克/千克，有效磷平均 19.65 毫克/千克，速效钾平均 150.46 毫克/千克。大豆不适宜耕地灌溉能力更差，地面坡度最大。

第三节　抚远县种植业结构发展历程

一、农作物种植结构的变化

20 世纪初，抚远县只有早熟谷子、荞麦、穄子，后来小麦、大豆、高粱相继传来。到民国元年五谷杂粮在本地逐渐耕种了。1921 年，麦类的耕种面积占总面积的 50%。1936 年以后，引进了玉米、大豆、高粱、谷子的晚熟品种。在此之后，抚远县农业生产上就以粮豆作物为主，作物种植比例 1949 年中华人民共和国成立后：大豆占了 4.80%，小麦种植面积占了 23.60%，玉米占 44.60%，杂粮占了 27%；1956 年，大豆占了 26%，小麦种植面积占了 7%，玉米占了 39%，杂粮占了 25%，经济作物只占 0.9%；1967 年，大豆占了 21.4%，小麦占了 16.2%，玉米占了 37.5%，杂粮占了 21.4%，经济作物只占 0.7%；1979 年，大豆占了 27.4%，小麦占了 24.2%，玉米占了 23.4%，杂粮下降，只占了 14.5%，经济作物只占 2.7%，水稻，只占了 0.2%；到 1986 年，大豆面积上升为 18 000 公顷，种植比例占了 84.40%；此后，抚远的大豆播种面积随着耕地面积的不断增加，且大豆生产机械化程度高，种植比例也不断提高。到 2002 年，种植面积达到 34 248 公顷，比例占 73.4%。自从我国加入 WTO 以来，受国际、国内市场影响很大，种植面积一直与大豆价格呈正相关，以后抚远大豆播种面积的比例一直超过 85%。近年来，种植面积一直超过 10 万公顷，最大时达到 14.70 万公顷。抚远县农作物以种植大豆为主。1996 年之后由于旱育稀植技术的推广，水稻种植面积逐渐扩大，2000 年全县水稻面积达 6 607 公顷；2002 年，由于遭受了百年不遇的雪灾，2003 年，水田面积下降，降到 2 133 公顷；2005 年后，恢复上升；到 2008 年，水稻面积已增加为 11 733 公顷，占全县的 7.18%。种植业结构从 2000 年至今有了重大调整，1990 年，粮食生产主要以提高作物产量为目的；到 1993 年，粮食生产开始由广种薄收向质量效益型转变，种植结构有所调整，受市场经济的驱动，经济效益较好的水稻、芸豆面积有所增加；到 2010 年，受市场价格影响，水稻的种植面积达到 38 000 公顷，占全县的 23.26%，芸豆种植面积 7 333 公顷，占全县的 4.49%，大豆面积 10 年来首次降到 90% 以下。2000 年是抚远县实施农业种植业结构重大调整的一年，全县以农业效益、农民增收为目标，以科技为先导，实施种子革命和绿色品牌战略，引导农民大力调整农业产业结构和优化作物种植品种，扩大绿色食品基地规模以增加农副产品的竞争力。2003年以来，又突出发展了具有高附加值的绿色、特色、无公害作物。并在种植水平上有了较大的提高。特别是2004年以来，中央连续下发了5个"1号文件"，采取了一系列有效措施，不断巩固、完善和强化农业支持保护政策，促进了粮食生产的稳定发展（附图4-1）。

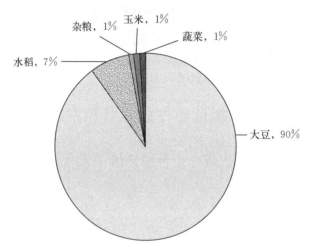

附图4-1　抚远县2008年作物种植面积比例图

二、粮食产量的发展变化

1986年是抚远县农业发展的一个分水岭，之前基本上是广种薄收。1986年，粮食单产只有900千克/公顷。1990年，粮食单产大幅度提高，达到1 815千克/公顷。1995年，粮食单产达到2 280千克/公顷。1999年，粮食单产2 475千克/公顷。2005年，粮食单产1 890千克/公顷。从附图4-2可以看出，从1986年开始，粮食单产并稳定上升，到1999年达到一个高峰，这是由于在粮食生产中作物结构调整和化学肥料大量施用带来的结果。2002年，由于水稻大面积受灾，导致后几年水稻面积急剧萎缩，进而导致粮食单产有所下降。从附图4-3中可以看出，自1986年以后，耕地面积逐年上升，1986年，耕地面积12 360公顷。1990年，耕地面积23 227公顷。1995年，耕地面积35 647公顷。2001年，耕地面积45 760公顷。2005年，耕地面积106 667公顷。2004—2005年是抚远县荒原垦殖大开发的阶段。两年的时间耕地面积就由44 686.70公顷发展到106 666.70公顷，增加了2.39倍，是1986年耕地面积的8.63倍。

20世纪70、80年代，农业生产整体起伏波动，稳中有升，粮食总产持续增加。1986年，粮食总产10 550吨。1990年，粮食总产32 650吨。1995年，粮食总产70 950吨。2001年，粮食总产107 000吨。2005年，粮食总产201 850吨。20世纪90年代和21世纪的开始是抚远县农业生产突飞猛进的时期，随着农业种植业结构的调整，农业机械化的发

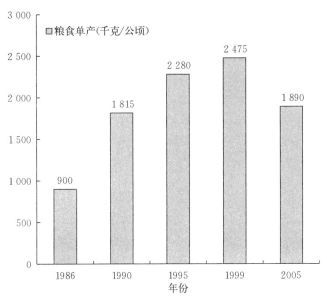

附图 4-2　1986—2005 年粮食单产变化图

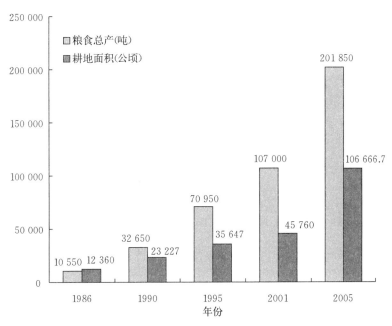

附图 4-3　1986—2005 年耕地面积与粮食产量变化表

展，新品种、新技术的应用与普及，加之开垦了大量荒地，促进了农业生产的大发展。90 年代末，粮食总产突破 10 万吨。到 2005 年，抚远县的粮食产量达 20.20 万吨，是 1986 年的 19 倍。抚远县 1986—2005 年农业生产状况统计见附表 4-1。

附表4-1 抚远县1986—2005年农业生产状况统计

年代	总面积（公顷）	粮食总产（亿千克）	平均（千克）	种植业产值（万元）	其中									
					大豆		玉米		水稻		小麦		蔬菜	
					面积（公顷）	单产（千克）	面积（公顷）	单产（千克）	面积（公顷）	单产（千克）	面积（公顷）	单产（千克）	面积（公顷）	单产（千克）
1986	12 360	0.11	120	757	7 067	906	880	660	513	1 297.50	3 207	1 387.50	147	0.03
1987	13 520	0.13	128	981	8 594	823.50	540	870	853	870	2 953	1 050	220	0.03
1988	15 367	0.18	174	1 541	8 860	1 125	967	990	687	2 122.50	3 127	897	213	0.03
1989	18 227	0.20	170	1 782	8 774	1 194	1 267	1 117.50	673	1 402.50	4 407	891	153	0.02
1990	23 227	0.33	242	2 667	9 860	1 315.50	1 573	1 462.50	953	1 747.50	5 227	2 067	160	0.04
1991	24 173	0.08	61	733	9 874	418.50	1 440	720	727	1 882.50	3 880	238.50	180	0.00
1992	25 747	0.73	171.73	2 798	12 487	1 089	1 040	2 310	1 127	3 060	2 387	1 078.50	193	0.06
1993	31 180	0.35	179.87	4 659	22 781	1 237.50	967	2 782.50	727	2 925	693	1 297.50	47	0.00
1994	31 313	0.49	243.73	7 729	24 201	1 762.50	1 033	3 345	273	3 127.50	493	2 377.50	213	0.02
1995	35 647	0.71	303.87	11 435	24 215	1 972.50	3 000	4 432.50	727	6 000	1 880	1 290	713	0.06
1996	39 487	0.91	331.33	16 241	25 108	1 972.50	4 000	4 935	2 000	5 947.50	4 000	1 492.50	673	0.05
1997	40 553	0.99	342.53	17 815	31 695	2 055	2 333	5 542.50	2 293	6 630	1 393	1 867.50	267	0.03
1998	44 033	0.71	234.27	9 960	32 502	990	1 960	5 167.50	2 940	6 817.50	1 993	3 060	213	0.05
1999	45 993	1.05	330.27	15 801	28 875	1 807.50	2 727	3 292.50	5 787	5 490	3 760	2 452.50	640	0.15
2000	44 013	0.84	174.67	13 466	31 035	1 320	1 553	3 022.50	6 607	4 965	2 440	495	1 013	0.15
2001	45 760	1.07	311.84	15 978	31 855	1 762.50	1 993	4 890	5 680	6 412.50	487	2 128.50	1 287	0.07
2002	46 686.7	0.84	239.10	14 688	34 248	1 174.50	2 047	3 936	6 260	4 803	1 200	2 140.50	1 233	0.33
2003	44 686.7	0.68	203.92	18 132	37 902	1 585.50	1 580	—	2 133	2 248.50	1 047	—	820	0.46
2004	73 033.3	0.88	160.97	20 636	68 297	1 051.50	1 320	3 430.50	2 133	4 194	273	2 013	493	0.22
2005	106 666.7	2.02	252.35	38 331	98 945	1 702.50	1 320	7 000.50	3 334	12 999	307	3 586.50	1 787	0.12

第四节　种植业的合理布局

通过开展抚远县耕地地力调查与质量评价，基本查清了全县各种耕地类型的地力状况及农业生产现状，为抚远县农业发展及种植业结构优化提供了较可靠的科学依据。种植业结构调整除了因地因区域种植外，还要与县域经济、社会发展紧密相连。

一、结构调整势在必行

由于农业生物技术的发展，种植业单产、总产稳步提高。粮食需求出现了相对过剩的局面，导致大部分农产品价格下跌。即使某种农产品的市场供给稍微紧俏些，也会立即诱发众多地区一哄而上，很快出现滞销积压的局面。面临市场经济的汪洋大海，特别是我国加入 WTO 后，农民们很难把握应该种什么、什么种多少。在这种情况下，农业产业结构调整不能简单地理解为多种点什么、少种点什么，必须从实际出发，严格按照市场经济规律进行科学决策，寻找新的突破口，从优质、高产、高效品种上寻求新的发展，就成为农业产业结构调整的重要内容。

二、品种结构调整重在转变观念

农业产业结构调整的关键首先是要抓好品种结构的调整，重在实现以下 4 个观念的转变：

1. 由产量型农业观念向质量效益型农业观念转变　随着人民生活水平的不断提高和农产品加工业的发展，对农产品的品质要求越来越高，某种农产品是否适应市场需求，不能仅从数量上看，还要从质量上看，只有在数量和质量方面都能满足消费者的需要，才能适应市场需求。更要看到，农产品的优质是一个相对的动态概念，它受各种自然环境条件的制约和品种退化的影响较大，这就要求农业科研部门不断地研究、开发、推广新品种，农业技术推广部门不断地提供先进的生产技术和方法，以满足农资市场及农产品市场的需求，达到农业增效、农民增收的目的。

2. 由传统种植二元结构观念向多元结构观念转变　目前，传统的粮食作物、经济作物二元结构已不能满足迅猛发展的畜牧水产业对优质蛋白质饲料的需求。我国生产的大豆总产量的 78％ 用于生产油脂，即便如此，油料作物资源仍然匮乏，每年仍须大量从国外进口，尤其是缺少高蛋白质和高油脂的大豆。所以，有目的地引进优质高蛋白、高油脂品种资源，利用其特点，改善传统食品的营养状况，这不仅能扩大消费，还能缓解粮食生产供大于求的矛盾。同时，还应大力发展优质牧草，增加饲料源，而且还可以改善自然生态环境，促进农业可持续发展的目的。

3. 由粮食观念向食物观念转变　现代农业发展表明，粮食问题解决之后，人们的生活质量就会发生很大变化，生活水平提高，膳食结构必然会从过去单纯的大米、面食等传统的温饱型食物结构逐步向高营养、有保健作用以及新、奇、特、色、香、味、形并重的小康、富裕型方向转变，形成食物多样化特点，特别是对动物食品、水果、蔬菜、瓜果的需求量的增加，粮食消费大幅度下降，这就要求必须对农业产业结构进行调整，优化农作物品种结构，加大对其他动、植物品种的开发，由传统的粮食观念向现代食物观念转变，以满足市场的需要。

4. 由封闭型农业观念向市场型农业观念转变 随着农产品短缺时代的结束，农产品相对过剩，价格下降，增产不增收现象日趋严重。即使当前市场看好的、质量优异的农产品，也不能过多过快地盲目发展，而是应当在对市场需求进行深入调查分析的基础上科学决策，生产市场适销对路的产品，力求保持市场供需基本平衡，尽量避免供大于求的局面。"以销定产，实行合同经济"，这个在工业上应用了多少年的经济方针，对现在乃至今后农业的发展将发挥越来越重要的作用。但是，"以销定产"不能只停留在口头和一般号召上，必须付诸行动。这种行动就是要全面推行农产品生产合同制，并维护合法合同的法律效力，通过广泛利用购销合同即"订单农业"，确保农产品的销路。同时，也是防止农业结构调整时期出现盲目性的基本保证。

所以，作物品种结构调整的重要目标不仅仅是粮经比例的调整，还应是品质调优，作物调新，最终实现效益调高才是目的。

三、作物品种结构调整的措施

要充分利用自然资源，积极开展新品种，实现大宗农作物生产优质化、专用化和杂交化。在水稻上要在基本稳定现有单产的基础上重点开发适口性、商品性好的优质品种。以推广高蛋白玉米为例，除其优良的食用价值外，其饲料价值更不可忽视。

随着农业市场化、农产品优质化、农作物多样化和专用化进程的加快，更要注重新品种的开发，以适应和促进农业产业化经营的发展。一是对粮油大宗作物，在加大优质高产新品种示范和宣传力度的同时，种子部门要和农产品收购部门分工协作，实行区域化供种，连片种植，农产品优质优价收购。二是对小宗作物，要注重品种多样化，发展外销队伍，在促进初级产品销售的同时，积极开发农产品深加工，运用高科技，提高产品附加值，抢占外销市场，对能够形成规模生产的作物门类，逐步打出品牌和"拳头"产品，建立起适应现代农业的产供销一体化产业。

建立完善新品种开发、示范和推广网络。种植业结构调整，首先是品种结构的调整。为此，必须加快各类新作物、新品种的引进速度，建立相应的引种基地和生产基地，为在引种上做到规范有序，避免引种上的盲目性和不必要的低水平重复劳动，有效控制检疫性病虫害的迁入，应建立完善的县级示范基地和乡村推广分工负责的引种示范网络。

农业结构调整是一个长期的动态过程。要充分认识品种结构调整工作的长期性和艰巨性。农作物种类及其品种的确定是经过长期人工选择和自然选择的结果。要改变这种结构就必须有适宜抚远县栽培并适销对路的品种，而一般选育或引进一个可推广应用的新品种需要一个相当长的时间。加之农产品供求时常在不断变化，对品种会不断提出新的要求。再则，抚远县目前农业产业化经营仍属社会大分化阶段，"公司＋基地＋农户"的产供销一体化模式尚未形成。在今后相当长的时期内要进行种植业品种结构的调整。

近年来，各级〔包括乡（镇）农技站〕对新品种的引进热情高涨，纷纷通过各种渠道大量引进新品种（系），引进后又不经过正规试种和正确的市场分析，盲目扩大种植规模，不仅扰乱了种子市场秩序，违反了《中华人民共和国种子法》，同时给新品种的推广带来了严重影响，使广大种植农户损失严重，即使有的丰产了但却找不到销路，甚至有的还将检疫性病虫害引入而造成重大损失的现象。因此，要力求避免引种的盲目性和随意性，要严格按照引种规程科学决策。

四、种植业结构的调整

当前，抚远县农业生产已经进入了一个新的历史发展时期，种植业布局对农业经济发展影响很大，大力进行农业结构调整，种植业结构调整八大方向，即以政策为准绳，以"优"字为中心，以产量为基础，以特色占先机，以科技为依托，以企业作后盾，以市场为导向，以规模求发展，使种植业调整实现优质化、健康化、规模化、产业化，不但符合国家宏观调控政策，有助于增强抚远县农产品在市场的竞争能力，进而提高农民收入，促进现代农业发展。

1. 抚远县种植业的近期目标　2011 年，抚远县农作物计划播种面积为 163 333 公顷，粮食作物播种面积为 162 000 公顷，占总播种面积的 99.18％。其中，水稻面积为 67 000 公顷，玉米 7 000 公顷，大豆 83 000 公顷，杂粮杂豆 5 000 公顷，其他 1 333 公顷。预计粮豆薯总产达将达到 60 万吨。

2. 远景规划　到 2014 年，抚远县农作物播种面积要保持在 163 333.45 公顷基础上，粮食作物播种面积调整到 150 000 公顷，占总播种面积 91.84％。其中，水稻面积为 93 000 公顷，预计单产 8 000 千克/公顷，总产 744 000 吨；玉米 20 000 公顷，预计单产 7 500 千克/公顷，总产 150 000 吨；大豆 30 000 公顷，预计单产 2 500 千克/公顷，总产 75 000 吨；薯类杂粮杂豆 7 000 公顷，预计单产 2 500 千克/公顷，总产 17 500 吨。粮豆薯总产达 20 亿千克。经济作物面积为 13 333 公顷，初步形成以海青、别拉洪、抚远镇为主的大豆标准化生产基地，以鸭南、海青、寒葱沟、浓桥、别拉洪为主的水稻标准化生产基地，以抓吉、浓桥、寒葱沟为主的玉米标准化生产基地，以抚远镇、浓江、寒葱沟为主的蔬菜生产基地，以浓桥、寒葱沟为主的优质杂粮基地，实现县委、县政府提出的建设优质农产品基地的目标。

附录5 抚远县耕地地力评价工作报告

黑龙江省抚远县地处我国最东部，位于黑龙江、乌苏里江汇合处的三角地带，被誉为"东方第一县"。境内生态环境好，耕地开垦年限短，周边百里均为农业区，发展绿色农业、建设现代农业、振兴绿色经济具有得天独厚的自然、资源、生态和区位优势。近年来，抚远县委、县政府带领全县人民，围绕"五增一保"的战略目标，大力发展"四型经济"，努力打造淡水渔都，全面建设现代化商旅名城的基本思路，致力于在更高起点、更高水平上，奋力实现抚远跨越式发展。目前，抚远的财政收入和对外经贸总额的增幅，始终保持全省前列；在佳木斯市目标责任制考评工作中，抚远连续8年荣获第一，成为全市唯一获此荣誉的县份；抚远综合实力大幅提升，率先摘掉全省县域经济"十弱县"的帽子，抚远已经成为黑龙江最具有发展活力的县份。2008年，粮食总产已实现了2.01亿千克。现有耕地面积163 333.45公顷，年化肥投入总量达45 000吨。主要土壤类型有5个。其中，白浆土和草甸土面积占总耕地面积的85%，土壤酸化程度较高，pH为3.80～4.50。施用有机肥和化肥对耕地土壤及作物影响较大。多年来，抚远县耕地质量经历了从盲目开发到科学可持续利用的过程，适时开展耕地地力评价是发展效益农业、绿色生态农业、可持续发展农业的有力举措。

一、目的意义

抚远县是农业县份，是黑龙江省新兴的粮食大县之一。现有耕地163 333.45公顷。在国家粮食政策的支持下，农业生产发展很快，全县粮食总产已经达到5亿千克的水平。近年来，抚远县的种植业结构调整已稳步开始，无公害生产基地建设已开始启动，特别是中央1号文件的贯彻执行，"一免三补"政策的落实，极大地调动了广大农民种粮的积极性。大力发展农业生产，促进农村经济繁荣，提高农民收入，已经变成了抚远县广大干部和农民的共同愿望。但无论是进一步增加粮食产量，提高农产品质量，还是进一步优化种植业结构，建立无公害农产品生产基地以及各种优质粮生产基地，都离不开农作物赖以生长发育的耕地，都必须了解耕地的地力状况及其质量状况。

长期以来，农民盲目施肥、过量施肥现象较普遍，这不仅造成农业生产成本增加，而且带来严重的环境污染，威胁农产品质量安全。特别是近年来化肥价格持续上涨，直接影响春耕生产和农民增收。开展测土配方施肥，对于提高粮食单产、降低生产成本、实现全年粮食稳定增产和农民持续增收具有重要的现实意义；对于提高肥料利用率、减少肥料浪费、保护农业生态环境、保证农产品质量安全、实现农业可持续发展具有深远影响。

耕地地力评价是掌握耕地资源质量状态的迫切需要。第二次土壤普查结束已近30年了，耕地质量状态的全局情况不是十分清楚，对农业生产决策造成了影响。通过耕地地力评价这项工作，充分发掘整理第二次土壤普查资料，结合本次测土配方施肥项目所获得的大量养分监测数据和肥料试验数据，建立县域的耕地资源管理信息系统，可以有效地掌握耕地质量状态，逐步建立和完善耕地质量的动态监测与预警体系，系统摸索不同耕地类型土壤肥力演变与科学施肥规律，为加强耕地质量建设提供依据。

耕地地力评价是深化测土配方施肥项目的必然要求。测土配方施肥不仅仅只是一项技术，而是从根本上提高施肥效益、实现肥料资源优化配置的基础性工作。在测土配方的基础上合理施肥，促进农作物对养分的吸收，可增加作物产量 5%～20% 或更高。

降低化肥使用量，节约成本。耕地地力评价是加强耕地质量建设的基础。耕地地力评价结果，可以很清楚地揭示不同等级耕地中存在的主导障碍因素及其对粮食生产的影响程度。因此，可以说也是一个决策服务系统。提出更有针对性的改良措施，决策更具科学性。在测土配方施肥条件下，由于肥料品种、配比、施肥量是根据土壤供肥状况和作物需肥特点确定，既可以保持土壤均衡供肥，又可以提高化肥利用率，测土配方施肥解决了盲目施肥、过量施肥造成的农业生产成本增加。

减少环境污染，保护生态环境。盲目施肥、过量施肥，不仅造成农业生产成本增加，而且减少肥料利用率，带来严重的环境污染。测土配方施肥条件下，作物生长健壮，抗逆性增强，减少农药施用量，降低化肥农药对农产品及环境的污染。

改善农产品品质。施肥方式不仅决定农作物产量的高低，同时也决定农产品品质的优劣。通过测土配方施肥，实现合理用肥，科学施肥，能改善农作物品质。滥用化肥会使农产品质量降低，导致"瓜不甜、果不香、菜无味"。

培肥土壤，改善土壤肥力。耕地质量建设对保证粮食安全具有十分重要的意义。没有高质量肥沃的耕地质量，就不可能全面提高粮食单产。耕地数量下降和粮食需求总量增长，决定了我们必须提高单产。从长远看，随着工业化、城镇化进程的加快，耕地减少的趋势仍难以扭转。农业生产中施肥不合理，主要表现在不施有机肥或少施有机肥，偏施滥施氮肥，养分失衡，土壤结构受破坏，土壤肥力下降。测土配方施肥，能明白土壤中到底缺少什么养分，根据需要配方施肥，才能使土壤缺失的养分及时获得补充，维持土壤养分平衡，改善土壤理化性状。

在 20 世纪 80 年代初进行过第二次土壤普查，在这近 30 多年的过程中，农村经营管理体制、耕作制度、使用品种、肥料使用数量和品种、种植结构、产量水平、病虫害防治手段等许多方面都发生了巨大变化。这些变化对耕地的土壤肥力以及环境质量必然会产生巨大影响。自 1984 年第二次土壤普查以来，对抚远县的耕地土壤没有进行过全面调查，只是在 20 世纪 90 年代进行了测土配方施肥，因此开展耕地地力评价工作，对抚远县优化种植业结构，建立各种专用农产品生产基地，开发无公害农产品和绿色农产品，推广先进的农业技术是必要的。这对于促进抚远县农业生产的进一步发展，粮食产量的进一步提高都具有现实意义。

二、工作组织

开展耕地地力评价工作，是抚远县在农业生产进入新阶段的一项带有基础性的工作。根据农业部制定的《耕地地力调查与质量评价总体工作方案》和《耕地地力调查与质量评价技术规程》的要求。我们接受任务后，从组织领导、方案制订、资金协调等方面都做了周密的安排，做到了组织领导有力度，每一步工作有计划，资金提供有保证。

（一）加强组织领导

1. 成立领导小组 本次耕地地力评价工作按照黑龙江省土壤肥料管理站的统一部署，抚远县政府高度重视，成立了抚远县"耕地地力评价"工作领导小组，副县长布延庆为组长，由县农业委员会主任段红光和县农业技术推广中心主任张培育为副组长。领导小组负责组织协调，制订工作计划，落实人员，安排资金，指导全面工作。在领导小组的领导下，成立了"抚远县耕地地力评价"工作办公室，由县农业技术推广中心主任张培育任主任，办公室成员由抚远县土壤肥料管理站的有关人员组成，办公室按照领导小组的工作安排具体组织实施，并制定了"抚远县耕地地力评价工作方案"，编排了"抚远县耕地地力评价工作日程"。

为了把该项工作真正抓好，抚远县还成立了项目工作技术专家组，由抚远县农业技术推广中心副主任姜欣任组长，抚远县土壤肥料管理站站长代东明任副组长，成员包括土壤肥料管理站和化验室全体技术人员，技术小组由 9 人组成，负责"耕地地力评价"的具体评价工作。

2. 组建野外调查专业队 野外调查包括入户调查、实地调查，并采集土样、水样以及填写各种表格等多项工作，调查范围广，项目多，要求高，时间紧。为保证工作进度和质量，组织了野外调查专业队。这个野外调查专业队中，有土壤肥料管理站的专业技术人员 4 名，抚远县农业技术推广中心 18 人，有关乡（镇）的农业技术人员 10 人。

（二）严把质量关

1. 精心准备 在省会议结束后，从 2009 年 1 月开始，抚远县农业技术推广中心着手开始准备工作。首先，确定了骨干技术人员，这些骨干技术人员集中之后，提前进入工作状态。主要是收集各种资料，其中包括图件资料、有关文字资料、数字资料；其次是对这些资料进行整理、分析，如土种图的编绘、录入，一些文字资料的整理，数字资料的统计分析；随后对野外调查和室内化验工作进行了安排和准备。

2. 专家指导 聘请省土壤肥料管理站土壤科长辛洪生为组长的专家指导小组，专家指导小组帮助拟订了"耕地地力评价工作方案""耕地地力评价技术方案""野外调查及采样技术规程"。并确定了"抚远县耕地地力评价指标体系"。在土样化验基本完成之后，又请有关专家帮助建立了各参评指标的隶属函数。此外，在数据库的建立和应用等方面，我们还请了相关专业的专家进行指导，或进行咨询。

3. 强化技术培训 培训主要是针对抚远县、乡两级参加外业调查和采样的人员进行的。培训共进行 2 次。第一次是 3 月 15 日，即在外业工作正式开始之前。主要是以入户调查工作为主要内容，规范了表格的填写；第二次是 4 月 3 日，以土样的采集为主要内容，规范采集方法。

4. 跟踪检查指导 在野外调查阶段，省里技术指导小组的有关专家和县领导亲临现场检查指导，发现问题就地纠正解决。外业工作共分 2 个阶段进行，在每个阶段工作完成以后，都进行检查验收。在化验室化验期间，技术指导小组对化验结果进行抽检，以保证数据的准确性。

5. 省县密切配合 整个工作期间，在上级部门的大力支持下，对图件进行数字化，建立了数据库。土样的分析化验、基本资料的收集整理、外业的全部工作，包括入户调查和土样的采集等由县里负责。在明确分工的基础上，进行密切合作，保证各项工作的有序衔接。

三、主要工作成果

通过实施该项目，形成以下对当前和今后一个时期农业产生积极广泛而影响深远的工作成果。

1. 文字报告

（1）抚远县耕地地力评价工作报告。

（2）抚远县耕地地力评价技术报告。

（3）抚远县耕地地力评价专题报告：抚远县耕地地力评价及作物适宜性评价、抚远县耕地地力评价与土壤改良利用、抚远县耕地地力评价与平衡施肥、抚远县耕地地力评价与种植业布局。

2. 黑龙江省抚远县耕地质量管理信息系统（略）。

3. 数字化成果图　抚远县行政区划图、抚远县土壤图、抚远县土地利用现状图、抚远县耕地地力调查点分布图、抚远县耕地地力等级图、抚远县大豆适宜性评价图、抚远县耕地土壤全氮分级图、抚远县耕地土壤全磷分级图、抚远县耕地土壤全钾分级图、抚远县耕地土壤有机质分级图、抚远县耕地土壤有效氮分级图、抚远县耕地土壤有效磷分级图、抚远县耕地土壤速效钾分级图、抚远县耕地土壤有效锌分级图、抚远县耕地土壤有效铜分级图。

四、主要做法与经验

（一）主要做法

1. 因地制宜，分段进行　抚远县土壤耕层解冻在 4 月 20 日左右，播种期一般在 5 月 20～30 日，从土壤解冻到播种开始只有 30～40 天，在这么短的时间内完成所有外业的任务，比较困难。根据这一实际情况，我们把外业的所有任务分为入户调查和采集土壤两部分。入户调查安排在秋收前进行。而采集土壤则集中在春播前土壤化冻后进行，这样既保证了外业的工作质量，又使外业工作在春播前顺利完成。

2. 统一计划，分工协作　耕地地力评价是由多项任务指标组成的，各项任务又相互联系成一个有机的整体。任何一个具体环节出现问题都会影响整体工作的质量。因此，在具体工作中，根据农业部制定的总体工作方案和技术规程，我们采取了统一计划，分工协作的做法。结合省里制定了统一的工作方案，按照这一方案，对各项具体工作内容、质量标准、起止时间都提出了具体而明确的要求，并做了统一安排。承担不同工作任务的同志都根据统一安排分别制订了各自的工作计划和工作日程，并注意到了互相之间的协作和各项任务的衔接。

（二）主要经验

1. 全面安排，突出重点　耕地地力评价这一工作的最终目的是要对调查区域内的耕地地力和环境质量进行科学的实事求是的评价，这是开展这项工作的重点。所以，当年在努力保证全面工作质量的基础上，突出了耕地地力评价和土壤环境质量评价这一重点。除充分发挥专家顾问组的作用外，我们还多方征求意见，对评价指标的选定、各参评指标的权重等进行了多次研究和探讨，提高了评价的质量。

2. 发挥县级政府的积极性，搞好各部门的协作　进行耕地地力评价，需要多方面的资料图件，包括历史资料和现状资料，涉及国土、统计、农机、水利、畜牧、气象等各个部门。在县域内进行这一工作，单靠农业部门很难在这样短的时间内顺利完成，必须调动县级政府的积极性，来协调各部门的工作，以保证在较短的时间内，把资料收集全核对准。

3. 紧密联系当地农业生产实际，为当地农业生产服务　开展耕地地力调查和土壤质量评价，本身就是与当地农业生产实际联系十分紧密的工作，特别是专题报告的选定与撰写，要符合当地农业生产的实际情况，反映当地农业生产发展的需求。所以，我们在调查过程中，对技术规程要求以外的一些生产和销售情况，如粮食销售渠道、生产基地的建设、农产品的质量等方面的情况，也进行了一些调查。并根据本次对耕地地力的调查结果，结合抚远县农业生产的实际，撰写了《抚远县耕地地力评价与种植业结构调整》等 4 篇专题报告，使本次调查成果得到了初步运用。

五、资金使用分析

本次试点资金使用主要包括物资准备及资料收集费、野外调查交通差旅补助费、会议及技术培训费、分析化验费、资料汇总费、专家咨询及活动费、技术指导与组织管理费、图件数字化制作费、项目验收及专家评审费九大部分（附表 5-1）。

附表 5-1　资金使用情况汇总表

支　　出	金额（万元）	构成比例（%）
物资准备及资料收集	2	5
野外调查交通差旅补助费	6	15
会议及技术培训费	4	10
分析化验费	8	20
资料汇总费	6	15
专家咨询及活动费	2	5
技术指导与组织管理费	2	5
图件数字化及制作费	10	25
项目验收及专家评审费		
合计	40	100

六、存在的突出问题及建议

1. 此项调查工作要求技术性很高，如图件的数字化、经纬坐标与地理坐标的转换、采样点位图的生成、等高线生成高程、坡度、坡向图等技术及评价信息系统与属性数据、空间数据的挂接、插值等技术都要请地理信息系统的专业技术人员帮助才能完成。

2. 关于评价单元图生成。本次调查评价工作是在第二次土壤普查的基础上开展的，也是为了掌握两次调查之间土壤地力的变化情况。因此，应该充分利用已有的土壤普查资料开展工作。应该看到本次土壤调查的对象是在土壤类型的基础上，由于人为土地利用的不同，使土壤性状发生了一系列的变化，因此，土壤类型和土地利用状况，应该是生成调查单元底图的核心。

基本农田保护区图对于土壤性状以及变化的影响不大。各地基本农田保护区的划定保持在 80％以上，因此，对于确定本次土壤调查范围的意义不大。

建议：以第二次土壤普查的土壤图和土地利用现状图作为基础图件叠加，完全能够满足工作需要。

3. 土壤是由五大成土因素及人类的综合作用形成的，它的分布不可能是均一的，因此用 Kriging 空间插值来推测未知区域的数据可能不妥。如果评价中单纯采用数学插值，容易将一些随机偶然因素，混淆入土壤分布规律之中，势必打破土壤类型的界线，不能科学地表示土壤的变化。

4. 调查表填写问题、编号应严格统一。大田和蔬菜采样点农户调查表表格绘制应该更细化，把应该分开的全部分开，如氮肥有多少种类型、同一类型是底肥还是追肥，以此类推。以免在调查中缺项。

七、抚远县耕地地力评价工作大事记

1. 2007 年 4 月 10 日，农业技术推广中心主任和土壤肥料管理站站长到巴彦县参加全省测土配方施肥新建项目县采样现场会，抚远县测土配方施肥工作拉开序幕。

2. 2007 年 4 月 15 日，在县政府和县农委的组织下，召开了抚远县测土配方施肥土样采集工作会，全县 9 个乡（镇）的书记、乡（镇）长、农技站长和县农业技术推广中心全部技术人员 40 多人参加了会议，会议由县农委主任段红光主持，会上农业技术推广中心主任张培育认真传达了《抚远县 2007 年测土配方施肥工作方案》，抚远县副县长布延庆同志做了重要讲话，县农业技术推广中心副主任姜欣讲解并示范了土样采集技术。

3. 2007 年 4 月 16 日，开始了测土配方施肥第一次土样采集工作，全县农技人员全部参加，共采集土样 1 800 个，历时 32 天。

4. 2007 年 8 月 20 日，省土壤肥料管理站胡瑞轩站长到抚远检查指导土肥工作，并对测土配方施肥项目工作的落实及工作进展给予了肯定。

5. 2007 年 10 月 5 日，开始了测土配方施肥项目秋季土样采集工作，共采集土样 2 200 个，历时 21 天。

6. 2007 年 12 月 1 日，对秋季采样进行化验，历时 45 天，完成全部化验任务。

7. 2008 年 4 月 8 日，县政府召开了测土配方施肥项目工作会议，会议由县农业技术推广中心主任张培育主持、副县长布延庆同志做了重要讲话，对 2008 年测土配方施肥项目工作进行了总体部署。

8.2008 年 4 月 16 日，开始了测土配方施肥春季土样采集工作，共采集土样 2 076 个，历时 28 天。

9.2008 年 7 月 5 日，对测土配方施肥采样开始化验测试，历时 43 天。

10.2009 年 4 月 16 日，县政府召开了测土配方施肥项目工作会议，会议由县农委副主任李天刚主持、副县长布延庆同志做了重要讲话，农业技术推广中心主任张培育对 2009 年测土配方施肥项目工作做了具体部署。

11.2009 年 4 月 18 日，开始了测土配方施肥项目土样采集工作，共采集土样 2 020 个，历时 24 天。

12.2009 年 7 月 2 日，对测土配方施肥项目采样开始化验测试，历时 35 天。

13.2009 年 12 月 1 日，开始进行全县地力评价有关资料和图件的收集。

14.2009 年 12 月 3～5 日，代东明参加全省测土配方施肥 2007 年项目县第一次耕地地力评价项目培训班。

15.2010 年 3 月 22～24 日，代东明参加全省测土配方施肥 2007 年项目县第二次耕地地力评价项目培训班。

16.2010 年 4 月 20 日，县政府召开了测土配方施肥工作会议，会议由县农委副主任李天刚主持、副县长布延庆同志做了重要讲话，农业技术推广中心主任张培育对 2010 年测土配方施肥及耕地地力评价工作做了具体部署，并进行了地力评价土样采集技术培训。

17.2010 年 4 月 23 日，省土壤肥料管理站辛洪生科长带有关专家到县农业技术推广中心检查项目落实和执行情况。

18.2010 年 4 月 30 日，开始了耕地地力评价土样采集工作，共采集土样 1 530 个，历时 19 天。

19.2010 年 7 月 2 日，对耕地地力评价土样开始化验测试，历时 60 天。

20.2010 年 9 月 10～18 日，土壤肥料管理站站长代东明到扬州参加农业部组织的"县域耕地资源管理信息系统"应用技术培训班。

21.2010 年 8 月 20 日，所有图件数字化完成。

22.2010 年 11 月 22 日，抚远县耕地地力工作空间和评价图完成。

23.2010 年 11 月 28 日至 12 月 15 日，开始耕地地力评价等级及作物产量核查。

24.2010 年 12 月 28 日，耕地地力评价项目工作报告、技术报告、专题报告的初稿完成。

抚远县耕地地力评价工作领导小组

组　长：布延庆　抚远县人民政府副县长
副组长：段红光　抚远县农业委员会主任
　　　　张培育　抚远县农业技术推广中心主任
成　员：马巨权　抚远县抚远镇镇长
　　　　姚晓成　抚远县浓江乡乡长
　　　　王　刚　抚远县浓桥镇镇长
　　　　李顺利　抚远县寒葱沟镇镇长
　　　　于克坤　抚远县鸭南乡乡长
　　　　姜清国　抚远县别拉洪乡乡长
　　　　刘长利　抚远县海青乡乡长
　　　　薛　刚　抚远县抓吉镇镇长
　　　　王正峰　抚远县通江乡乡长
　　　　张新明　抚远县农场局局长

土壤采集人员名单

张培育　姜　欣　代东明　付之义　魏子鹏　费洪喜　赵春阳
张贵友　姜春雨　米连柱　王晓东　李　坤　王天明　刘成伟
李冬良　陈　河　蒋洪年　毕士革　等

土壤化验人员名单

华淑英　尹立新　付之艳　那淑华　刘秀华

编 写 人 员 名 单

主　编　张培育
副主编　姜　欣　华淑英　周庆民　代东明
　　　　尹立新　付之艳

附录6　抚远县村级养分统计表

附表6-1　抚远县村级养分统计（有机质、pH、全氮）

村名	有机质（克/千克）			pH			全氮（克/千克）		
	平均值	最小值	最大值	平均值	最小值	最大值	平均值	最小值	最大值
四合村	52.66	29.80	78.40	4.59	3.90	5.20	2.76	1.49	4.59
永安村	58.28	29.80	77.00	4.58	4.20	5.20	3.33	1.49	4.93
创业村	51.07	36.20	64.50	4.84	4.40	5.10	2.60	1.87	4.25
长征村	60.42	40.80	75.30	4.63	4.00	5.30	3.27	2.07	4.24
红星村	55.06	45.30	69.10	4.63	4.40	4.80	2.95	2.26	3.84
民丰村	53.95	41.50	62.60	4.72	4.60	4.80	3.24	2.08	4.55
东发村	55.48	29.80	80.60	4.67	4.20	5.60	2.82	1.53	4.03
团结村	53.29	28.40	67.70	4.90	4.50	5.40	2.73	1.42	3.38
东安村	62.80	29.50	74.20	4.94	4.50	5.30	3.17	1.49	3.71
北岗村	54.35	44.00	59.80	4.72	4.50	4.90	2.75	2.20	3.22
朝阳村	47.78	35.40	65.90	4.73	4.50	5.00	2.42	1.69	3.30
万里村	48.61	36.90	58.90	4.64	4.50	4.80	2.55	1.80	2.95
东河村	58.06	43.10	76.60	4.76	4.60	4.90	2.93	2.17	3.84
良种场村	57.77	51.40	78.80	4.68	4.40	5.00	3.24	2.58	4.07
利强村	53.23	42.00	61.00	4.77	4.60	4.80	2.68	2.35	3.30
东兴村	56.06	51.90	65.10	4.85	4.80	5.00	2.80	2.59	3.25
利国村	42.50	42.50	42.50	4.50	4.50	4.50	2.14	2.14	2.14
利兴村	53.68	44.00	68.50	4.85	4.70	5.00	2.62	2.01	3.43
利华村	57.74	42.00	76.60	4.93	4.70	5.30	3.04	2.22	3.83
利民村	46.52	34.40	55.60	4.68	4.60	4.80	2.33	1.69	2.78
民富村	50.55	43.60	53.40	4.74	4.50	4.80	2.55	2.20	2.76
生德库村	44.96	26.90	80.20	4.69	4.30	5.10	3.11	1.45	5.50
新远村	66.97	59.10	72.40	4.27	4.10	4.50	3.98	3.12	4.31
新江村	58.87	36.40	68.70	4.59	4.20	5.20	3.03	1.85	3.89
河西村	55.01	30.20	76.20	4.78	3.90	5.00	3.01	1.50	5.50
赫哲族村	49.34	31.80	55.10	4.68	4.60	4.80	2.60	1.95	2.92
八盖村	49.97	41.20	53.80	4.81	4.70	4.90	2.64	2.34	2.85
海旺村	65.54	40.80	80.00	4.60	4.00	5.20	3.71	2.05	5.07
永发村	61.85	44.60	79.30	4.36	3.60	5.00	3.87	2.24	5.27
亮子里村	63.80	51.30	75.50	4.29	3.90	4.70	3.93	3.40	5.27

（续）

村名	有机质（克/千克）			pH			全氮（克/千克）		
	平均值	最小值	最大值	平均值	最小值	最大值	平均值	最小值	最大值
海源村	59.50	53.40	76.90	4.80	4.50	5.00	3.32	2.89	4.11
东胜村	54.99	42.90	74.50	4.76	4.70	4.90	2.75	2.16	3.73
双胜村	58.22	44.10	76.30	4.70	4.40	5.20	3.02	2.33	3.82
建兴村	63.27	49.70	73.60	4.38	4.00	4.60	3.42	2.48	4.46
东方红村	64.38	36.00	76.20	4.24	3.60	4.80	3.59	1.93	4.58
建胜村	64.58	51.60	80.00	4.24	3.70	4.70	3.71	2.90	4.65
建设村	65.05	52.10	76.20	4.29	3.90	5.00	3.88	3.31	4.75
建国村	62.34	55.80	75.00	4.81	4.40	5.10	3.37	2.81	4.12
农富村	61.41	51.50	76.20	4.39	3.80	5.00	3.27	2.82	4.46
红卫村	53.25	37.60	63.60	4.73	4.60	5.10	3.20	1.88	4.42
红丰村	61.54	48.20	72.00	4.65	4.50	5.00	3.35	2.43	3.95
新兴村	59.04	51.40	69.10	4.47	4.20	4.80	3.72	2.71	4.34
东岗村	55.45	38.80	62.80	4.60	4.40	4.90	2.86	1.95	3.38
镇西村	61.50	45.60	76.50	4.86	4.60	5.50	3.26	2.27	4.44
平原村	44.06	23.10	65.10	4.75	4.30	5.10	2.42	1.16	3.74
四排村	52.65	33.70	77.40	4.81	4.40	5.10	2.64	1.69	3.87
新胜村	61.63	47.30	72.00	4.69	4.50	4.80	3.16	2.36	3.60
鸭南村	49.91	35.30	61.60	4.76	4.40	5.00	2.59	1.79	3.44
富兴村	48.55	23.20	57.40	4.82	4.20	5.30	2.57	1.15	4.11
新海村	57.05	37.70	70.60	4.65	4.30	5.20	2.91	1.89	3.53
东风村	59.14	39.70	67.70	4.75	4.40	4.90	3.32	1.98	4.51
小河子村	52.34	41.70	58.80	4.64	4.60	4.80	2.66	2.09	3.12
东红村	58.35	44.90	66.20	4.71	4.60	4.90	3.02	2.24	4.51
永富村	58.97	15.50	78.60	4.44	4.10	5.10	3.72	1.04	5.27
海兴村	63.51	21.40	74.00	4.32	4.00	4.80	3.52	1.05	4.45
海宏村	63.46	57.30	68.00	4.24	4.00	4.70	3.45	3.02	4.00
海滨村	57.54	32.30	69.30	4.36	4.00	4.70	3.63	1.94	4.65
海林村	62.72	40.80	74.90	4.46	4.30	4.70	3.59	2.05	4.16
海青村	65.23	55.70	72.60	4.43	4.30	5.20	3.80	2.78	4.16
永胜村	51.18	40.20	68.90	4.74	4.60	4.90	2.64	2.20	3.44
永丰村	49.95	43.90	53.10	4.78	4.70	4.80	2.67	2.42	2.86
浓江村	60.26	57.00	66.00	4.46	4.40	4.50	2.91	2.56	3.13
东辉村	41.82	31.30	59.20	4.74	4.50	5.10	2.11	1.65	2.96

附表6-2 抚远县村级养分统计（全磷、全钾、有效氮）

村名	全磷（克/千克）			全钾（克/千克）			有效氮（毫克/千克）		
	平均值	最小值	最大值	平均值	最小值	最大值	平均值	最小值	最大值
四合村	2.68	2.54	2.82	22.45	21.30	23.30	280.27	112.00	385.00
永安村	2.89	1.86	3.25	21.96	19.50	23.30	325.06	182.00	623.00
创业村	1.58	1.25	3.65	26.39	16.90	28.00	346.98	259.00	532.00
长征村	2.72	2.22	3.27	21.90	20.10	23.10	359.30	245.00	477.75
红星村	2.77	2.45	3.08	21.91	20.10	22.80	320.55	192.50	460.60
民丰村	2.34	2.14	2.53	21.52	20.30	22.10	280.52	168.00	350.00
东发村	2.79	1.94	3.85	20.53	17.40	26.00	348.04	182.00	595.00
团结村	2.27	1.74	2.67	21.50	20.90	24.30	305.86	217.00	423.06
东安村	2.23	1.78	2.47	20.86	20.30	21.20	319.40	231.00	526.17
北岗村	3.12	2.16	3.60	18.03	15.30	21.70	296.29	157.50	420.49
朝阳村	2.98	2.34	3.85	19.59	14.50	24.30	312.43	182.00	451.50
万里村	2.74	2.26	3.04	20.78	19.00	22.90	307.53	274.17	343.00
东河村	2.97	2.53	3.59	21.39	16.30	26.00	323.51	203.33	435.75
良种场村	2.81	2.49	3.15	22.16	19.40	23.90	364.05	147.00	504.00
利强村	2.36	2.09	2.68	22.12	21.60	22.60	280.70	248.11	328.67
东兴村	3.30	2.38	3.86	18.56	17.20	22.50	326.14	296.74	350.00
利国村	2.24	2.24	2.24	21.60	21.60	21.60	289.33	289.33	289.33
利兴村	2.32	2.18	2.56	21.76	20.50	22.30	313.21	263.44	392.00
利华村	2.63	2.18	2.94	21.96	21.50	22.80	254.52	147.00	328.67
利民村	2.14	1.88	2.34	21.38	20.90	22.00	237.38	203.00	281.40
民富村	2.21	1.85	2.35	22.03	21.60	22.30	290.61	274.40	301.70
生德库村	1.17	1.00	2.18	27.65	22.90	28.50	383.43	245.00	451.50
新远村	2.95	2.40	3.18	22.31	21.20	24.20	370.39	358.90	407.17
新江村	2.95	2.81	3.16	22.13	19.00	24.10	352.21	77.00	661.78
河西村	1.16	1.05	2.88	27.58	22.70	28.50	380.80	252.00	525.00
赫哲族村	3.07	2.87	3.21	18.61	17.30	19.50	314.16	275.33	406.58
八盖村	3.10	2.94	3.33	17.01	14.70	18.50	348.75	315.40	416.50
海旺村	2.45	1.86	3.13	20.80	17.70	22.40	324.92	224.00	424.67
永发村	2.81	1.86	3.25	21.86	18.60	23.10	379.44	112.00	595.00
亮子里村	2.80	2.15	3.25	21.95	20.80	22.40	283.20	91.00	490.00
海源村	2.33	2.13	2.47	21.08	19.60	21.80	347.32	189.00	448.33
东胜村	2.96	2.62	3.50	19.57	14.30	22.10	325.43	231.00	458.50
双胜村	1.70	1.20	2.83	26.55	21.30	28.10	380.47	224.00	456.00
建兴村	2.95	2.46	3.51	21.52	20.40	22.50	356.30	287.00	602.00

（续）

村名	全磷（克/千克）			全钾（克/千克）			有效氮（毫克/千克）		
	平均值	最小值	最大值	平均值	最小值	最大值	平均值	最小值	最大值
东方红村	2.82	1.87	4.00	22.32	20.40	26.30	354.50	249.67	546.00
建胜村	2.90	1.89	3.41	22.63	20.80	25.00	314.05	175.00	476.00
建设村	3.01	2.62	3.62	21.92	21.00	23.00	314.42	161.00	441.00
建国村	2.70	2.40	3.46	21.50	20.90	22.50	339.81	189.00	518.00
农富村	2.61	1.86	3.65	21.51	19.00	23.20	297.56	217.00	401.16
红卫村	2.94	2.62	3.36	21.49	16.50	23.70	358.05	259.00	518.00
红丰村	2.68	2.46	2.98	22.10	20.90	23.40	321.59	233.33	392.00
新兴村	2.61	2.31	3.06	21.77	20.50	22.30	310.80	91.00	448.00
东岗村	2.54	1.98	2.88	21.93	21.10	22.70	315.47	203.00	478.33
镇西村	2.54	2.29	3.52	21.24	18.60	22.70	319.55	238.00	546.00
平原村	2.94	2.32	3.49	19.32	14.60	23.10	273.09	175.00	413.00
四排村	2.73	2.19	3.50	20.50	14.80	22.70	307.17	187.00	672.00
新胜村	2.88	2.57	3.22	20.74	19.60	22.10	297.83	284.56	316.75
鸭南村	3.20	2.42	7.50	19.79	15.40	22.00	310.08	238.00	427.00
富兴村	2.82	2.43	4.00	19.41	14.20	23.40	309.94	276.06	350.00
新海村	2.90	1.70	3.35	22.83	21.10	26.40	404.26	212.33	700.00
东风村	2.13	1.85	2.52	21.46	20.10	22.40	315.29	271.25	423.06
小河子村	2.25	2.17	2.34	21.42	21.40	21.50	311.86	309.56	315.00
东红村	2.44	1.85	2.79	21.29	20.50	23.40	320.59	231.00	385.00
永富村	2.70	1.86	3.30	21.54	17.70	23.10	334.06	203.00	735.00
海兴村	2.31	1.86	2.51	21.32	17.80	22.50	355.24	182.00	532.00
海宏村	2.39	2.26	2.52	21.14	20.80	21.30	314.33	276.50	374.50
海滨村	2.30	2.10	2.46	19.49	17.10	21.80	341.43	266.00	462.00
海林村	2.42	2.20	2.83	20.81	18.40	22.40	353.05	288.89	416.50
海青村	2.31	2.20	2.46	20.91	19.20	21.50	356.75	288.89	416.50
永胜村	2.94	2.34	3.24	20.27	17.50	22.10	299.98	196.00	344.50
永丰村	3.10	2.92	3.26	17.63	17.10	19.70	311.66	283.73	326.48
浓江村	1.50	1.45	1.61	27.40	27.40	27.40	340.32	310.14	370.18
东辉村	2.30	2.09	2.63	21.46	20.90	22.10	337.44	203.00	483.00

附表 6-3　抚远县村级养分统计（有效磷、有效钾、有效锰）

单位：毫克/千克

村名	有效磷			速效钾			有效锰		
	平均值	最小值	最大值	平均值	最小值	最大值	平均值	最小值	最大值
四合村	46.59	37.90	55.70	199.63	120.00	322.00	25.53	21.50	38.50
永安村	47.86	34.30	55.50	179.41	78.00	460.00	27.01	18.20	37.20
创业村	14.55	10.20	31.60	149.00	96.00	288.00	32.95	25.60	40.80
长征村	23.86	11.50	30.80	214.13	107.00	327.00	31.28	20.00	40.60
红星村	18.72	15.90	21.10	185.56	120.00	284.00	35.43	27.90	39.30
民丰村	20.30	15.00	28.80	192.23	29.00	345.00	34.00	30.00	37.80
东发村	22.09	15.60	32.30	176.02	97.00	291.00	34.39	27.10	37.80
团结村	39.26	22.70	53.20	211.00	104.00	391.00	33.47	28.90	37.10
东安村	20.43	17.60	25.70	217.00	85.00	424.00	33.12	26.50	39.40
北岗村	20.80	19.30	25.80	184.42	35.00	278.00	32.57	26.20	39.20
朝阳村	20.70	16.60	24.40	173.10	96.00	236.00	35.10	27.60	40.60
万里村	23.62	16.00	35.00	123.18	62.00	169.00	36.80	34.60	38.80
东河村	24.33	17.70	36.90	135.94	71.00	258.00	35.69	28.10	42.00
良种场村	19.90	17.10	24.90	181.40	112.00	277.00	37.18	33.60	40.10
利强村	29.62	24.90	34.80	186.44	136.00	254.00	32.58	26.40	35.70
东兴村	15.39	11.20	24.90	251.88	152.00	380.00	34.75	26.00	38.40
利国村	39.20	39.20	39.20	130.00	130.00	130.00	37.00	37.00	37.00
利兴村	37.94	22.50	41.80	199.40	128.00	288.00	34.94	33.20	36.80
利华村	33.90	20.20	43.40	250.71	125.00	637.00	34.06	28.70	37.40
利民村	27.22	25.50	29.80	166.40	123.00	211.00	31.78	28.60	35.20
民富村	27.69	26.00	28.60	162.13	85.00	223.00	31.95	28.50	34.20
生德库村	41.71	19.90	52.80	141.37	86.00	239.00	33.02	26.90	39.20
新远村	22.84	19.00	30.50	175.28	138.00	223.00	27.08	25.50	29.40
新江村	22.08	18.50	24.70	169.98	120.00	241.00	29.60	18.20	36.50
河西村	38.90	17.00	50.40	184.59	74.00	304.00	28.95	17.70	37.80
赫哲族村	21.13	19.60	24.60	201.56	145.00	234.00	31.76	31.00	32.90
八盖村	21.60	18.60	23.60	146.69	80.00	170.00	32.75	32.00	34.60
海旺村	29.19	19.80	35.50	240.97	81.00	406.00	30.46	18.20	37.30
永发村	39.40	23.90	54.30	199.12	55.00	395.00	32.84	18.20	44.50
亮子里村	29.21	23.00	33.40	216.57	157.00	281.00	30.05	21.30	38.40
海源村	22.96	19.90	27.40	262.17	193.00	340.00	30.54	18.60	45.10
东胜村	20.70	12.70	27.40	134.82	81.00	202.00	37.59	35.30	39.40
双胜村	24.20	15.90	47.10	159.31	107.00	284.00	33.33	25.00	37.40

（续）

村名	有效磷			速效钾			有效锰		
	平均值	最小值	最大值	平均值	最小值	最大值	平均值	最小值	最大值
建兴村	22.09	17.30	25.40	256.12	159.00	458.00	33.29	20.60	45.90
东方红村	25.54	14.70	52.70	214.60	101.00	347.00	37.32	30.20	44.30
建胜村	23.41	16.80	28.50	241.89	112.00	566.00	28.68	19.50	43.20
建设村	18.47	10.10	38.40	249.82	156.00	395.00	34.68	22.20	47.40
建国村	30.39	17.90	35.70	280.62	166.00	406.00	31.05	20.10	42.50
农富村	32.49	18.50	42.20	204.11	128.00	342.00	35.69	31.60	40.10
红卫村	19.35	17.10	25.20	207.61	97.00	401.00	38.47	35.60	48.70
红丰村	19.48	17.00	21.90	178.14	102.00	277.00	38.91	36.00	42.60
新兴村	19.52	17.30	23.00	210.89	168.00	321.00	35.42	30.70	42.50
东岗村	19.80	17.30	25.00	195.17	131.00	340.00	35.53	29.60	40.70
镇西村	38.18	22.40	52.50	213.24	88.00	372.00	33.19	29.50	38.10
平原村	21.97	11.70	30.60	183.86	47.00	322.00	37.84	24.70	44.50
四排村	19.19	11.70	25.60	189.42	68.00	321.00	33.93	20.50	37.90
新胜村	25.65	18.50	33.40	170.50	102.00	243.00	37.30	36.90	38.20
鸭南村	25.43	18.80	39.10	125.14	17.00	211.00	37.66	32.00	44.30
富兴村	31.62	17.40	49.10	154.83	63.00	573.00	36.81	34.30	39.20
新海村	20.41	17.40	23.40	183.51	126.00	489.00	35.56	26.20	40.10
东风村	22.51	16.50	38.50	154.28	99.00	243.00	34.26	32.30	39.20
小河子村	40.38	30.50	54.60	107.00	98.00	123.00	37.68	36.30	39.50
东红村	23.77	16.30	42.50	139.53	92.00	240.00	33.03	31.90	34.00
永富村	24.94	17.40	38.40	161.82	89.00	313.00	27.52	18.20	44.10
海兴村	22.93	19.20	28.30	224.00	128.00	529.00	31.21	15.30	42.80
海宏村	22.04	20.00	22.60	150.00	111.00	193.00	22.15	19.80	26.20
海滨村	22.98	19.40	26.90	185.16	74.00	311.00	26.89	19.60	42.80
海林村	27.50	22.60	34.80	191.10	81.00	334.00	30.54	25.00	37.30
海青村	24.32	21.00	34.80	186.76	155.00	282.00	28.28	25.00	34.60
永胜村	26.33	19.80	46.40	124.09	35.00	182.00	36.26	31.60	41.00
永丰村	20.86	19.80	23.80	159.50	138.00	173.00	32.94	32.30	35.10
浓江村	21.96	21.60	22.30	127.80	122.00	135.00	33.98	32.90	35.60
东辉村	32.83	22.70	47.30	171.23	63.00	338.00	33.60	28.20	39.20

附表 6－4　抚远县村级养分统计（有效铁、有效铜、有效锌）

单位：毫克/千克

村名	有效磷			速效钾			有效锰		
	平均值	最小值	最大值	平均值	最小值	最大值	平均值	最小值	最大值
四合村	56.66	44.20	65.40	1.74	1.32	2.00	1.28	1.00	1.95
永安村	55.01	37.80	65.50	1.76	1.26	2.20	1.26	0.73	2.13
创业村	53.47	48.10	66.50	1.79	1.45	1.90	1.75	1.23	2.00
长征村	53.79	42.00	62.10	1.77	1.25	2.08	1.34	0.75	1.85
红星村	51.08	37.90	59.50	1.76	1.48	1.92	1.65	1.02	1.89
民丰村	56.35	49.00	63.60	1.87	1.58	1.99	1.76	1.43	2.10
东发村	58.93	40.40	65.80	1.83	1.60	1.99	1.53	1.24	1.85
团结村	51.01	37.70	57.50	1.78	1.70	1.84	1.42	1.23	1.78
东安村	61.32	47.60	66.20	1.87	1.80	1.96	1.62	1.25	1.87
北岗村	55.32	45.80	62.50	1.82	1.65	1.94	1.47	1.10	1.74
朝阳村	54.49	50.60	64.20	1.72	1.32	1.87	1.48	1.23	1.77
万里村	52.37	46.30	58.50	1.79	1.71	1.88	1.43	1.16	1.58
东河村	55.32	50.60	63.90	1.78	1.73	1.88	1.31	1.12	1.52
良种场村	54.26	47.00	62.40	1.76	1.60	2.10	1.44	0.81	2.15
利强村	56.36	50.30	59.90	1.84	1.76	1.90	1.49	1.35	1.75
东兴村	55.47	50.60	56.60	1.73	1.67	1.77	1.39	1.23	1.50
利国村	44.60	44.60	44.60	1.65	1.65	1.65	1.45	1.45	1.45
利兴村	56.21	50.60	60.90	1.88	1.78	1.92	1.45	1.29	1.54
利华村	51.81	41.00	57.30	1.83	1.78	1.86	1.41	1.28	1.56
利民村	57.98	52.40	65.00	1.83	1.78	1.88	1.39	1.31	1.48
民富村	56.00	55.30	58.00	1.87	1.80	1.99	1.60	1.25	1.78
生德库村	57.04	44.70	68.30	1.85	1.75	2.00	1.68	1.28	2.15
新远村	56.77	55.10	61.30	1.81	1.68	1.95	1.38	1.22	1.61
新江村	51.38	37.80	65.30	1.79	1.66	2.10	1.39	0.77	1.81
河西村	55.02	21.50	67.90	1.81	1.39	2.15	1.41	0.95	1.90
赫哲族村	51.70	48.20	53.40	1.80	1.65	1.88	1.60	1.42	1.74
八盖村	51.61	48.40	56.40	1.74	1.55	1.80	1.46	1.43	1.53
海旺村	49.25	37.50	64.80	1.73	1.25	2.02	1.43	0.75	2.15
永发村	54.67	42.60	72.80	1.70	1.42	2.22	1.31	0.70	2.10
亮子里村	54.25	38.50	66.90	1.76	1.34	2.10	1.20	0.80	1.85
海源村	52.81	48.00	61.10	1.71	1.43	2.05	1.35	0.71	1.82
东胜村	53.76	37.90	63.90	1.77	1.74	1.80	1.39	1.28	1.55
双胜村	52.35	43.90	60.40	1.85	1.71	2.10	1.66	1.11	2.06

（续）

村名	有效磷			速效钾			有效锰		
	平均值	最小值	最大值	平均值	最小值	最大值	平均值	最小值	最大值
建兴村	52.45	38.80	60.70	1.84	1.60	2.10	1.51	0.85	2.05
东方红村	54.36	42.90	65.30	1.76	1.46	1.96	1.41	0.85	1.76
建胜村	51.03	42.70	59.10	1.83	1.52	2.20	1.61	0.75	2.50
建设村	52.94	38.30	57.40	1.77	1.46	1.98	1.52	0.75	2.29
建国村	53.09	43.30	60.80	1.84	1.72	2.00	1.44	0.85	2.35
农富村	51.51	42.40	62.60	1.81	1.70	2.00	1.50	1.25	1.87
红卫村	54.41	47.20	61.40	1.76	1.56	1.87	1.59	0.86	1.95
红丰村	57.10	49.60	67.40	1.70	1.32	1.85	1.68	1.35	1.97
新兴村	56.93	46.80	64.90	1.77	1.52	2.15	1.49	0.86	2.15
东岗村	54.72	46.90	61.10	1.81	1.50	1.95	1.57	1.22	1.97
镇西村	52.59	37.70	66.30	1.86	1.74	1.96	1.51	0.97	2.14
平原村	53.97	38.60	66.70	1.82	1.61	1.92	1.50	1.21	1.75
四排村	54.10	46.10	66.70	1.84	1.63	2.10	1.38	1.20	1.66
新胜村	53.23	49.80	59.10	1.79	1.75	1.85	1.43	1.08	1.87
鸭南村	53.01	38.40	63.10	1.81	1.71	1.92	1.28	0.74	1.69
富兴村	53.34	44.50	66.00	1.82	1.74	1.88	1.37	1.06	1.53
新海村	53.14	44.20	64.80	1.77	1.49	1.94	1.49	1.05	1.96
东风村	54.04	41.60	64.50	1.82	1.71	2.15	1.56	1.40	1.90
小河子村	60.84	56.20	67.90	1.87	1.82	1.94	1.40	1.39	1.41
东红村	56.97	50.00	59.80	1.81	1.69	1.98	1.53	1.47	1.58
永富村	53.58	39.30	66.90	1.59	0.76	2.03	1.10	0.54	2.00
海兴村	53.61	37.50	65.40	1.72	1.20	1.95	1.30	0.85	1.75
海宏村	51.08	47.70	54.00	1.76	1.66	1.85	1.58	1.23	1.75
海滨村	49.08	41.70	57.30	1.67	1.32	1.78	1.01	0.66	1.45
海林村	48.74	43.80	57.80	1.71	1.64	1.78	1.34	0.95	1.90
海青村	46.84	37.50	51.30	1.68	1.35	1.78	1.55	0.94	1.90
永胜村	54.13	50.50	59.90	1.75	1.69	1.86	1.36	1.18	1.65
永丰村	53.76	52.80	56.20	1.77	1.75	1.78	1.41	1.33	1.44
浓江村	54.86	52.30	56.80	1.80	1.77	1.83	1.65	1.54	1.76
东辉村	50.77	31.10	59.60	1.86	1.77	1.97	1.31	1.17	1.56

图书在版编目（CIP）数据

黑龙江省抚远县耕地地力评价 / 张培育主编 . —北京：中国农业出版社，2020.11
ISBN 978 - 7 - 109 - 27144 - 9

Ⅰ.①黑…　Ⅱ.①张…　Ⅲ.①耕作土壤－土壤肥力－土壤调查－抚远县②耕作土壤－土壤评价－抚远县　Ⅳ.①S159.235.4②S158

中国版本图书馆 CIP 数据核字（2020）第 143621 号

中国农业出版社出版
地址：北京市朝阳区麦子店街 18 号楼
邮编：100125
责任编辑：杨桂华　廖　宁
版式设计：王　晨　责任校对：赵　硕
印刷：中农印务有限公司
版次：2020 年 11 月第 1 版
印次：2020 年 11 月北京第 1 次印刷
发行：新华书店北京发行所
开本：787mm×1092mm　1/16
印张：13.25　插页：8
字数：320 千字
定价：108.00 元

抚远县行政区划图

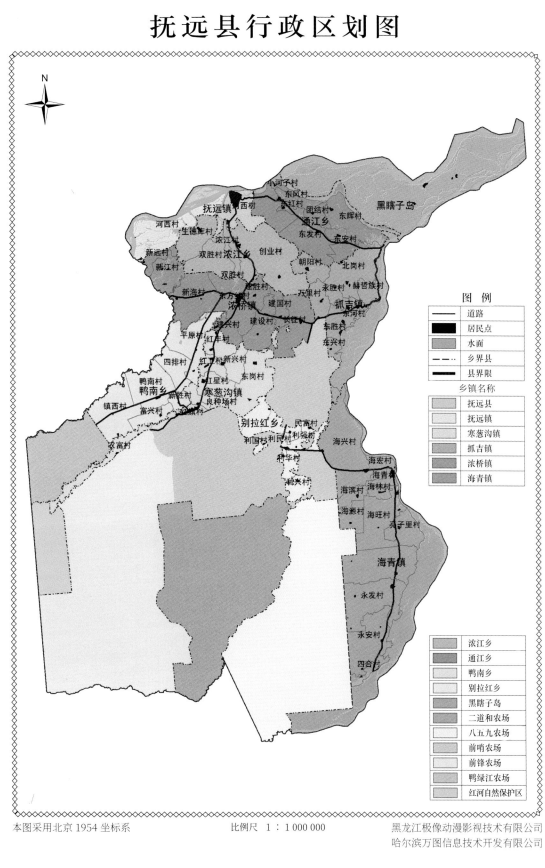

N

图 例

	道路
	居民点
	水面
	乡界县
	县界限

乡镇名称

	抚远县
	抚远镇
	寒葱沟镇
	抓吉镇
	浓桥镇
	海青镇

	浓江乡
	通江乡
	鸭南乡
	别拉红乡
	黑瞎子岛
	二道和农场
	八五九农场
	前哨农场
	前锋农场
	鸭绿江农场
	红河自然保护区

小河子村 东风村 抚远镇 西树 东红村 团结村 黑瞎子岛 通江乡 东辉村 河西村 生德库村 浓江 东发村 东安村 新远村 双胜村 浓江乡 创业村 荒江村 双胜村 朝阳村 北岗村 新海村 东方村 永胜村 赫哲族村 浓桥镇 建国村 万里村 抓吉镇 建设村 长安村 东河村 建兴村 平原村 红卫村 东胜村 四排村 红卫村 新兴村 东兴村 鸭南村 红星村 东岗村 鸭南乡 寒葱沟镇 镇西村 新胜村 良种场村 富兴村 别拉红乡 民富村 农富村 利国村利民村 利强村 海兴村 利华村 海宏村 和兴村 海青村 海滨村 海林村 海源村 海旺村 亮子里村 海青镇 永发村 永安村 四合村

抚远县土壤图

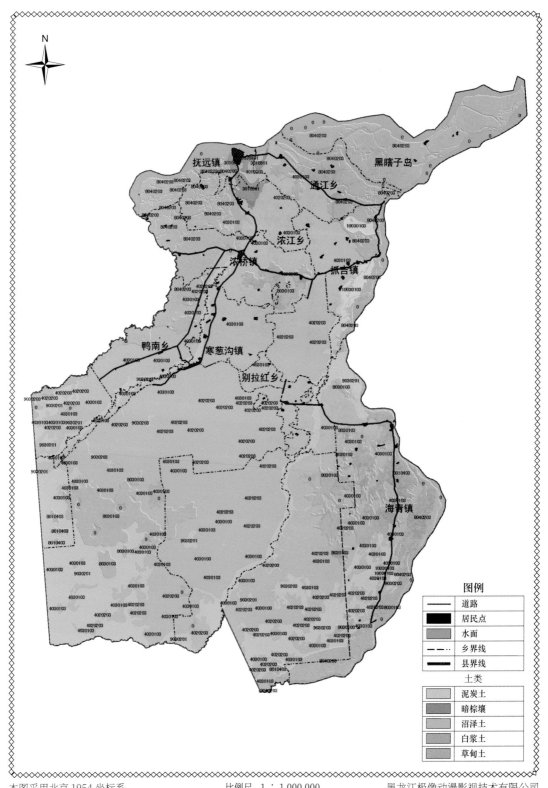

抚远镇
3010501
8040301
4010501
3010501

通江乡
8040203
8040203
8040203
8040203

黑瞎子岛
8040203

浓江乡
4030103
4030103
8040203
10030103

沃桥镇
4020203
4020203
4030103
抓吉镇
4030103
10030103

鸭南乡
4030106
4030103

寒葱沟镇
4020203

别拉红乡
9030201

9030201
4020203
4020203
4030103
4030103
4020203
4020203
4020203
4020203
4030103
4020203
4030103
4030103
4030103
4030103
4030103
4030103
4030103
4030103
4030103
4030103
4030103
4020203
4020203
4020203
4020203
4030103
4030103
4030103
4030103
4030103
9030201
9030201
9030201
9030201
9030201
4020203
4020203
4030103
4020203
4020203
4020203
8010403
8010403
4020203
4030103
4020203
4020203
4020203
4020203
4020203
4030103
4030103
4030103
4030103
8030103
9030201
4020203
4030103
4030103
4030103
4030103
4030103
4030103
4020203
8030103
8040203
10030103
10030103
4030103
4030103
4030103
海青镇
8040203
4030103
9030201

图例
——	道路
■	居民点
▨	水面
- - -	乡界线
━━	县界线

土类
▨	泥炭土
▨	暗棕壤
▨	沼泽土
▨	白浆土
▨	草甸土

本图采用北京1954坐标系   比例尺 1:1 000 000   黑龙江极像动漫影视技术有限公司
哈尔滨万图信息技术开发有限公司

抚远县土地利用现状图

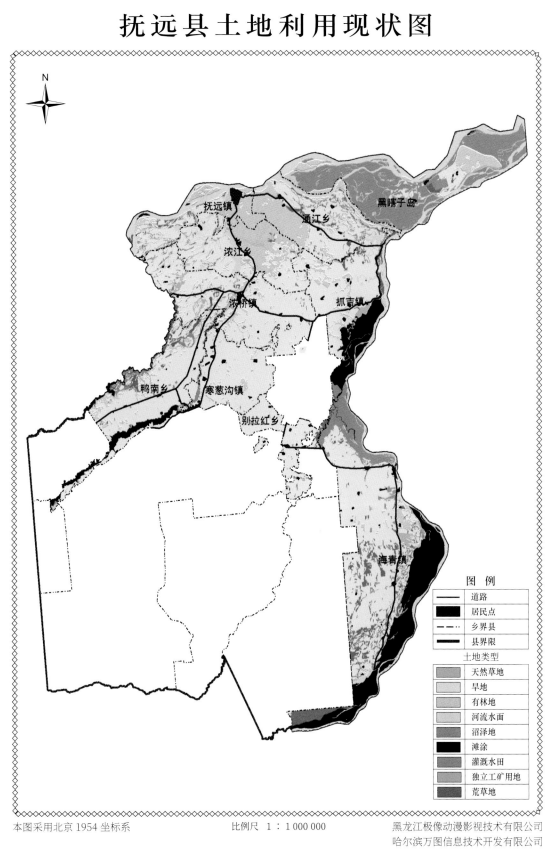

N

抚远镇
通江乡
黑瞎子岛
浓江乡
浓桥镇
抓吉镇
鸭南乡
寒葱沟镇
别拉红乡
海青镇

图　例

	道路
	居民点
	乡界县
	县界限

土地类型

	天然草地
	旱地
	有林地
	河流水面
	沼泽地
	滩涂
	灌溉水田
	独立工矿用地
	荒草地

本图采用北京 1954 坐标系　　　　比例尺　1∶1 000 000　　　　黑龙江极像动漫影视技术有限公司
哈尔滨万图信息技术开发有限公司

抚远县耕地地力等级图

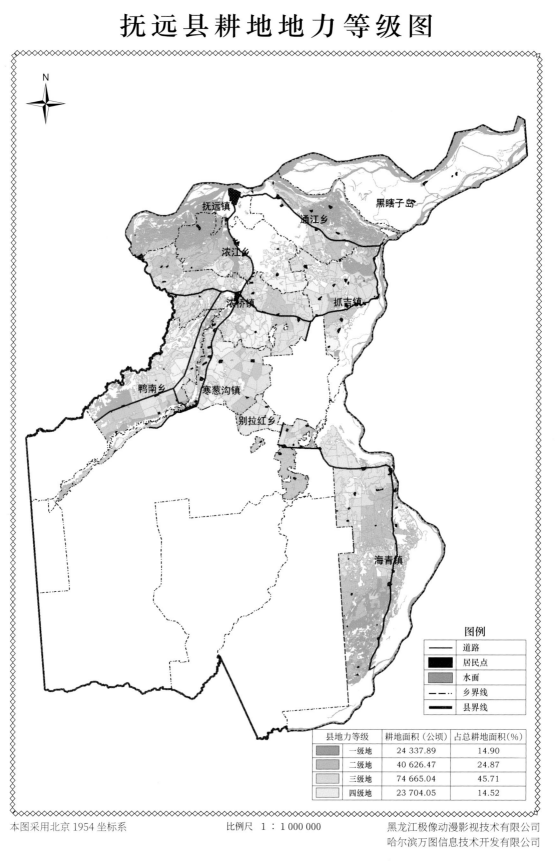

N

黑瞎子岛

抚远镇
通江乡
浓江乡
抓吉镇
浓桥镇

鸭南乡
寒葱沟镇
别拉红乡

海青镇

图例	
——	道路
■	居民点
▨	水面
- - -	乡界线
——	县界线

县地力等级	耕地面积（公顷）	占总耕地面积（%）
一级地	24 337.89	14.90
二级地	40 626.47	24.87
三级地	74 665.04	45.71
四级地	23 704.05	14.52

本图采用北京 1954 坐标系　　　　比例尺　1：1 000 000　　　　黑龙江极像动漫影视技术有限公司
哈尔滨万图信息技术开发有限公司

抚远县耕地地力调查点分布图

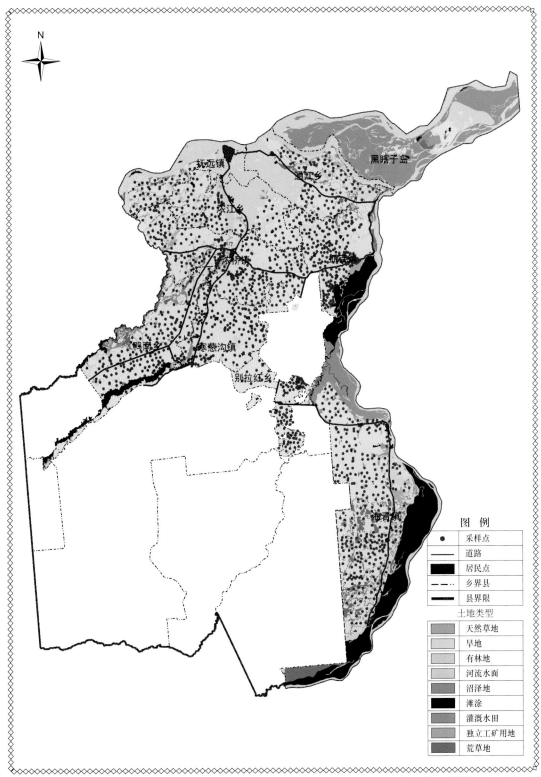

抚远镇
通江乡
黑瞎子岛
农江乡

鸭南乡
寒葱沟镇
别拉红乡

海青镇

图 例

●	采样点
——	道路
▬	居民点
- ‐ -	乡界县
━━	县界限

土地类型

	天然草地
	旱地
	有林地
	河流水面
	沼泽地
	滩涂
	灌溉水田
	独立工矿用地
	荒草地

本图采用北京 1954 坐标系   比例尺 1:1 000 000   黑龙江极像动漫影视技术有限公司
哈尔滨万图信息技术开发有限公司

抚远县耕地土壤有机质分级图

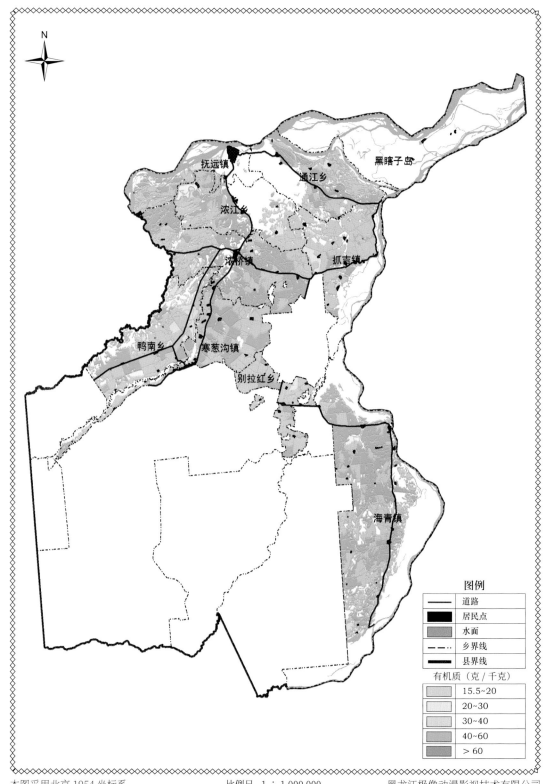

抚远镇

通江乡

黑瞎子岛

浓江乡

浓桥镇

抓吉镇

鸭南乡

寒葱沟镇

别拉红乡

海青镇

图例
——	道路
■	居民点
▨	水面
-----	乡界线
——	县界线

有机质（克／千克）
	15.5~20
	20~30
	30~40
	40~60
	> 60

本图采用北京 1954 坐标系　　　　比例尺　1 : 1 000 000　　　　黑龙江极像动漫影视技术有限公司
哈尔滨万图信息技术开发有限公司

抚远县耕地土壤全氮分级图

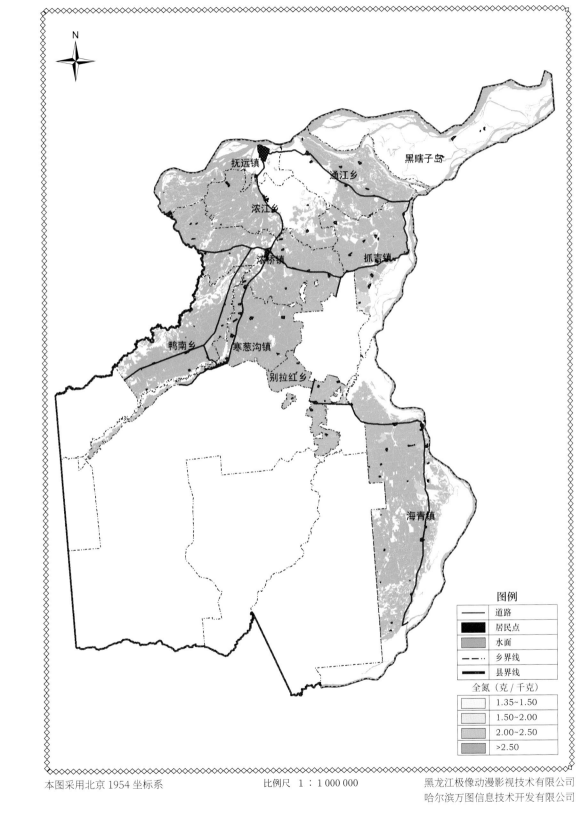

抚远镇

通江乡

黑瞎子岛

浓江乡

浓桥镇

抓吉镇

鸭南乡

寒葱沟镇

别拉红乡

海青镇

图例

——	道路
■	居民点
▨	水面
- - -	乡界线
——	县界线

全氮（克/千克）

	1.35~1.50
	1.50~2.00
	2.00~2.50
	>2.50

本图采用北京 1954 坐标系　　　　　比例尺　1：1 000 000　　　　　黑龙江极像动漫影视技术有限公司
哈尔滨万图信息技术开发有限公司

抚远县耕地土壤全钾分级图

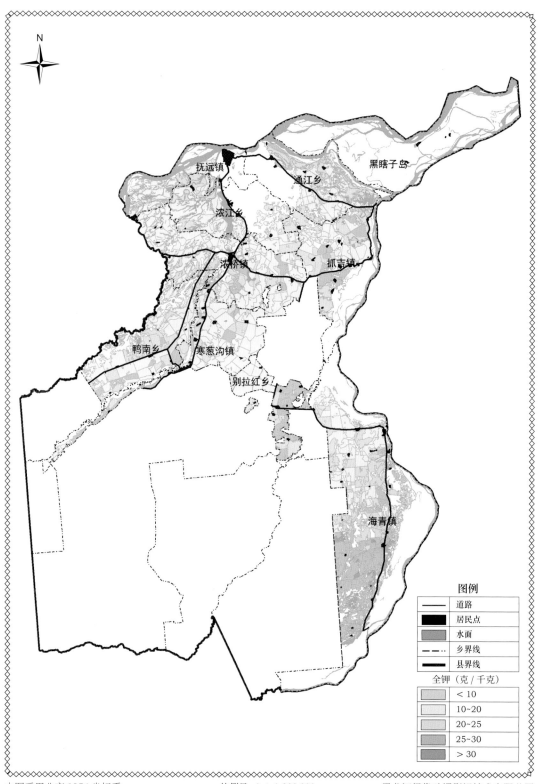

N

黑瞎子岛

抚远镇
通江乡
浓江乡
浓桥镇
抓吉镇
鸭南乡
寒葱沟镇
别拉红乡
海青镇

图例

———	道路
■	居民点
▨	水面
– – –	乡界线
———	县界线

全钾（克／千克）

	< 10
	10~20
	20~25
	25~30
	> 30

本图采用北京 1954 坐标系　　　　　　比例尺　1：1 000 000　　　　黑龙江极像动漫影视技术有限公司
哈尔滨万图信息技术开发有限公司

抚远县耕地土壤全磷分级图

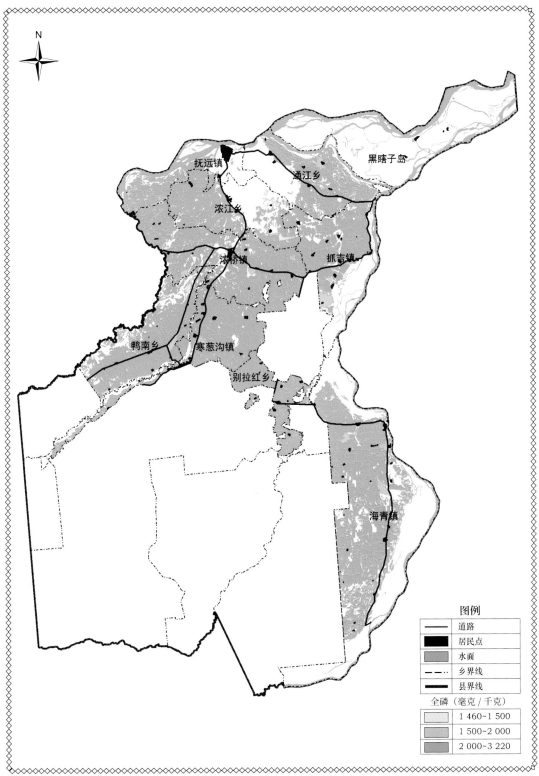

N

黑瞎子岛

抚远镇

通江乡

浓江乡

浓桥镇

抓吉镇

鸭南乡

寒葱沟镇

别拉红乡

海青镇

图例

——	道路
■	居民点
▨	水面
- - -	乡界线
——	县界线

全磷（毫克/千克）

	1 460~1 500
	1 500~2 000
	2 000~3 220

本图采用北京 1954 坐标系   比例尺 1：1 000 000   黑龙江极像动漫影视技术有限公司
哈尔滨万图信息技术开发有限公司

抚远县耕地土壤速效钾分级图

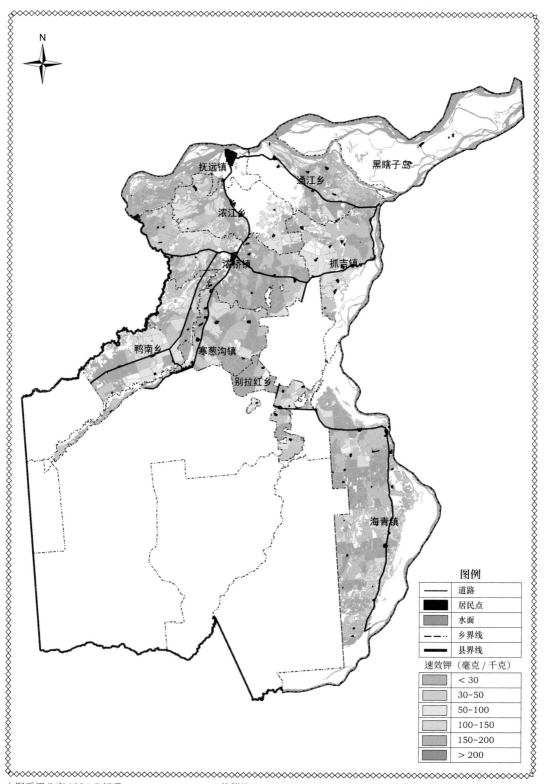

抚远镇

通江乡

黑瞎子岛

浓江乡

浓桥镇

抓吉镇

鸭南乡

寒葱沟镇

别拉红乡

海青镇

图例

	道路
■	居民点
	水面
- - -	乡界线
——	县界线

速效钾 (毫克/千克)

	< 30
	30~50
	50~100
	100~150
	150~200
	> 200

本图采用北京1954坐标系　　　　比例尺　1∶1 000 000　　　　黑龙江极像动漫影视技术有限公司
　　　　　　　　　　　　　　　　　　　　　　　　　　　　　哈尔滨万图信息技术开发有限公司

抚远县耕地土壤有效磷分级图

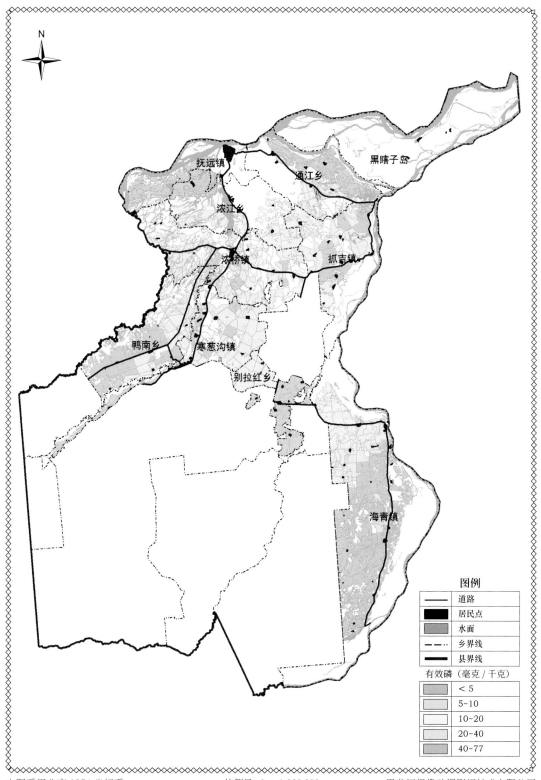

N

抚远镇
通江乡
黑瞎子岛
浓江乡
抓吉镇
浓桥镇
鸭南乡
寒葱沟镇
别拉红乡
海青镇

图例

——	道路
■	居民点
	水面
– – –	乡界线
——	县界线

有效磷（毫克／千克）

	< 5
	5~10
	10~20
	20~40
	40~77

本图采用北京 1954 坐标系　　　　　比例尺　1：1 000 000　　　　黑龙江极像动漫影视技术有限公司
哈尔滨万图信息技术开发有限公司

抚远县耕地土壤有效锌分级图

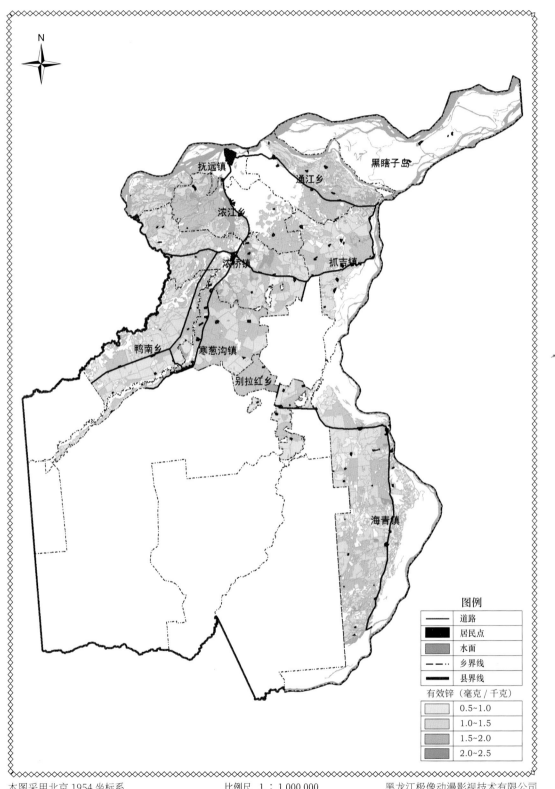

N

黑瞎子岛

抚远镇
通江乡
浓江乡
浓桥镇
抓吉镇

鸭南乡
寒葱沟镇
别拉红乡

海青镇

图例

——	道路
■	居民点
▨	水面
- - -	乡界线
——	县界线

有效锌（毫克／千克）

	0.5~1.0
	1.0~1.5
	1.5~2.0
	2.0~2.5

本图采用北京 1954 坐标系　　　　　　比例尺　1：1 000 000　　　　　　黑龙江极像动漫影视技术有限公司

哈尔滨万图信息技术开发有限公司

抚远县耕地土壤有效铜分级图

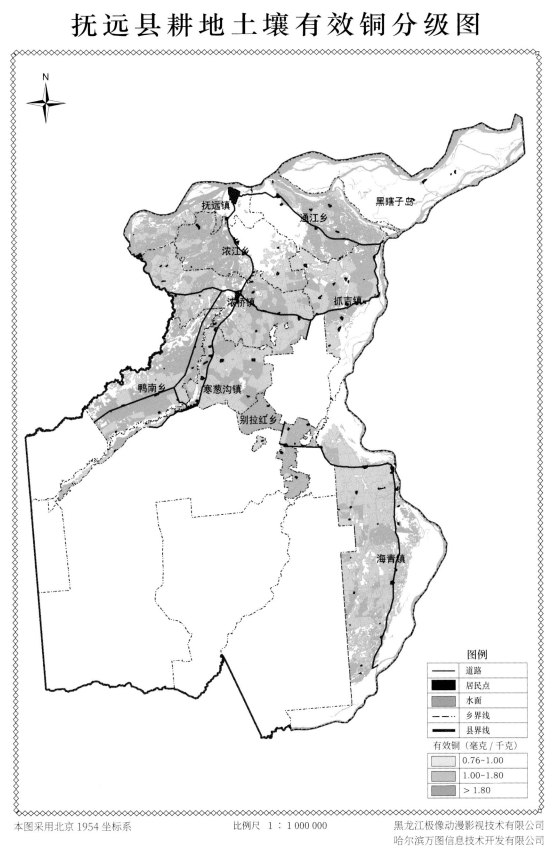

N

黑瞎子岛

抚远镇
通江乡
浓江乡
浓桥镇
抓吉镇

鸭南乡
寒葱沟镇
别拉红乡

海青镇

图例

——	道路
■	居民点
▨	水面
—·—	乡界线
——	县界线

有效铜（毫克／千克）

	0.76~1.00
	1.00~1.80
	> 1.80

本图采用北京 1954 坐标系　　　　比例尺　1：1 000 000　　　　黑龙江极像动漫影视技术有限公司
哈尔滨万图信息技术开发有限公司

抚远县耕地土壤有效氮分级图

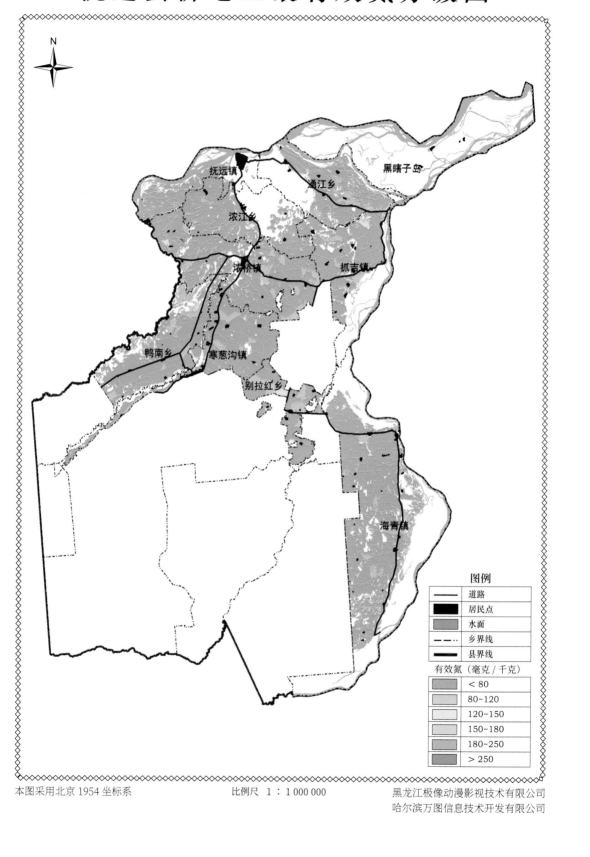

图例

——	道路
■	居民点
▨	水面
–·–·	乡界线
——	县界线

有效氮（毫克／千克）

	< 80
	80~120
	120~150
	150~180
	180~250
	> 250

本图采用北京 1954 坐标系　　　　比例尺　1：1 000 000　　　　黑龙江极像动漫影视技术有限公司
哈尔滨万图信息技术开发有限公司

抚远县大豆适宜性评价图

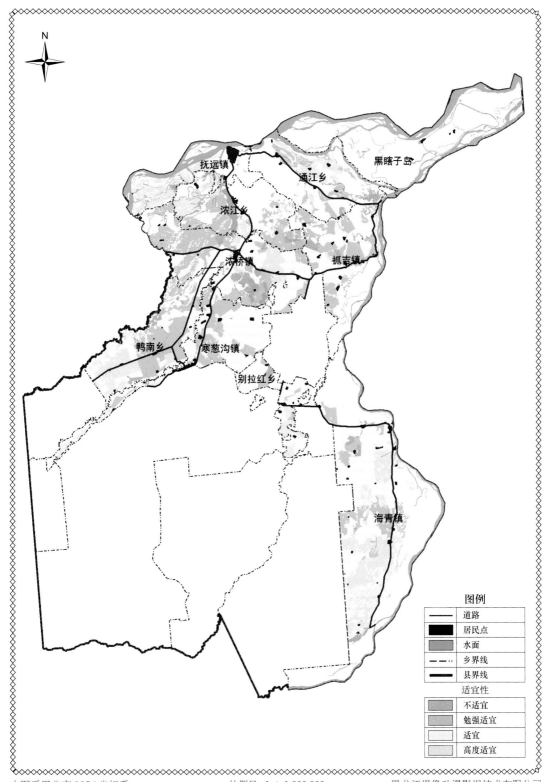

N

抚远镇

通江乡

黑瞎子岛

浓江乡

浓桥镇

抓吉镇

鸭南乡

寒葱沟镇

别拉红乡

海青镇

图例

——	道路
■	居民点
▨	水面
- - -	乡界线
——	县界线

适宜性

▨	不适宜
▨	勉强适宜
□	适宜
▨	高度适宜

本图采用北京1954坐标系   比例尺 1：1 000 000   黑龙江极像动漫影视技术有限公司
哈尔滨万图信息技术开发有限公司